中等职业教育土木建筑大类专业"互联网＋"数字化创新教材
中等职业教育"十四五"系列教材

建筑工程计量与计价实务

庞　玲　主　编
岳现瑞　王　颖　许丽华　副主编
崔永娟　谭丽丽　主　审

中国建筑工业出版社

图书在版编目（CIP）数据

建筑工程计量与计价实务／庞玲主编；岳现瑞，王颖，许丽华副主编. -- 北京：中国建筑工业出版社，2024.8. --（中等职业教育土木建筑大类专业"互联网+"数字化创新教材）（中等职业教育"十四五"系列教材）.

ISBN 978-7-112-30088-4

Ⅰ. TU723.3

中国国家版本馆 CIP 数据核字第 2024470S4W 号

　　本教材是以真实项目为载体，编写的工作手册式活页教材，主要内容包括：计量计价基础知识、定额计价法计量能力训练、清单计价法计量计价能力训练。本教材以工作任务为导向，突出理实一体，锻炼学生的实操能力与综合素质。

　　教材本着"助教、助学、够用"的原则编排了数字资源，用于支持教师教学和学生学习。

　　本教材可作为职业教育工程造价专业、建设工程管理专业及相关专业教材，也可作为工程造价从业人员的参考材料。

　　为了更好地支持相应课程的教学，我们向采用本书作为教材的教师提供课件和相关题目参考答案，有需要者可与出版社联系。建工书院：http://edu.cabplink.com，邮箱：jckj@cabp.com.cn，2917266507@qq.com，电话：(010) 58337285。

＊　　＊　　＊

责任编辑：聂　伟
责任校对：赵　力

中等职业教育土木建筑大类专业"互联网+"数字化创新教材
中等职业教育"十四五"系列教材
建筑工程计量与计价实务
庞　玲　主　编
岳现瑞　王　颖　许丽华　副主编
崔永娟　谭丽丽　主　审
＊
中国建筑工业出版社出版、发行（北京海淀三里河路 9 号）
各地新华书店、建筑书店经销
霸州市顺浩图文科技发展有限公司制版
北京市密东印刷有限公司印刷
＊
开本：787 毫米×1092 毫米　1/16　印张：20　字数：499 千字
2024 年 8 月第一版　　2024 年 8 月第一次印刷
定价：**62.00** 元（附数字资源及赠教师课件）
ISBN 978-7-112-30088-4
（43504）

前　言

本教材是依据行动导向法的教学思维模式，按照"理论够用、实践为重"的原则，结合编者多年工程造价专业技术工作及一体化教学实践经验，校企合作编著的工作手册式活页教材。

本教材根据实际岗位工作的需要和工程造价岗位工作任务的特点确定学习情境、任务与内容，其中：情境1为计量计价基础知识，即"做什么"；情境2、情境3为定额计价法计量能力训练和清单计价法计量计价能力训练，即"怎么做"；附录2～5为成果文件，即"做成什么样"，形成"做什么→怎么做→做成什么样"的编写主线。本教材以真实项目为载体，通过项目分析和项目实施，引导学生做中学，学中做；通过知识链接，强化理论知识和典型案例学习，达到开拓学生视野，实现综合能力和单项能力的有效训练，引导学生循序渐进地掌握本课程的知识和技能。

本教材涉及的现行规范有《建设工程工程量清单计价规范》GB 50500—2013、《房屋建筑与装饰工程工程量计算规范》GB 50854—2013、《建设工程工程量清单计价规范（GB 50500—2013）广西壮族自治区实施细则》《建设工程工程量计算规范（GB 50854～50862—2013）广西壮族自治区实施细则（修订本）》、2013年《广西壮族自治区建筑装饰装修工程消耗量定额》、2016年《广西壮族自治区建设工程费用定额》及相关计价文件。教材内容的组织和编写符合教学规律和认知规律，重点突出实际应用，通俗易懂，有助于学生理解、掌握与实务操作。

本教材由广西城市建设学校庞玲老师主编，并负责全书的统稿工作。庞玲老师曾在企业从事一线技术业务18年，从事中职教育工作至今15年，熟悉职业教育教学规律和学生身心发展特点，对本学科有比较深入的研究，熟悉行业企业发展过程的用人需求，具有丰富的教学和企业工作经验。本教材的副主编为岳现瑞、王颖、许丽华，从事企业一线技术工作多年。另外尹文君、刘青青、张昭、刘鑫禄参加了教材编写。企业专家张昭为桂林市建设工程造价管理协会会长、广西君安工程建设顾问有限公司总经理、国家注册一级造价工程师；刘鑫禄为桂林市建安建设集团有限公司商务经理、高级工程师。崔永娟、谭丽丽为本教材主审。编写分工如下：庞玲、张昭、刘鑫禄负责编写情境1和情境3，庞玲和岳现瑞负责编写情境2项目4、项目7的任务7.1～7.3，庞玲和王颖负责编写情境2项目5，庞玲和许丽华负责编写情境2项目6，庞玲和刘青青负责编写情境2项目7的任务7.4和任务7.5，许丽华负责附录2、4、5的编写，王颖负责附录3的编写，尹文君负责附录1图纸的绘制，庞玲负责附录6、7的整理。

本教材中的工程量计算与工程量清单、工程量清单计价文件编制的具体做法和实例，仅代表编者对规范、定额和相关宣贯材料的理解。由于作者水平有限，时间仓促，不妥和错漏之处在所难免，恳请广大读者批评指正。

编　者

目　录

情境 3　清单计价法计量计价能力训练

情境1　计量计价基础知识

【思维导图】

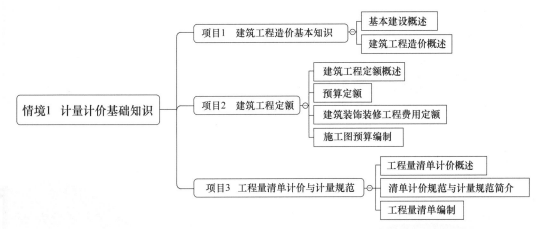

项目1

建筑工程造价基本知识

Chapter 01

【学习情境】

建筑可以供人们居住、工作、学习、生产、经营、娱乐以及进行其他社会活动，那么在建筑建设过程中，会涉及哪些基本建设程序？某项建筑在建设中所花费的费用会形成工程造价，那么，工程造价有哪些内容呢？其有什么特点？在工程建设中起到什么作用？

【学习目标】

知识目标

1. 理解基本建设的含义，了解基本建设的分类和建设程序，掌握基本建设项目的划分；

2. 掌握工程建设造价文件的分类，理解工程造价与基本建设的关系；

3. 理解工程造价的含义和工程造价的特点；熟悉工料单价计价模式与工程量清单计价模式的区别。

能力目标

1. 能正确划分基本建设项目；

2. 能确定各类工程造价文件与基本建设的关系；

3. 能区分工料单价计价模式与工程量清单计价模式。

素质目标

1. 培养正确使用规范标准的意识；

2. 培养自主学习意识，能有计划地学习和生活。

思政目标

1. 具有规范意识和市场竞争意识，遵纪守法、合理报价；

2. 主动关心国家和行业发展动态，了解行业变化、行业规范和规则。

任务 1.1   基本建设概述

任务描述

基本建设有不同的分类，为了能准确地计算出工程造价，应将基本建设项目分解为简单的、便于计算的基本构成项目。对应基本建设程序不同的阶段，工程造价文件有哪些分类？

阅读本任务的知识链接，完成任务清单，回答相应问题。

成果形式

完成任务清单中各题答案的填写。

工作准备

认真学习知识链接中的相关知识点，划分基本建设项目的组成，区分基本建设程序的不同阶段，区分不同工程造价文件的分类与要求。

任务清单

一、任务实施

引导问题1：形成基本建设的固定资产应同时具备哪两个条件？

引导问题2：基本建设有哪些分类方法？

引导问题3：基本建设项目如何进行划分？以你所在的学校为例，举例说明基本建设项目可分为哪5个层次？

引导问题4：建设项目有哪些基本建设程序？工程造价文件有哪些分类？说一说，工程造价与基本建设的关系。

二、单项选择题

1. 新建项目是指新开始建设的项目，或对原有建设单位重新进行总体设计，经扩大建设规格后，其新增加的固定资产价值超过原有固定资产价值（   ）以上的建设项目。

A. 2 倍　　　　　　B. 3 倍　　　　　　C. 4 倍　　　　　　D. 5 倍

2. 某学校的一栋办公楼属于（   ）。

A. 建筑项目　　B. 单项工程　　C. 单位工程　　D. 分部工程

3. 具有独立设计文件，但建成后不能独立发挥生产能力或使用功能的工程应属于（   ）。

A. 建筑项目　　　B. 单项工程　　　C. 单位工程　　　D. 分部工程

4. 某办公楼的电气照明工程应划分为（   ）。

A. 建筑项目　　　B. 单项工程　　　C. 单位工程　　　D. 分部工程

5. 一个工程项目中的桩基础工程属于（   ）。

A. 建筑项目　　　B. 单项工程　　　C. 单位工程　　　D. 分部工程

6. 教学楼的"墙柱面装饰工程"应划分为（　　　）。

A. 建筑项目　　　B. 单项工程　　　C. 单位工程　　　D. 分部工程

7. 建设项目划分为5个层次，（　　　）是确定人工、材料、机械台班消耗的基本构造要素。

A. 建筑项目　　　B. 单项工程　　　C. 单位工程　　　D. 分部工程

8. 下列项目属于预算定额分项工程的是（　　　）。

A. 人工挖土　　　　　　　　　B. 机械挖土

C. 人工挖基坑三类土，深2m内　D. 土石方工程

9. 在可行性研究阶段，按照有关规定编制（　　　）。

A. 施工预算　　　B. 施工图预算　　　C. 设计概算　　　D. 投资估算

10. 依据初步设计图纸和概算定额在初步设计阶段编制的造价文件是（　　　）。

A. 施工预算　　　B. 施工图预算　　　C. 设计概算　　　D. 投资估算

11. 施工图预算是在（　　　）阶段编制的造价文件。

A. 可行性研究　　　B. 施工　　　C. 初步设计　　　D. 施工图设计

12. 根据施工图纸和预算定额编制的预算文件是（　　　）。

A. 施工图预算　　　B. 施工预算　　　C. 设计概算　　　D. 投资估算

三、多项选择题

1. 基本建设通过（　　　）形式来完成。

A. 新建　　　B. 扩建　　　C. 迁建　　　D. 改建　　　E. 重建

2. 基本建设按建设项目不同的建设阶段分为（　　　）。

A. 筹建项目　　　B. 施工项目　　　C. 投产项目

D. 运营项目　　　E. 收尾项目

3. 以下属于单项工程的是（　　　）。

A. 教学楼的"楼地面工程"　　　B. 某市"百货大楼"

C. 某车间的"镀金车间"　　　　D. 国家体育馆

E. 住宅楼的"屋面防水层"　　　F. 某工程的"土石方工程"

4. 以下属于分部工程的是（　　　）。

A. 某商住楼的"砌筑工程"　　　B. 某工程的"土石方工程"

C. 某工厂的"礼堂"　　　　　　D. 某医院的"住院大楼"

E. 某体育馆"金属结构工程"

5. 基本建设程序中，属于前期阶段工作是（　　　）。

A. 可行性研究　　　　　　　　B. 编制设计任务书

C. 编制设计文件　　　　　　　D. 建设准备

E. 制订年度计划

6. 基本建设中，属于准备阶段内容是（　　　）。

A. 制订年度计划　　　　　　　B. 迁地拆迁

C. 建设场地"三通一平"　　　　D. 协调图纸综合概（预）算书

E. 建设项目总概算书

7. 建筑工程的"三算"对比是指（　　）的对比。

A. 投资估算　　　B. 设计概算　　　C. 施工预算

D. 施工图预算　　E. 竣工决算

8. 施工企业为加强经营管理，搞好经济核算，实行"两算"对比是指（　　）的对比。

A. 竣工决算　　　B. 竣工结算　　　C. 施工预算

D. 施工图预算　　E. 合同价

评价反馈

学生进行自我评价，并将结果填入表 1-1 中。

学生自评表　　　　　　　　　　　　　　　　表 1-1

班级：	姓名：　　　　　　学号：		
学习任务	基本建设概述		
评价项目	评价标准	分值	得分
基本建设含义	能正确区分固定资产和低值易耗品	10	
基本建设分类	能理解基本建设不同的分类标准	10	
基本建设项目的划分	能正确划分基本建设项目的 5 个层次	30	
工程造价文件分类，与基本建设程序的关系	能理解工程造价文件与基本建设程序的关系，理解建筑工程的"三算"对比，"两算"对比指的是哪些造价文件的对比	15	
工程造价的计价方式	能说出工程造价的两种计价方式，能说出它们的区别	15	
工作态度	态度端正、认真，无缺勤、迟到、早退现象	10	
工作质量	能够按计划完成工作任务	10	
合计		100	

知识链接

码 1-1　基本建设概述

知识点 1　基本建设的含义

基本建设是通过新建、扩建、改建和重建等形式来形成新的固定资产的过程，它为国民经济各部门的发展和人民物质文化生活水平的提高建立物质基础。

基本建设的最终成果表现为固定资产的增加，如建筑物、构筑物、建筑设备及运输设备等。目前在有关制度中规定，固定资产应同时具备以下两个条件：

1. 使用期限在 1 年以上。

2. 单位价值在规定的标准以上。小型企业为 1000 元以上，中型企业为 1500 元以上，大型企业在 2000 元以上的。

不同时具备上述两个条件的应列为低值易耗品。

基本建设是一种宏观的经济活动，既有物质生产活动，又有非物质生产活动。它包括的内容有：建筑工程，安装工程，设备、工具、器具的购置，以及其他基本建设工作。

知识点 2　基本建设的分类

从整个社会来看，基本建设是由一个个基本建设项目（简称建设项目）组成的。按照不同的分类标准，可将建设项目做如下分类。

1. 按建设项目不同的建设性质分

（1）新建项目

新建项目是指新开始建设的项目，或对原有建设单位重新进行总体设计，经扩大建设规模后，其新增加的固定资产价值超过原有固定资产价值 3 倍以上的建设项目。

（2）扩建项目

扩建项目是指原有建设单位，为了扩大原有主要产品的生产能力或效益，或增加新产品生产能力，在原有固定资产的基础上兴建一些主要车间或其他固定资产。

（3）改建项目

改建项目是指原有建设单位，为了提高生产效率、改进产品质量或改进产品方向，对原设备、工艺流程进行技术改进的项目。另外，为了提高综合生产能力，增加一些附属和辅助车间或非生产性工程，也属于改建项目。

（4）恢复项目

恢复项目是指重大自然灾害或战争遭受破坏的固定资产，按原来规模重新建设或在恢复的同时进行扩建的项目。

（5）迁建项目

迁建项目是指原有建设单位，由于各种原因迁到另外的地方建设的项目。

2. 按建设项目不同的建设阶段分

（1）前期工作项目

前期工作项目是指已批项目建议书，正在做可行性研究或者进行初步设计（或扩初设计的）的项目。

（2）预备项目

预备项目是指已批准可行性研究报告和初步设计（或扩初设计），正在进行施工准备待转入正式计划的项目。

（3）新开工项目

新开工项目是指施工准备已经就绪，报告期内计划新开工建设的项目。

（4）续建项目（包括报告期建成投产项目）

续建项目是指在报告期之前已开始建设，跨入报告期继续施工的项目。按照现行固定资产投资管理办法，前期工作项目和预备项目总称为预备项目。

（5）收尾项目

收尾项目是指已经竣工投产或交付使用，设计能力全部达到，但还遗留少量扫尾工程的项目。

3. 按建设项目资金来源渠道的不同分

（1）国家投资项目

国家投资项目是由国家预算安排的、并列入年度基本建设计划的资金建设的项目。

（2）自筹资金项目

自筹资金项目是指各地区、各部门、各单位按照财政制度提留、管理和自行分配用于固定资产再生产的资金进行投资的项目。自筹资金主要有：地方自筹资金；部门自筹资金；企业、事业单位自筹资金；集体、城乡个人筹集资金等。

（3）银行信用筹建项目

银行信用筹建项目是通过银行利用信贷资金发放的基本建设贷款进行建设的项目，是建设项目重要组成部分。

（4）利用外资项目

利用外资项目是指利用外国政府贷款、国际金融组织贷款、国外商业银行贷款多种形式的外资进行建设的项目，也是我国建设项目不可缺少的重要组成部分。

（5）利用有价证券市场筹措资金的建设项目

利用有价证券市场筹措资金的建设项目是指利用买卖公债、公司债券和股票等有价证券的资金进行建设的项目。有效证券主要指债券和股票。

4. 按建设项目规模分

按建设项目规模不同分为：大型、中型、小型项目。其划分标准各行各业并不相同，一般情况下，生产单一产品的企业，按产品的设计能力划分；生产多种产品的，按主要产品的设计能力划分；难以按生产能力划分的，按其全部投资额划分。

5. 按建设项目在国民经济建设用途分

（1）生产性基本建设项目

生产性基本建设项目是用于物质生产和直接为物质生产服务的建设项目，包括工业建设、建筑业、地质资源勘探事业建设和农林水利建设。

（2）非生产性基本建设项目

非生产性基本建设项目是用于人民物质和文化生活的建设项目，包括住宅、学校、医院、托儿所、影剧院以及国家行政机关和金融保险业的建设等。

知识点 3　基本建设工程项目的划分

基本建设工程建筑安装工程造价的计价比较复杂。为了能准确地计算出工程造价，必须把建设安装工程的组成分解为简单的、便于计算的基本构成项目。采用汇总这些基本项目的办法，求出工程造价。

基本建设项目通常划分为建设项目、单项工程、单位工程、分部工程、分项工程。

1. 建设项目

建设项目又称基本建设项目，一般是指具有一个设计任务书、按一个总体设计组织施工、经济上能独立核算、行政上有独立组织形式的建设单位。它由一个或几个单项工程所组成。在工业建设中，一般一个工厂为一个建设项目，如一个发电厂、一个化肥厂、一个炼油厂等；在民用建设中，一般是以一个事业单位，以一所学校、医院等为一个建设项目；在农业建设中，一般是以一拖拉机站、农场等为一个建筑项目；在交通运输建设中，是以一条铁路或公路等为一个建设项目。

一个建设项目由一个或若干个单项工程组成。

2. 单项工程（也称工程项目）

单项工程指具有独立的设计文件（包括设计图纸和概预算书），能独立存在，建成后能独立发挥其生产能力或使用效益的工程。如：某学校建设项目中的教学楼、办公楼、宿舍楼、图书馆、锅炉房、体育场等。

单项工程是具有独立存在意义的一个完整的建筑及设备安装工程，也是一个很复杂的综合体。为了便于计算工程造价，单项工程仍需进一步分解为若干单位工程。一个单项工程由若干个单位工程组成。

单项工程通常是进行工程造价文件编制、工程招标投标、工程项目管理、工程验收等的基本单位。

3. 单位工程

单位工程指具有独立的设计图纸和相应的概预算文件，可以独立组织施工，但建成后不能独立发挥生产能力或使用效益的工程项目。如某车间的土建工程就是一个单位工程，该车间的设备安装工程也是一个单位工程等。一个单项工程，一般可按投资构成划分为：建筑工程、安装工程、设备和工器具购置等方面。

建设工程通常包括下列单位工程：

(1) 一般土建工程。一切建筑物、构筑物的结构工程和装饰工程均属于一般土建工程。

(2) 电气照明工程。如室内外照明设备、灯具的安装、室内外线路敷设等工程。

(3) 给水排水及暖通工程。如给水排水工程、采暖通风工程、卫生器具安装等工程。

(4) 工业管道工程。如供热及动力等管道工程。

设备安装通常包括下列单位工程：

(1) 机械设备安装工程。如各种机床、锅炉汽机等安装工程。

(2) 电气设备安装工程。如变配电及电力拖动设备安装调试的工程。

单位工程实际上是单项工程在专业上的分解。它与设计专业的分工相吻合；在施工组织中各专业是独立施工的，竣工后单独验收；与现行的计价依据各分册的适用范围基本一致。

一个单位工程由若干分部（子分部）工程组成。

4. 分部工程

分部工程一般是按单位工程的结构形式、工程部位、构件性质、使用材料、设备种类等的不同而划分的工程项目。例如一般土建工程可以划分为：土石方工程、地基与基础工程、砌筑工程、混凝土及钢筋混凝土工程、金属工程、屋面工程、楼地面工程、门窗工程等；电气照明工程可划分为配管安装、灯具安装等分部工程。如装饰工程可以分为地面、门窗、吊顶工程；给水排水采暖单位工程中的管道安装、阀门安装、低压器具组成与安装、卫生器具安装、供暖器具安装、小型容器（水箱）制作安装等分部工程。

分部工程中，影响工料消耗的因素仍然很多。例如同样是砖石工程，由于工程部位不同，如外墙、内墙及墙体厚度等，每一计量单位砖石工程所消耗的工料有差别，因此，还必须把分部工程按照不同的施工方法、不同的材料（设备）等，进一步划分为若干分项工程。

5. 分项工程

分项工程一般是按选用的施工方法、所使用的材料及结构构件规格的不同等因素划分的，用较为简单的施工过程就能完成的，能用适当的计量单位就可以计算工料消耗的最基本构成项目。例如砖石工程，根据施工方法、材料种类及规格等因素的不同，可进一步的划分为：砖基础、外墙、女儿墙、保护墙、空心砖墙、砖柱、小型砖砌体、墙勾缝等分项工程。

分项工程是单项工程组成部分中最基本的构成因素。每个分项工程都可以用一定的计量单位（例如墙的计量单位为 $10m^3$，墙面勾缝的计量单位为 $10m^2$）计算，并能求出完成相应计量单位分项工程所需要消耗人工、材料、机械台班的数量及其预算价值。

综上所述，一个建设项目由一个或几个单项工程组成，一个单项工程由若干个单位工程组成，一个单位工程又可以划分为若干个分部（子分部）工程，一个分部工程（子分部）还可以划分若干分项工程，建设项目的造价形成就是从分项工程开始的。

基本建设工程项目划分如图 1-1 所示。

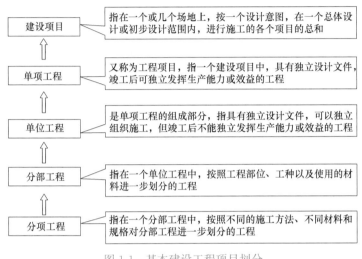

图 1-1　基本建设工程项目划分

知识点 4　基本建设程序

基本建设程序指工程项目从策划、选择、评估、决策、设计、施工到竣工验收，投入生产或交付使用的整个工程中，各项工作须遵循的先后工作次序。一般大中型及限额以上的建设项目的建设程序如下：

1. 项目建议书阶段

项目建议书是业主向主管部门提出要求建设某一项目的建议文件，是对工程项目建设的轮廓设想。其主要作用是推荐一个拟建项目，论述其建设的必要性，建设条件的可行性和获利（经济效益、社会效益）的可能性，供主管部门选择决定是否进行下一步工作。

项目建议书经批准后，可以进行详细的可行性研究工作，但并不表明项目非上不可，项目建议书不是项目"上马"的最后决策。

2. 可行性研究阶段

可行性研究是对建设项目在技术上是否可行和经济上是否合理所进行的科学分析论证。

可行性研究报告的审批：凡属中央政府投资、中央和地方政府共同投资的大中型和限额以上的项目，由国家发展改革委审批；小型和限额以下项目由地方主管部门审批。

可行性研究报告经过正式批准后，即作为初步设计的依据，不得随意修改和变更。

可行性研究报告经批准，建设项目才算正式立项。

3. 设计工作阶段

设计是为保障拟建工程的实施，在技术上和经济上所进行的全面而详尽的安排，是建设项目的具体化，是组织施工的依据。

工程项目的设计工作一般分为两个阶段：初步设计阶段和施工图设计阶段。重大项目中技术复杂的项目，可增加扩大初步设计（技术设计）阶段。

初步设计：是从技术和经济上，对建设项目进行通盘规划和合理安排，做出基本技术决定，并确定总建设费用，编制建设项目总概算。

施工图设计：是在批准的初步设计基础上将建设工程更加具体化，提供进行工程建设的各种详细图纸，是编制施工图预算、工程建设招标投标，进行工程施工的依据。

4. 建设准备阶段

建设准备是指从批准设计任务书起到开始施工时为止的全部工作。其主要包括：征地、拆迁、场地平整，施工用水、电、路，组织设备、材料订货，准备必要的施工图纸，组织施工招标投标，择优选择施工单位等工作。

5. 建设施工阶段

工程项目经批准新开工建设后，项目即进入施工阶段。施工安装活动应按照工程施工图设计、施工合同及施工组织设计要求，在保证工程质量、工期、成本及安全、环保等目标要求的前提下进行。

6. 生产准备阶段

对于生产性工程建设项目，生产准备是项目投产前由建设单位进行的一项重要工作。它是衔接建设和生产的桥梁，是项目建设转入生产经营的必要条件。其主要有招收、培训生产人员，组织准备、技术准备、物资准备等。

7. 竣工验收阶段

竣工验收是工程建设过程中的最后一环，是投资成果转入生产使用的标志。竣工验收的范围是设计文件及合同所规定的全部内容。竣工验收应提供土建施工、设备安装完整的技术资料、竣工图、竣工决算等文件。竣工验收的标准为国家现行质量验评标准和施工验收规范。不合格工程不予验收，工程达到竣工验收标准后，由施工单位移交建设单位。

8. 后评估阶段

项目后评估是工程项目竣工投产，生产经营一段时间后，再对项目的立项决策、设计施工、生产运营全过程进行系统评价的一种技术经济活动，是对固定资产投资管理的一项重要内容和最后一个环节。

基本建设程序如图 1-2 所示。

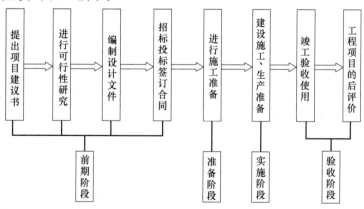

图 1-2　基本建设程序

知识点5 工程建设造价文件的分类

工程建设造价文件根据编制单位、作用及在建阶段的不同,可以分为工程项目投资估算、设计概算、设计(施工图)预算、工程结算、竣工决算等。

1. 投资估算

投资估算是指在项目建议书和可行性研究阶段,对建设项目的投资额进行的估算。投资估算总额是指从筹建、施工直至建成投产的全部建设费用(包括工程造价和流动资金),供项目投资者投资决策参考。

2. 设计概算

设计概算是指设计单位在初步设计或扩大初步设计阶段,根据初步设计或技术设计文件、概算定额或概算指标编制的建设项目全部建设费用的经济文件,是设计文件的组成部分。

设计概算包括:单位工程概算、单项工程综合概算、其他工程的费用概算、建设项目总概算以及编制说明等。

3. 设计(施工图)预算

设计(施工图)预算是指在工程项目招标投标阶段,根据设计施工图、预算定额、费用定额、材料市场价格编制的单项工程(或单位工程)详细造价文件。在招标投标阶段,施工图预算是建设单位编制标底和建筑施工企业投标报价的依据,是建设单位和建筑安装施工企业签订承包合同和办理工程结算的依据。

4. 工程结算

工程结算是指施工企业按照承包合同和已完工程量向建设单位(业主)办理工程价款清算的经济文件。工程建设一般周期长、耗用资金数额大,为使建筑安装企业在施工中耗用的资金及时得到补偿,需要对工程价款进行中间结算(进度款结算)、年终结算,全部工程竣工验收后应进行竣工结算。

5. 竣工决算

竣工决算是指在竣工验收阶段由建设单位编制的反映建设项目实际造价和投资效果的经济文件。其包括从项目策划到竣工投产全过程的全部实际费用。

6. 施工预算

施工预算是指施工单位在工程施工前,根据施工合同、施工图纸、施工定额、施工组织设计(或施工方案),编制的单位工程(或分部工程)施工所需的人工工日、材料和施工机械台班耗用量及其费用额的预算。

施工预算是施工企业内部技术经济文件,是企业进行内部管理,劳动力、材料、机械调配供应,控制成本开支,进行成本分析,进行"两算"(设计预算与施工预算)对比和班组经济核算的依据。

工程造价与基本建设的关系如图1-3所示。

总之,这些造价文件是一个有机的整体,缺一不可。申请项目要编估算,设计要编概算,施工要编预算,竣工要编结算和决算,做好"三算"(设计概算、施工图预算、竣工决算)。同时,国家要求决算不能超过预算,预算不能超过概算。

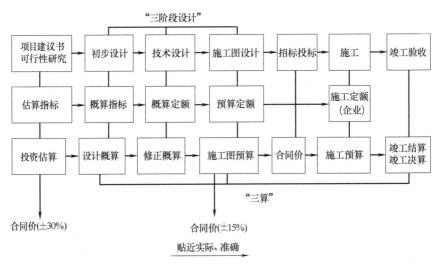

图 1-3　工程造价与基本建设的关系

任务 1.2　建筑工程造价概述

任务描述

建筑工程造价针对投资者、承包商会有不同的含义，而且每一项工程不仅实物形体庞大，而且造价高昂，因此，工程造价管理具有重要意义，那么，工程造价具有哪些特点？会产生哪些作用？建筑产品的价格应采取哪些计价方式呢？阅读本任务的知识链接，完成任务清单，回答相应问题。

成果形式

完成任务清单中各题答案的填写。

工作准备

认真学习知识链接中的相关知识点，理解工程造价的含义和特点，熟悉工程造价计价的模式和不同模式的区别。

任务清单

一、任务实施

引导问题 1：工程造价有哪些含义，有哪些特点？说一说工程造价的作用。

引导问题 2：建筑工程造价有哪两种计价模式？说一说它们的区别。

二、判断题

1. 工程造价，针对投资者，始终关注的问题是，完善项目功能，降低投资费用，按

期或提前投入使用。　　　　　　　　　　　　　　　　　　　　　　　　（　　）

2. 工程造价，针对承包商，承包者所关注的是高额利润，为此，他追求的是较高的工程造价。　　　　　　　　　　　　　　　　　　　　　　　　　　　　（　　）

3. 使用国有资金投资的建设工程发承包，可采用工程量清单计价，也可采用工料单价法计价。　　　　　　　　　　　　　　　　　　　　　　　　　　　　（　　）

三、多项选择题

1. 工程造价的特点是（　　）。

A. 多样性　　　B. 动态性　　　C. 个别性　　　D. 层次性　　　E. 兼容性

2. 建筑工程造价计价的模式是（　　）。

A. 工料单价计价模式　　　　　B. 工程量清单计价模式

C. 概算计价模式　　　　　　　D. 估算计价模式

E. 预算计价模式

评价反馈

学生进行自我评价，并将结果填入表 1-2 中。

学生自评表　　　　　　　　　　　　　　　　　　表 1-2

班级：　　　　　　姓名：　　　　　　　学号：			
学习任务	建筑工程造价概述		
评价项目	评价标准	分值	得分
工程造价的含义	能理解工程造价的两重含义	10	
工程造价的特点	能理解工程造价的 5 个特点	10	
工程造价的作用	能理解工程造价的作用	10	
工程造价的计价模式	能正确说出工程造价的两种计价模式	10	
	能说出不同计价模式适用的工程范围	20	
	能说出不同计价模式的区别	20	
工作态度	态度端正、认真，无缺勤、迟到、早退现象	10	
工作质量	能够按计划完成工作任务	10	
合计		100	

知识链接

知识点 1　工程造价的含义

工程造价是指一切建设工程产品的建造价格。

对于投资者——业主来说，工程造价指建设一项工程预期开支或实际开支的全部固定资产投资费用。也就是一项工程通过建设形成相应

码 1-2　建筑
工程造价概述

的固定资产、无形资产所需用一次性费用的总和。从这个意义来说，工程造价就是工程投资费用，建设项目工程造价就是建设项目固定资产费用。投资者在投资时是为实现预期收益而垫付资金，追求的是决策的正确性，投资数额的大小，功能和价格（成本）比是投资决策最重要的依据。另外，在实施项目中完善项目功能，降低投资费

用，按期或提前投入使用，是投资者始终关注的问题。

对于承包商工程造价指为建成一项工程，预计或实际在建设各阶段（土地市场、设备市场、技术劳务市场以及有形建筑市场等）交易活动中所形成的工程价格之和。工程造价是在建筑市场通过招标投标，由需求主体投资者（工程发包方）和供给主体建筑商（工程承包方）共同认可的价格。作为工程价格，承包者所关注的是高额利润，为此，他追求的是较高的工程造价。

知识点 2　工程造价的特点

工程造价的特点：大额性、个别性、差异性、动态性、层次性、兼容性。

1. 工程造价的大额性

能够发挥投资效用的任何一项工程，不仅实物形体庞大，而且造价高昂，动辄数百万、数千万元、数亿元、数十亿元人民币，特大工程项目造价可达数百亿元、数千亿元人民币。工程造价的大额性使它关系到有关各方面的重大经济利益，同时也会对宏观经济产生重大影响。这就决定了工程造价的特殊地位，也说明了工程造价管理的重要意义。

2. 工程造价的个别性、差异性

任何一项工程都有其特定的用途、功能、规模。因此对每一项工程的结构、造型、空间分割、设备配置和内外装饰都有具体的要求，形成了每项工程的实物形态具有个别性，也就是项目具有一次性特点。建筑产品的个别性、建设施工的一次性决定了工程造价的个别性、差异性。同时，每项工程所处地区、地段的不同，也使这个特点得到强化。

3. 工程造价的动态性

任何一项工程从决策到竣工交付使用，都有一个较长的建设期，而且由于不可预测因素的影响，在预计工期内，许多影响工程造价的主要因素，如工程设计变更、设备材料价格、工资标准、利率、汇率等变化，必然会影响到造价的变动。所以，工程造价在整个建设期中处于动态状况，直到竣工决算后才能最终确定工程的实际造价。

4. 工程造价的层次性

工程造价的层次性取决于工程的层次，一个工程项目往往含有多项能够独立发挥设计效能的单项工程（如车间、写字楼、住宅楼等）。一个单项工程又是由能够各自发挥专业效能的多个单位工程（如土建工程、水暖安装及电气安装工程等）组成。与此相适应，工程造价有三个层次：建设项目造价、单项工程造价和单位工程造价，如果专业分工更细，单位工程（如土建工程）的组成部分——分部工分项工程也可以成为交换对象，如大型土（石）方工程、桩基工程、装饰工程等，这样工程造价的层次就增加了分部工程和分项工程而成为五个层次。即使从造价的计算和工程管理的角度看，工程造价的层次性也是非常突出的。

5. 工程造价的兼容性

工程造价的兼容性首先表现在它具有两种含义，其次表现在造价构成因素的广泛性和复杂性。在工程造价中，首先是成本因素非常复杂，其中为获得建设工程用地支出的费用、项目可行性研究和规划设计费用、与政府一定时期政策（特别是产业政策和税收政策）相关的费用占有相当的份额。再次，盈利的构成也较为复杂，资金成本较大。

知识点 3 工程造价的作用

1. 工程造价是项目决策的工具。

在项目决策阶段，如果建设工程的价格超过投资者的支付能力，就会迫使他放弃拟建的项目；如果项目投资的效果达不到预期目标，他也会自动放弃拟建的工程。因此建设工程造价是项目财务分析和经济评价的重要依据。

2. 工程造价是制订投资计划和控制投资的有效工具。

工程造价是通过多次性预测、估算，最终通过竣工决算确定的。每一次估算的过程都是对造价的控制过程，而每一次估算对下一次估算又都是对造价严格的制定，而且后一次估算超过前一次估算的值要控制在一定范围内。

3. 工程造价是筹集建设资金的依据。

工程造价基本决定了建设资金的需要量，从而为筹集资金提供了比较准确的依据。当建设资金来源于金融机构的贷款时，金融机构在对项目的偿贷能力进行评估的基础上，也需要依据工程造价来确定给予投资者的贷款数额。

4. 工程造价是合理利益分配和调节产业结构的手段。

在市场经济中，工程造价受供求状况的影响，并在围绕价值的波动中实现对建设规模、产业结构和利益分配的调节，加上政府正确的宏观调控和价格政策导向，工程造价在这方面的作用会充分发挥出来，是合理利用分配和调节产业结构的手段。

5. 工程造价是评价投资效果的重要指标。

建设工程造价是一个包含着多层次工程造价的体系，就一个工程项目来说，它既是建设项目的总造价，又包含单项工程、单位工程、单位生产能力或单位建设面的造价等。所有这些，使工程造价自身形成了一个指标体系。所以它能够为评价投资效果提供出多种评价指标，并能够形成新的价格信息，为今后类似项目的投资提供参照体系，是评价投资效果的重要指标。

知识点 4 建筑工程造价计价的模式

我国现行的计价模式主要有工料单价计价模式、工程量清单计价模式，其中工料单价法在我国其他地区也称定额计价法。实行工程量清单计价的工程，应采用单价合同。

1. 工料单价计价模式（"工料法"，也称定额计价法）

在这种模式下，工程预算定额就成为编制施工图预算、建筑工程招标标底、投标报价及签订工程承包合同的法定依据。

2. 工程量清单计价模式（"清单法"）

为了适应我国建设工程管理体制改革以及建设市场发展的需要，规范建设工程各方的计价行为，进一步深化工程造价管理模式的改革，按照"政府宏观调控、企业自主报价、市场形成价格、加强市场监管"的改革思路，我国于 2003 年 7 月 1 日开始实施工程量清单计价。

工程量清单计价是指招标投标阶段由投标人按照招标人提供的招标工程量清单，逐一填报单价，并计算出建设项目所需的全部费用，包括分部分项工程费、措施项目费、规费、税前项目费和税金等，工程结算时必须以承包人完成合同工程应予以计量的工程量确定工程造价的这一过程，就称为工程量清单计价。

工程量清单计价应采用"综合单价"计价。综合单价是指完成规定清单项目所需的人工费、材料费和机械费、企业管理费、利润，并考虑了风险因素的一种单价。

为进一步适应建设市场计量、计价的需要，计价规范经过两次修编，目前使用的是《建设工程工程量清单计价规范》GB 50500—2013。

3. 采用工程量清单计价、工料单价法计价的工程范围

使用国有资金投资的建设工程发承包，必须采用工程量清单计价。国有资金投资的工程建设项目包括使用国有资金投资和国家融资投资的工程建设项目。

非国有资金投资的工程建设项目，可采用工程量清单计价，也可采用工料单价法计价。

知识点 5　工程量清单计价主要程序

工程量清单计价包括以下程序：

1. 招标人编制工程量清单

招标投标阶段，由招标人或受其委托的造价咨询人根据招标文件要求、工程图纸、计价与计量规范、计价办法及常规施工方案等资料列出拟建工程项目所有的清单项目，对于分部分项工程和单价措施项目还需计算出相应工程量，编制成工程量清单，作为招标文件的一部分发给所有投标人。

2. 招标人编制招标控制价

招标投标阶段，由招标人或受其委托的造价咨询人以公平、公正为原则，根据招标文件要求、工程量清单、建设主管部门颁发的计价定额、计价规定及常规施工方案资料合理确定工程总造价。

3. 投标人编制投标报价

招标投标阶段，投标人按照招标文件所提供的工程量清单、施工现场的实际情况及拟定的施工方案、施工组织设计，按企业定额或建设行政主管部门发布的计价定额以及市场价格，结合市场竞争情况，充分考虑风险，自主报价。

4. 以承包人完成合同工程应予以计量的工程量确定工程结算价

工程完工后，发承包双方办理竣工结算时，以承包人完成合同工程应予以计量的工程量、合同约定的综合单价为基础计算工程结算价格。

知识点 6　工程量清单计价与工料单价法计价区别

工程量清单计价法和工料单价法计价两种模式将并存，形成以工程量清单计价模式为主导，工料单价法计价模式为补充方式的计价局面。

两种计价模式的区别主要有以下几点：

1. 适用范围不同

使用国有资金投资建设工程项目必须采用工程量清单计价。除此以外的建设工程，可以采用工程量清单计价模式，也可采用工料单价法计价模式。

2. 项目划分不同

工料单价法计价的项目是按定额子目来划分的，所含内容相对单一，一个项目包括一个定额子目的工作内容。

而工程量清单项目，基本以一个"综合实体"考虑，一个项目既可能包括一个定额子目的工作内容，也可能包括多个定额子目的工作内容。

3. 计价依据不同

工料单价法计价模式主要是依据建设行政主管部门发布的计价定额计算工程造价，具

有地域的局限性。

工程量清单计价模式的主要依据是《建设工程工程量清单计价规范》GB 50500—2013，全国统一。

4. 编制工程量的主体不同

采用工料单价法计价模式，建设工程的工程量、工程价格均由投标人自行计算。

采用工程量清单计价模式，工程量由招标人或委托有关工程造价咨询单位统一计算，各投标人根据招标人提供的工程量清单，根据自身的技术装备、施工经验、企业成本、企业定额、管理水平等进行报价。

5. 风险分担不同

工程量清单由招标人提供，招标人承担工程量计算风险，投标人则承担单价风险。

工料单价法计价模式下的招标投标工程，工程量由各投标人自行计算，工程量计算风险和单价风险均由投标人承担。

6. 计量与计价的单位不同

工料单价法计价模式计量与计价的单位为定额单位，定额单位一般为扩大单位，如"10m^3、1000m^3、100m^2"等。

工程量清单计价模式计量与计价的单位为标准单位，如"m、m^3、m^2"等。

项目2

Chapter 02

建筑工程定额

【学习情境】

在建筑建造过程中，会消耗人工、材料和机械，它们的数量可以通过建筑工程定额来反映，定额是管理科学的基础，也是编制工程造价的基础。

那么建设工程定额的含义是什么？有哪些特点？有哪些分类？如何理解预算定额的概念？预算定额中的人工、材料、机械的消耗量指标和基础单价如何确定？预算定额、费用定额有哪些内容，如何应用？建筑工程的综合单价、合价、工程总造价如何计算呢？

【学习目标】

知识目标

1. 理解建设工程定额的含义和特点，了解建设工程定额的分类；

2. 掌握预算定额的概念，了解预算定额中人工、材料、机械消耗量和基础单价的确定方法；

3. 熟悉预算定额、费用定额的内容，掌握预算定额直接套用和换算的方法；

4. 掌握建筑工程综合单价、合价、工程总造价的计算方法。

能力目标

1. 能识读建筑工程定额表；

2. 能较熟练套用定额，能根据定额说明进行定额换算；

3. 能较熟练计算综合单价、合价、工程总造价。

素质目标

1. 养成正确使用规范标准的习惯；

2. 培养自主学习意识，能有计划地学习和生活；

3. 培养严谨的工作作风，养成及时解决问题的工作习惯。

思政目标

1. 遵循定额标准，培养节约意识，注重工作效率；

2. 主动关心国家和行业发展动态，了解行业变化、行业规范和规则。

任务 2.1 建筑工程定额概述

任务描述

同学们，我们在食堂吃早餐，买一个馒头的价格是多少呢？馒头的制作需要人工，需要用到面粉、水等材料，会用到面盆、蒸锅等器具，它们是形成馒头价格的因素。

建筑产品的形成，同样需要用到人工、材料和机械，它们合理用量的标准，就是建筑工程定额，那么，建筑工程定额的含义是什么？有哪些性质？有哪些分类？有些什么作用呢？

阅读本任务的知识链接，完成任务清单，回答相应问题。

成果形式

完成任务清单中各题答案的填写。

工作准备

认真学习知识链接中的相关知识点，理解建设工程定额的含义和特点，了解建设工程定额的分类。

任务清单

一、任务实施

引导问题 1：定额的概念是什么？建筑工程定额的概念是什么？

引导问题 2：简述建筑工程定额的性质。简述定额的作用。

引导问题 3：说一说建筑工程定额的分类。

二、单项选择题

1. 建筑工程定额的权威性客观基础是它的（　　）。

A. 科学性　　　　B. 统一性　　　　C. 系统性　　　　D. 经济性

2. 概算定额是指生产一定计量单位的合格的（　　）所需消耗的人工、材料、机械台班消耗的数量标准。

A. 同一性质施工过程　　　　　　B. 扩大的分项工程或结构构件

C. 分项工程或结构构件　　　　　D. 100m² 建筑面积或 100m³ 建筑体积

3. 下列属于施工定额标定对象的是（　　）。

A. 同一性质施工过程　　　　　　B. 100m² 建筑面积或 100m³ 建筑体积

C. 分项工程或结构构件　　　　　D. 扩大的分项工程或结构构件

4. 估算指标比概算指标更加综合扩大，往往是以（　　）为测定对象。

A. 分部工程　　　　　　　　　　B. 100m² 建筑面积或 100m³ 建筑体积

C. 分项工程　　　　　　　　　　D. 独立的单位工程或完整的工程项目

5. 企业定额水平一般（　　）国家现行定额，只有这样，才能满足生产技术发展及企业管理和市场竞争的需要。

A. 高于　　　　　　B. 低于　　　　　　C. 等于　　　　　　D. 高于或低于

6. 全国统一劳动定额反映的是（　　）水平。

A. 社会平均先进　　B. 社会平均　　　　C. 社会先进　　　　D. 企业平均

三、多项选择题

1. 定额的统一性表现为（　　）。

A. 统一的程序　　　　　B. 统一的原则　　　　C. 统一的规则

D. 统一的要求　　　　　E. 统一的用途

2. 建筑工程定额按生产要素可分为（　　）。

A. 劳动定额　　　　　B. 费用定额　　　　　C. 材料消耗定额

D. 机械台班定额　　　E. 施工定额

3. 建筑工程定额按编制程序和用途分为（　　）。

A. 施工定额　　　　　B. 预算定额　　　　　C. 概算定额

D. 估算定额　　　　　E. 劳动定额

评价反馈

学生进行自我评价，并将结果填入表 2-1 中。

学生自评表 表 2-1

班级：　　　　　　姓名：　　　　　　　　学号：

学习任务	建设工程定额概述		
评价项目	评价标准	分值	得分
定额的含义	能理解定额的含义	20	
定额的性质	能简述定额的性质	20	
定额的作用	能理解定额的作用	10	
定额的分类	能简述定额的分类，能正确判断不同分类的定额	30	
工作态度	态度端正、认真，无缺勤、迟到、早退现象	10	
工作质量	能够按计划完成工作任务	10	
合计		100	

知识链接

知识点 1　定额的含义、性质

定额：即规定的额度，是对某一事物规定的数量标准。

建设工程定额是建设工程中各类定额的总称，指在正常的施工条件下完成单位合格建筑产品所必需消耗的人工、材料、机械台班的数量标准。这种标准考虑的是正常的施工条件，即目前大多数施工企业和施工队组，在合理的劳动组织、合理的使用材料和机械、合理的施工工期的条件下进行生产，施工过程遵守国家现行的施工规范、规程和标准。建筑工程定额反映的是一定时期社会生产力的水平，通过研究建筑产品消耗人工、材料和机械的数量及其节约的途径，以提高劳动生产率。

定额是管理科学的基础，也是编制工程造价的基础。

建设工程定额具有真实性和科学性，系统性和统一性，权威性和强制性，稳定性与时效性等性质。

1. 真实性和科学性

定额的真实性，表现为建设工程定额应真实地反映和评价客观的工程造价活动，它受到经济活动中各种因素的影响，每一个因素的变化都会通过定额直接或间接地反映出来。定额必须和生产力发展水平相适应，反映工程建设中生产消费的客观规律。

定额的科学性，第一表现在用科学的态度制定定额，尊重客观实际，力求定额水平合理；第二表现在制定定额的技术方法上，利用现代科学管理的成就，形成一套系统的、完整的、在实践中行之有效的方法；第三表现在定额制定和贯彻的一体化，制定是为了提供贯彻的依据，贯彻是为了实现管理的目标，也是对定额的信息反馈。

2. 系统性和统一性

定额的系统性，表现在建设工程定额是由各种内容结合而成的有机整体，有鲜明的层次和明确的目标。按主编单位和执行范围的不同，我国的定额可分国全国定额、各专业的定额、各地区的定额、各建设项目及各企业的定额等。系统性是由工程建设的特点决定的。

定额的统一性，主要是由国家宏观调控职能决定的。从定额的制定、颁布和贯彻使用来看，统一性表现为有统一的程序、统一的原则、统一的要求和统一的用途。

3. 权威性和强制性

定额的权威性，指建设工程定额是经过一定的程序和一定授权单位审批颁发，具有较强的权威性。这种权威性在一些情况下具有经济法规性和执行的强制性。权威性反映统一的意志和统一的要求，也反映信誉和信赖。强制性反映刚性约束，反映定额的严肃性。

定额的强制性有相对的一面。在竞争机制引入工程建设的情况下，建筑工程定额水平必然会受到市场供求状况的影响，从而产生一定的浮动。准确地说，这种强制性不过是一种限制，一种对生产消费水平的合理限制，而不是对降低生产消费的限制，不是限制生产力的发展。

4. 稳定性与时效性

定额的稳定性，指任何一种建设工程定额都是一定时期技术发展和管理水平的反映，因而在一段时期内都表现出稳定的状态。稳定的时间有长有短。一般来说，工程量计算规则比较稳定，工料机定额消耗量相对稳定在 5 年左右；基础单价、各项费用取费率等相对稳定的时间更短。保持稳定性是维护权威性所必需的，是有效贯彻定额所必需的。

定额是相对的。当定额与已经发展了的生产力不相适应时，它的作用就会逐步减弱以至消失。所以，定额在具有稳定性特点的同时，也具有显著的时效性。当定额不再能起到促进生产力发展的作用时，就要重新编制或修订了。

知识点 2　定额的作用

定额，确定了在现有生产力发展水平下，生产单位合格产品所需的活劳动和物化劳动的数量标准，以及用货币来表现某些必要费用的额度。

建筑安装工程定额是国家控制基本建设规模，利用经济杠杆对建筑安装企业加强宏观管理，促进企业提高自身素质，加快技术进步，提高经济效益的立法性文件。所以，无论是设计、计划、生产、分配、预算、结算、奖励、财务等各项工作、各个部门都应以它作为自己工作的主要依据。

定额的作用主要表现在以下六个方面：

1. 定额是计划管理的重要基础

建筑安装企业在计划管理中，为了组织和管理施工生产活动，必须编制各种计划，而计划的编制又依据各种定额和指标来计算人力、物力、财力等需用量，因此定额是计划管理的重要基础。

2. 定额是提高劳动生产率的重要手段

施工企业要提高劳动生产率，除了加强政治思想工作，提高群众积极性外，还要贯彻执行现行定额，把企业提高劳动生产率的任务具体落实到每个工人身上，促使他们采用新技术和新工艺，改进操作方法，改善劳动组织，减小劳动强度，使用更少的劳动量创造更多的产品，从而提高劳动生产率。

3. 定额是衡量设计方案的尺度和确定工程造价的依据

同一工程项目的投资多少，是使用定额和指标，对不同设计方案进行技术经济分析与比较之后确定的。因此定额是衡量设计方案经济合理性的尺度。

工程造价是根据设计规定的工程标准和工程数量，并依据定额指标规定的劳动力、材料、机械台班数量、单位价值和各种费用标准来确定的，因此定额是确定工程造价的依据。

4. 定额是推行经济责任制的重要环节

推行投资包干和以招标承包为核心的经济责任制，其中签订投资包干协议，计算招标标底和投标标价，签订总包和分包合同协议，以及企业内部实行适合各自特点的各种形式的承包责任制等，都必须以各种定额为主要依据，因此定额是推行经济责任制的重要环节。

5. 定额是科学组织和管理施工的有效工具

建筑安装是由多工种、多部门组成的一个有机整体而进行的施工活动，在安排各部门各工种的活动计划中，要计算平衡资源需用量，组织材料供应。要确定编制定员，合理配备劳动组织，调配劳动力，签发工程任务单和限额领料单，组织劳动竞赛，考核工料消耗，计算和分配工人劳动报酬等都要以定额为依据，因此定额是科学组织和管理施工的有效工具。

6. 定额是企业实行经济核算制的重要基础

企业为了分析比较施工过程中的各种消耗，必须以各种定额为核算依据。因此工人完成定额的情况，是实行经济核算制的主要内容。以定额为标准，来分析比较企业各种成本，并通过经济活动分析，肯定成绩，找出薄弱环节，提出改进措施，以不断降低单位工程成本，提高经济效益，所以定额是实行经济核算制的重要基础。

知识点 3　定额的分类

建设工程定额有不同的分类方法。

1. 按生产要素分类

（1）人工消耗定额（劳动定额）

人工消耗定额指在正常的施工技术条件和合理劳动组织条件下为生产单位合格产品所消耗的工作时间标准，或在一定的时间内应该生产的产品数量标准。

（2）材料消耗定额（材料定额）

材料消耗定额指在正常的施工条件及合理使用材料的条件下，生产单位质量合格的建筑产品，必须消耗一定品种、规格的建筑材料（包括半成品、燃料、配件、水、电等）的数量标准。

（3）机械消耗定额（机械定额、机械台班定额）

机械消耗定额指在正常施工条件及合理使用机械的条件下，某种机械为生产单位合格产品（工程实体或劳务）所需消耗的机械工作时间标准，或在单位时间内该机械应该完成的产品数量标准。

劳动定额、材料定额、机械定额是各类产品定额中最基本的定额，它们反映了单位产品生产过程中三大要素（人工、材料、机械）消耗的数量标准，是制定各种定额的基础，所以也称为基础定额。

2. 按编制程序和用途分类

（1）施工定额

施工定额是以同一性质的施工过程或工序为测定对象，确定建筑安装工人在正常的施工条件下，为完成某种单位合格产品的人工、材料和机械台班消耗的数量标准。施工定额由劳动定额、材料消耗定额、机械台班消耗定额组成。施工定额是施工企业组织生产和加强内部管理使用的一种定额，属于生产性定额，对外不具备法规性质。

施工定额是工程建设定额中分项最细，定额子目最多的一种定额，是工程建设定额中的基础性定额。它是编制预算定额的基础。

（2）预算定额

预算定额也称消耗定额，它是指在正常的施工生产条件下，为完成一定计量单位的合格的分项工程或结构构件所消耗的人工、材料、机械的数量标准。预算定额是确定编制施工图预算的依据，也是编制概算定额的基础，还可作为制定招标标底、企业定额和投标报价的基础，是一种计价性定额。

预算定额是以施工定额为基础综合扩大编制的，同时它也是编制概算定额的基础。

（3）概算定额

概算定额是指生产一定计量单位的合格的扩大分项工程或结构构件所需消耗的人工、材料、机械台班消耗的数量标准，它是综合扩大的消耗量定额，也是一种计价性定额。概算定额是初步设计阶段编制设计概算的依据，也可作为编制概算指标和估算指标的依据。

（4）概算指标（扩大结构定额）

概算指标是指在概算定额的基础上进一步综合扩大，通常以 $100m^2$（建筑面积）或座、米（构筑物）为计量单位，规定所需人工、材料及机械台班消耗的数量标准。它可作为初步设计阶段编制设计概算、可行性研究阶段编制投资估算的依据。

概算指标是概算定额的扩大与合并。

（5）投资估算指标

投资估算指标比概算指标更加综合扩大，往往是以独立的单项工程或完整的工程项目为测定对象。投资估算指标是项目建议书和可行性研究阶段编制投资估算的依据，是合理确定项目投资的基础。

投资估算指标是概算指标的扩大与合并。

（6）工期定额

工期定额是指在一定生产技术条件下和自然条件下，完成某个单项工程平均需用的天数标准。工期定额是评价工程建设进度、编制施工计划、签订承包合同、评价优质工程的可靠依据。

3. 按编制单位和执行范围分类

（1）全国统一定额

全国统一定额是由国家建设行政主管部门，综合全国工程建设中技术和施工组织管理的情况编制，并在全国范围内执行的定额。国家建设主管部门已颁布了如《全国统一建筑工程基础定额》《全国建筑安装工程统一劳动定额》等定额标准。

（2）行业统一定额

考虑各行业部门专业工程的技术特点，以及施工生产和管理水平编制，一般只在本行业及相同专业性质范围内使用的定额为行业统一定额，如矿井建设工程定额、铁路建设工程定额。

（3）地区统一定额（包括省、自治区、直辖市定额）

由各地区建设行政主管部门考虑本地区特点，在全国统一定额水平上作适当调整和补充编制的，在本地区范围内执行的定额为地区统一定额。如《广西壮族自治区建筑装饰装修工程消耗量定额》，只能在本行政区划内使用。

（4）企业定额

企业定额是指由施工企业考虑本企业具体情况，参照国家、部门或地区定额的水平制定的定额，是一种供企业内部使用的定额，也可用于投标报价，是企业素质的一个标志。企业定额水平一般应高于国家现行定额，只有这样，才能满足生产技术发展、企业管理和市场竞争的需要。

（5）补充定额

补充定额是指随着设计、施工技术的发展，现行定额不能满足需要的情况下，为了补充缺项所编制的定额。补充定额分为地区补充定额和一次性补充定额。补充定额需要按照一定的编制原则、程序和方法进行编制，并且只能在一定的范围内使用，其中地区性补充定额可以作为以后修订地区统一定额的依据。

4. 按费用性质分

（1）建筑工程定额

建筑工程定额是建筑工程施工定额、建筑工程消耗量定额、概算定额和概算指标的统称。它是对房屋、构筑物等项目建造过程中完成规定计量单位工程所消耗的人工、材料、机械台班的数量标准。

（2）设备安装工程定额

设备安装工程定额是设备安装工程施工定额、设备安装工程消耗量定额、概算定额和概算指标的统称。它是对设备安装过程中完成规定计量单位产品所消耗的人工、材料、机械台班的数量标准。

（3）建筑安装工程费用定额

建筑安装工程费用定额是对建筑安装工程的费用组成、计算程序、取费条件、取费费率等进行规定的标准。它是作为计算消耗量定额以外的与建筑安装工程费用组成有关的直接费、间接费、利润、税金等费用的依据。

任务 2.2　预算定额

任务描述

预算定额是编制施工图预算的规范，那么如何理解预算定额的概念？预算定额中的人工、材料、机械的消耗量指标和基础单价如何确定？预算定额有哪些内容？如何套用定额？如何换算定额？

阅读本任务的知识链接，完成任务清单，回答相应问题。

成果形式

完成任务清单中各题答案的填写。

工作准备

认真学习知识链接中的相关知识点，了解预算定额中人工、材料、机械消耗量和基础单价确定的方法，熟悉识读定额表的方法，练习套用定额和进行定额换算。

任务清单

一、任务实施

引导问题 1：说一说预算定额的概念，它的编制原则和依据是什么？

引导问题 2：人工消耗量、材料消耗量、机械消耗量的计算公式是什么？

引导问题 3：人工工资单价、材料单价、机械台班单价的组成有哪些？

引导问题 4：预算定额手册的主要内容有哪些？定额表有哪些内容组成？如何识读定额表？

引导问题 5：定额选用的方法有哪些？定额常见的换算方法有哪些？

二、单项选择题

1. 已知挖 $50m^3$ 土方，按现行劳动定额计算共需 20 工日，则其时间定额和产量定额分别为（　　）。

A. 0.4、0.4　　　　B. 0.4、2.5　　　　C. 2.5、0.4　　　　D. 0.5、2.5

2. 材料消耗量的计算公式，正确的是（　　）。

A. 材料消耗量＝净用量－损耗量

B. 材料消耗量＝净用量×（1－损耗率）

C. 材料消耗量＝净用量×（1＋损耗率）

D. 材料消耗量＝必须使用的量×(1＋损耗率)

3. 已知钢筋的必需消耗量为 300t，损耗率为 2％，则钢筋的净用量为 (　　) t。

A. 294.12　　　　　B. 294　　　　　　C. 360.1　　　　　D. 306

4. 下列关于预算定额人工工日消耗的计算公式中，正确的是 (　　)。

A. 人工幅度差＝(基本用工＋辅助用工)×人工幅度差系数

B. 人工幅度差＝基本用工×人工幅度差系数

C. 人工幅度差＝(基本用工＋辅助用工＋超运距用工)×人工幅度差系数

D. 人工幅度差＝(基本用工＋超运距用工)×人工幅度差系数

5. 下列费用中属于人工工资中的工资性补贴的是 (　　)。

A. 防暑降温费

B. 在有碍身体健康环境中施工的保健费用

C. 流动施工津贴及地区津贴

D. 职工学习、培训期间工资

6. 下列关于定额子目表的描述不正确的是 (　　)。

A. 表中各子目项的参考基价＝定额项目的人工费＋定额项目的材料费＋定额项目的机械费

B. 定额项目的人工费是人工工日量

C. 定额项目的材料费＝∑(定额项目的材料消耗量×相应材料单价)

D. 定额项目的机械费＝∑(定额项目的机械台班消耗量×相应台班单价)

三、多项选择题

1. 材料消耗量的组成包括 (　　)。

A. 主要材料　　　　　B. 辅助材料　　　　　C. 周转性材料

D. 其他材料　　　　　E. 零星材料

2. 下列不属于材料单价的是 (　　)。

A. 材料原价　　　　　B. 材料运杂费　　　　　C. 材料二次搬运费

D. 材料检验试验费　　E. 材料采购保管费

3. 列入机械台班单价的费用有 (　　)。

A. 机械在规定使用年限内陆续回收原值及所支付贷款利息费用

B. 机械在规定大修间隔台班必须进行的大修理费用

C. 施工机械在除大修理以外的各级保养和临时故障排除所需的费用

D. 施工机械的租赁费和停滞费

E. 燃料动力费

4. 定额表是定额手册的主要内容，包括 (　　)。

A. 表头的工作内容　　B. 定额子目表　　　　C. 表头的定额计量单位

D. 附注　　　　　　　E. 说明

5. 套用预算定额时，一般有以下情况 (　　)。

A. 直接套用　　　　　B. 换算定额　　　　　C. 删减定额

D. 新增定额　　　　　E. 补充定额

6. 定额换算的常见情况有 (　　)。

A. 混凝土换算   B. 厚度换算   C. 乘系数换算

D. 砂浆换算   E. 人工换算

四、定额表识读实训

识读 2013 年《广西壮族自治区建筑装饰装修工程消耗量定额》（简称"2013 广西定额"）中的 A3-5 砖墙定额（见表 2-6），2013 年《广西壮族自治区建筑装饰装修工程人工材料配合比机械台班基期价》（简称"2013 广西基期价"）示例（见表 2-8、表 2-9），按引导问题填空。

1. 定额编号为三级编码，定额 A3-5，A 的含义为：＿＿＿＿＿＿＿＿＿＿＿＿＿＿＿
＿＿＿＿＿＿＿＿＿；3 的含义为：＿＿＿＿＿＿＿＿＿＿＿＿＿＿＿＿＿＿＿＿＿；
5 的含义为：＿＿＿＿＿＿＿＿＿＿＿＿＿＿＿＿＿＿＿＿＿＿。

2. 定额 A3-5 子目表示的含义为：

用标准砖 240mm×115mm×53mm 砌筑的厚度为 17.8cm 的混水砖墙，每砌筑＿＿＿＿＿
（此处填写定额计量单位）需要以下人、材、机：

（1）人工费为＿＿＿＿＿＿＿＿＿＿元；

（2）材料费为＿＿＿＿＿＿＿＿＿＿元；材料有 3 项，分别是：

1）水泥石灰砂浆中砂 M5 的消耗量为＿＿＿＿＿＿＿ m^3，其单价为＿＿＿＿＿＿＿元/m^3，合计为＿＿＿＿＿＿＿元。

另外，水泥石灰砂浆中砂 M5 是砌筑砂浆的一种，它的材料编码是＿＿＿＿＿＿＿＿＿＿，从表 2-8 广西基期价—砌筑砂浆配合比示例，可以查出该配合比的参考基价是＿＿＿＿＿＿元/m^3，以及组成它的各种材料情况。

2）页岩标准砖（240mm×115mm×53mm）的消耗量为＿＿＿＿＿＿＿千块，其单价为＿
＿＿＿＿元/千块，合计为＿＿＿＿＿＿＿＿＿＿元。

3）水的消耗量为＿＿＿＿＿＿＿ m^3，其单价为＿＿＿＿＿＿＿元/m^3，合计为＿＿＿＿＿＿＿元。

将以上 3 项材料金额汇总，金额为＿＿＿＿＿＿＿＿＿＿元。

金额与材料费是否一致：＿＿＿＿＿＿＿＿＿。（填写"是"或者"否"）

（3）机械费为＿＿＿＿＿＿＿＿＿＿元；机械只有 1 项，具体是：

灰浆搅拌机［拌桶容量 200L］消耗量为＿＿＿＿＿＿＿＿＿＿台班，其单价为＿＿＿＿＿＿＿＿＿元/台班，合计为＿＿＿＿＿＿＿＿＿＿元。

金额与机械费是否一致：＿＿＿＿＿＿＿＿＿。（填写"是"或者"否"）

另外，它的机械编码是＿＿＿＿＿＿＿，从表 2-9 广西基期价—混凝土灰浆机械示例，可以查出该机械的参考基价是＿＿＿＿＿＿＿元/台班，以及它的各项费用组成情况。

（4）参考基价＝人工费＋材料费＋机械费，将上述三项费用汇总后，得出：

人工费＋材料费＋机械费＝＿＿＿＿＿＿＿＿＿＿元。

从表中识读 A3-5 的参考基价为：＿＿＿＿＿＿＿＿＿＿元。

它们是否一致：＿＿＿＿＿＿＿＿＿。（填写"是"或者"否"）

五、定额应用实训

根据"2013 广西定额"，查找下列各分项工程的定额编号，需要换算的，应在定额旁加注"换"，并写明换算说明。

1. 现浇构件圆钢（φ10 以内）制作安装

码 2-1　本实训相关的"2013广西定额"

2. 双排扣件式钢管外脚手架 20m 以内

3. 框架梁支木模板（木支撑）

4. 水泥砂浆铺贴陶瓷地砖（地砖规格 600mm×600mm）

5. 铝合金栏杆，10mm 厚有机玻璃栏板（半玻）

6. 人工运土方（运距 180m）

7. 斗容量 0.4m³ 液压挖掘机挖土，5t 自卸车运土 5km

8. M7.5 混合砂浆砌 240mm 标准砖混水砖墙

9. 4/C20 现浇混凝土独立基础浇捣（现场拌制混凝土，砾石，泵送）

10. 2/C25 现浇混凝土直行楼梯浇捣（板厚 110mm，商品混凝土，砾石，非泵送）

评价反馈

学生进行自我评价，并将结果填入表 2-2 中。

学生自评表 表 2-2

班级：　　　　　　姓名：　　　　　　　　学号：			
学习任务	预算定额		
评价项目	评价标准	分值	得分
预算定额的概念、编制原则和编制依据	能理解预算定额的概念，及预算定额的编制原则，了解预算定额的编制依据	10	
预算定额消耗量指标"三量"的确定	能理解人工消耗量、材料消耗量、机械消耗量的组成，能判断它们的计算公式是否正确，能应用公式计算人工、材料、机械消耗量	10	

续表

评价项目	评价标准	分值	得分
基础单价"三价"的确定	能说出人工工资单价、材料单价、机械台班单价的组成,能理解它们的计算公式	10	
定额表的识读	了解预算定额手册的主要内容,能说出定额表的内容,能正确识读定额表	20	
定额的应用	能根据分项工程的实际情况准确查找定额,判断是直接套用,还是需要换算,如果需要换算,能说明如何换算	30	
工作态度	态度端正、认真,无缺勤、迟到、早退现象	10	
工作质量	能够按计划完成工作任务	10	
合计		100	

知识链接

知识点 1 预算定额的概念

预算定额,又称消耗量定额,是指在正常的施工条件下,为完成单位合格的分项工程或结构构件所消耗的人工、机械、材料的数量标准。预算定额是国家及地区编制和颁发的一种法令性的指标,是一种计价性定额。

码 2-2 预算定额概述

知识点 2 预算定额的编制原则和依据

1. 预算定额的编制原则

(1)按社会平均水平确定预算定额的原则

社会平均水平是指在现有的社会正常的生产条件下,在社会平均的劳动熟练程度和劳动强度下,在平均的技术装备水平条件下,完成单位合格产品所需的劳动消耗量定额水平。定额水平与各项消耗成反比,与劳动生产率成正比。定额水平高,完成单位产品人工、材料和机械台班消耗少,劳动生产率高。

预算定额的水平以施工定额水平为基础。预算定额中包含了更多的可变因素,需要保留合理的幅度差,例如人工幅度差、机械幅度差、材料超运距、辅助用工及材料堆放、运输、操作损耗由细到精综合后的量差等。预算定额是平均水平,施工定额是平均先进水平。所以两者相比预算定额水平要相对低一些,但应限制在一定的范围内。

(2)简明适用的原则

简明适用是指在编制预算定额时,对于那些主要的、常用的、价值量大的项目,分项工程划分宜细;次要的、不常用的、价值量相对较小的项目则可以粗放一些。

简明适用,还要求合理确定定额的计量单位,简化工程量的计算,尽可能避免同一种材料用不同的计量单位和一量多用。尽量减少定额附注和换算系数。

(3)技术先进、经济合理的原则

技术先进、经济合理是指定额项目的确定、施工方法和材料的选择等,能够反映建设技术的水平,及时采用已成熟并得到普遍推广的新技术、新材料、新工艺,以促进生产的提高和建设技术的发展。

(4)坚持统一性和差别性相结合的原则

所谓统一性，就是从培育全国统一市场规范计价行为出发，由国务院建设行政主管部门归口，负责全国统一定额制定或修订，颁发有关工程造价管理的规章制度办法等。通过编制全国统一定额，使建筑安装工程有一个统一的计价依据，也使考核设计和施工的经济效果具有一个统一的尺度。

所谓差别性，就是在统一性基础上，各部门和省、自治区、直辖市主管部门可以在自己的管辖范围内，根据本部门和地区的具体情况，制定部门和地区性定额、补充性制度和管理办法。

2. 预算定额的编制依据

(1) 现行劳动定额和施工定额；

(2) 现行设计规范、施工及验收规范、质量评定标准和安全操作规程；

(3) 具有代表性的典型工程施工图及有关标准图；

(4) 成熟推广的新技术、新结构、新材料和先进的施工方法等；

(5) 施工现场的测定资料、有关科学试验、技术测定的统计、经验资料；

(6) 现行的预算定额、材料预算价格及有关文件规定等。

知识点 3　预算定额消耗量指标的确定

预算定额消耗量指人工工日消耗量、材料消耗量、机械台班消耗量，即预算定额中的"三量"。

1. 了解两组术语

(1) 工日和台班的含义

工日：按现行规定，一个工人工作 8 小时为 1 个工日。

台班：按现行规定，一个施工机械工作 8 个小时为 1 个台班。

(2) 时间定额和产量定额

时间定额指在正常的作业条件下，为完成单位合格产品所需要的工作时长，以工日或工作时间进行计量。时间定额与产量定额互为倒数。

【案例 2-1】 已知挖 80m³ 土方，按现行劳动定额计算共需 32 工日。

则其时间定额＝32 工日/80m³＝0.4 工日/m³

产量定额＝80m³/32 工日＝2.5m³/工日

时间定额与产量定额互为倒数。

2. 人工工日消耗量确定

预算定额中的人工工日消耗量是指在正常施工条件下，生产一定计量单位的分项工程或结构构件所必需消耗的各种用工量的总和。

人工消耗量包括基本用工、其他用工和人工幅度差。

(1) 基本用工：是指完成单位合格产品所必需消耗的技术工种用工。按综合取定的工程量和相应的劳动定额进行计算。

$$基本用工＝\sum(综合取定的工程量×劳动定额)$$

(2) 其他用工：其他用工通常包括辅助用工、超运距用工。

1) 辅助用工：指技术工种劳动定额内不包括而在预算定额内又必须考虑的用工。例如机械土方工程配合用工、材料加工（筛砂、洗石、淋化灰膏）等。计算公式如下：

$$辅助用工＝\sum(材料加工的数量×相应的加工劳动定额)$$

2）超运距用工：是指预算定额中材料或半成品的运输距离超过劳动定额基本用工中规定的距离所增加的用工。

$$超运距用工=\sum(超运距材料的数量×超运距劳动定额)$$
$$超运距=预算定额取定运距-劳动定额已包括的运距$$

（3）人工幅度差：是指预算定额与劳动定额的差额，主要是指在劳动定额中未包括而在正常施工情况下不可避免但又很难准确计算的用工和各种工时损失。计算公式如下：

$$人工幅度差=(基本用工+辅助用工+超运距用工)×人工幅度差系数$$

式中：人工幅度差系数一般为 $10\%\sim15\%$。

因此，预算定额中人工消耗量的计算公式如下：

$$人工消耗量=基本用工+辅助用工+超运距用工+人工幅度差$$
$$=(基本用工+辅助用工+超运距用工)×(1+人工幅度差系数)$$

3. 材料消耗量的确定

（1）材料消耗量的分类

预算定额中材料消耗量，按其使用性质、用途和用量大小可划分为四类。

1）主要材料：指直接构成工程实体的材料，包括原材料、成品、半成品。

2）辅助材料：指构成工程实体辅助性材料，如垫木、钉子、铁丝、垫块等。

3）周转性材料：又称工具性材料，指施工中多次使用但是不构成工程实体的材料，如模板、钢拱架、轻型钢轨、焊管、脚手架、跳板以及钢、木支撑等。这些材料是按多次使用、分次摊销的方式计入预算定额的。

4）其他材料：指用量小、难以计量，且不构成工程实体，但需配合工程的零星用料，如棉纱、编号用油漆等。

（2）材料消耗量的确定方法

预算定额中材料损耗率的损耗内容和范围比施工定额更广，必须考虑整个施工现场范围内材料堆放、运输、施工操作过程中的损耗。各地区、各部门都在合理测定和积累资料的基础上编制了材料的损耗率表。材料消耗量的计算公式如下：

$$材料消耗量=材料净用量+材料损耗量=材料净用量×(1+材料损耗率)$$

工程中各种材料消耗量确定以后，将其分别乘以相应材料价格汇总，就可以得出预算定额中相应的材料费。材料费在工程中所占的比重较大，材料数量和其价格的取定，必须慎重并合理。

4. 机械台班消耗量的确定

预算定额中机械台班消耗量是指在正常条件下，生产单位合格产品（分部分项工程或结构构件）必需消耗的某种型号施工机械的台班数量。机械台班消耗量的单位是"台班"。

确定预算定额中的机械台班消耗量指标，一般是按《全国建筑安装工程统一劳动定额》中各种机械施工项目所规定的台班产量加机械幅度差进行计算。

$$机械台班消耗量=综合劳动定额机械耗用台班×(1+机械幅度差系数)$$

其中：

（1）综合劳动定额机械耗用台班$=\sum(各工序实物工程量×相应的施工机械台班定额)$

（2）机械台班幅度差：是指全国统一劳动定额范围内没有包括而实际中必须增加的机械台班消耗量。其主要是考虑在合理的施工组织条件下机械的停歇时间，一般包括正常施工组织条件下不可避免的机械空转时间，施工技术原因的中断及合理停置时间，因供电供水故障及水电线路移动检修而发生的运转中断时间，因气候变化或机械本身故障影响工时利用的时间，施工机械转移及配套机械相互影响损失的时间，配合机械施工的工作因与其他工种交叉造成的间歇时间，因检查工程质量造成的机械停歇时间，工程收尾和工作量不饱和造成的机械间歇时间等。

机械幅度差系数为：土方机械 25%，打桩机械 33%，吊装机械 30%。砂浆、混凝土搅拌机由于按小组配用，以小组产量计算机械台班产量，不另增加机械幅度差。其他分部工程中如钢筋、木材、水磨石等的专用机械的幅度差系数为 10%。

另外，占比不大的零星小型机械以"机械费"或"其他机械费"表示，不再列台班数量。

知识点 4　预算定额中基础单价的确定

预算定额中的基础单价指人工工资单价、材料单价、机械台班单价，即预算定额中的"三价"。

1. 人工工资单价

合理确定人工工资标准，是正确计算人工费和工程造价的前提和基础。按现行的有关标准规定，人工工资单价分计时工资单价和计件工资单价。计时工资单价一般按日工资单价考虑，是指按日工资标准和工作时间（8 小时/工日）支付给生产工人的劳动报酬。计件工资是指按计件单价和完成工作量支付给生产工人的劳动报酬。

按 2013 年《广西壮族自治区建筑装饰装修工程人工材料配合比机械台班基期价》的规定，人工工资单价的组成内容包括：基本工资、工资性补贴、生产工人辅助工资、职工福利费、劳动保护费及按规定应由个人缴纳的社会保险费（包括养老保险费、医疗保险费、失业保险费）和住房公积金。

（1）基本工资，指发放给工人的基本工资。根据有关规定，生产工人基本工资执行岗位工资和技能工资制度。

（2）工资性补贴，是指为了补贴工人额外或特殊的劳动消耗及为了保证工人的工资水平不受特殊条件影响，而以补贴形式支付给工人的劳动报酬，它包括按规定标准发放的物价补贴，煤、燃气补贴，交通补贴，住房补贴，流动施工津贴及地区津贴等。

（3）生产工人辅助工资，是指生产工作年有效施工天数以外非作业天数的工资，包括职工学习、培训期间工资，调动工作、探亲、休假期间的工资，因气候影响的停工工资，女工哺乳时间的工资，病假在六个月内的工资及产、婚、丧假的工资。

（4）职工福利费，是指按规定标准计提的职工福利费。

（5）劳动保护费，是指按规定标准发放的劳动保护用品的购置费，徒工服装补贴，防暑降温费，在有碍身体健康环境中施工的保健费用等。

（6）社会保险费和住房公积金，是指按规定应由个人缴纳的养老保险费、医疗保险费、失业保险费和住房公积金。

人工工资单价组成内容，在各部门、各地区并不完全相同，但其中每一项内容都是根据有关法规、政策文件的精神，结合本部门、本地区的特点，通过反复测算最终确定的。

2013 年《广西壮族自治区建筑装饰装修工程人工材料配合比机械台班基期价》是按 2011 年至 2012 年市场价格测定得到的。人工费市场变动情况，广西造价站会收集市场信息，发布调整系数。目前最新的调整文件是《广西壮族自治区住房城乡建设厅关于调整建设工程定额人工费及有关费率的通知》（桂建标〔2023〕7 号），根据此文件，2013 年《广西壮族自治区建筑装饰装修工程消耗量定额》参考基价中的人工费乘以系数 1.5。

2. 材料单价

预算定额中的材料单价，是指材料从来源地或交货地运至工地仓库或施工现场存放经保管后出库时的价格。在建筑工程中，材料费约占工程总造价的 60%～70%。材料费是根据材料消耗量和材料单价计算出来的。因此，正确编制材料单价，有利于合理确定和有效控制工程造价。

（1）材料单价的组成及计算

根据《住房和城乡建设部 财政部关于印发〈建筑安装工程费用项目组成〉的通知》（建标〔2013〕44 号）规定，材料单价包括：材料原价、运杂费、运输损耗费、采购及保管费。

1）材料原价，是指材料出厂价或商家供应价格。

在确定原价时，凡同一种材料因来源地、交货地、供货单位、生产厂家不同，而有几种价格（原价）时，根据不同来源地供货数量比例，采取加权平均的方法确定其综合原价。计算公式如下：

$$加权平均原价 = \frac{K_1 C_1 + K_2 C_2 + \cdots + K_n C_n}{K_1 + K_2 + \cdots + K_n}$$

式中　K_1，K_2，$\cdots$，K_n——各不同供应点的供应量或各不同使用地点的需求量；
　　　C_1，C_2，$\cdots$，C_n——各不同供应点的原价。

2）运杂费，是指材料由来源地或交货地运至施工工地仓库或堆放处的全部过程中所支出的一切费用。材料的运杂费包括车船费、出入库费、搬运费、堆叠费等。运杂费的取费标准，应根据材料的来源地、运输里程、运输方法、运输工具等，及国家有关部门或地方政府交通运输管理部门的有关规定结合当地交通运输市场情况确定。

同一种材料有若干个来源地，材料运杂费应加权平均计算。计算公式如下：

$$加权平均运杂费 = \frac{K_1 T_1 + K_2 T_2 + \cdots + K_n T_n}{K_1 + K_2 + \cdots + K_n}$$

式中　K_1，K_2，$\cdots$，K_n——各不同供应点的供应量或各不同使用地点的需求量；
　　　T_1，T_2，$\cdots$，T_n——各不同供应点的运杂费。

3）运输损耗费，是指材料在运输装卸过程中不可避免的损耗。其计算方法如下：

材料运输损耗费 =（材料原价 + 运杂费）× 运输损耗率

不同材料的材料运输损耗率各不相同，如某地区材料的运输损耗率为：木材 0.5%，袋装水泥 1.0%，砖 1.5%，砂、石 1.5%。

4）采购及保管费，是指为组织采购、供应、保管材料过程中所需的各项费用。采购及保管费包括采购费、仓储费、工地保管费、仓储损耗等，具体的费用项目有人工费、差旅及交通费、办公费、固定资产使用费、工具用具使用费、仓储损耗及其他。采购及保管费一般按材料到库价格乘以费率取定，其计算公式如下：

采购及保管费 =（材料原价 + 运杂费 + 运输损耗费）× 采购及保管费率

2013 年《广西壮族自治区建筑装饰装修工程人工材料配合比机械台班基期价》中对

采购及保管费率有如下规定：

① 材料的采购及保管费率一般为 2.5%；凡向生产厂家购买的金属构件、混凝土预制构件、木构件、铝合金制品、钢门窗、塑料门窗、每吨超过 1 万元的材料，采保费率为 1%。

② 承发包双方采购及保管费率的分摊：建设单位（甲方）将材料供应到施工现场的，施工单位收采购及保管费的 40%；甲方将材料运到施工现场所在地甲方仓库或车站、码头，施工单位收采购及保管费的 60%；甲方付款订货，施工单位负责提运至施工现场，施工单位收采购及保管费的 80%；甲方指定购货地点，施工单位负责付款的，施工单位收采购及保管费的 100%。

（2）材料单价确定举例

【案例 2-2】 某工程需用白水泥，选定甲、乙两个供货地点，甲地出厂价 670 元/t，可供需要量的 70%；乙地出厂价 690 元/t，可供需要量的 30%。汽车运输，材料的装卸费为 16 元/t，运输单价 0.4/t·km，甲地离工地 80km，乙地离工地 60km。材料运输损耗率为 1%。水泥纸袋 20 个/t，水泥纸袋回收率 60%，纸袋回收值按 0.4 元/个计算。材料采购及保管费率为 2.5%。求白水泥的单价。

【解】 1）材料原价，应按加权平均原价计：

$$670 \times 70\% + 690 \times 30\% = 676 \ 元/t$$

2）运杂费，白水泥的运杂费为：

$$16 + 80 \times 0.4 \times 70\% + 60 \times 0.4 \times 30\% = 45.6 \ 元/t$$

3）运输损耗费，白水泥的损耗费为：

$$(676 + 45.6) \times 1\% = 7.22 \ 元/t$$

4）材料采购及保管费，白水泥的采购及保管费为：

$$(676 + 45.6 + 7.22) \times 2.5\% = 18.22 \ 元/t$$

5）回收包装费，水泥纸袋包装费已包括在材料原价内，不另计算，但包装品回收价值应在材料预算价格中扣除。白水泥的包装费回收值为：

$$20 \times 60\% \times 0.4 = 4.8 \ 元/t$$

综上所述，白水泥的单价为：

$$676 + 45.6 + 7.22 + 18.22 - 4.8 = 742.24 \ 元/t$$

3. 机械台班单价

机械台班单价是施工机械每个台班所必需消耗的人工、材料、燃料动力和应分摊的费用；每台班按 8 小时工作制计算。施工机械台班单价应由下列七项费用组成。

（1）台班折旧费

$$台班折旧费 = \frac{机械预算价格 \times (1 - 残值率)}{耐用总台班} \times 贷款利息系数$$

1）机械预算价格。国产机械预算价格是指机械出厂价格加上从生产厂家（或销售单位）交货地点运至使用单位机械管理部门验收入库的全部费用。其包括出厂价格、供销部门手续费和一次运杂费。

进口机械预算价格是由进口机械到岸完税价格加上关税、外贸部门手续费、银行财务费及经由口岸运至使用单位机械管理部门验收入库的全部费用。

2）残值率，指施工机械报废时其回收的残余价值占机械原值（即机械预算价格）的比率，依据《施工、房地产开发企业财务制度》规定，残值率按照固定资产原值的 2%～5%确定。各类施工机械的残值率综合确定一般为：运输机械 2%，特、大型机械 3%，中、小型机械 4%，掘进机械 5%。

3）贷款利息系数。贷款利息系数，也叫时间价值系数。为补偿施工企业贷款购置机械设备所支付的利息，从而合理反映资金的时间价值，以大于 1 的贷款利息系数，将贷款利息（单利）分摊在台班折旧费中。

4）耐用总台班，指机械在正常施工作业条件下，从投入使用起到报废止，按规定应达的使用总台班数。机械耐用总台班的计算公式为：

$$耐用总台班＝大修间隔台班×大修周期$$

大修间隔台班是指机械自投入使用起至一次大修止或自上一次大修后投入使用起至下一次大修止，应达到的使用的台班数。

大修周期即使用周期，是指机械在正常的施工作业条件下，将其寿命期（即耐用总台班）按规定的大修理次数划分为若干个周期。计算公式为：

$$大修周期＝寿命期大修理次数＋1$$

（2）台班大修理费

$$台班大修理费＝\frac{一次大修理费×寿命期内大修理次数}{耐用总台班}$$

1）一次大修理费，指机械设备按规定的大修理范围和修理工作内容，进行一次全面修理所需消耗的工时、配件、辅助材料、油燃料以及送修运输等全部费用。

2）寿命期大修理次数，指机械设备为恢复原机械功能按规定在使用期限内需要进行的大修理次数。

（3）台班经常修理费

$$台班经常修理费＝\frac{\sum（各级保养一次费用×寿命期各级保养总次数）＋临时故障排除费用}{耐用总台班}$$
$$＋替换设备台班摊销费＋工具附具台班摊销费＋例保辅料费$$

（4）台班安拆费及台班场外运费

$$台班安拆费＝\frac{机械一次安拆费×年平均安拆次数}{年工作台班}＋台班辅助设施摊销费$$
$$台班辅助设施摊销费＝[辅助设施一次费用×（1－残值率）]÷辅助设施耐用台班$$
$$台班场外运费＝[（一次运输及装卸费＋辅助材料一次摊销费＋一次架线费）$$
$$×年平均场外运输次数]÷年工作台班$$

（5）台班人工费

台班人工费是指工作台班以外机上人员人工费用，以增加机上人员的工日数形式列入定额内，按下式计算：

$$台班人工费＝定额机上人工工日×日工资单价$$
$$定额机上人工工日＝机上定员工日×（1＋增加工日系数）$$
$$增加工日系数＝（年制度工日－年工作台班－管理费内非生产天数）÷年工作台班$$

式中，增加工日系数取定为 0.25。

（6）台班燃料动力费

台班燃料动力费是指施工机械在运转作业中所消耗的固体燃料（煤、木柴）、液体燃烧（汽油、柴油）及水、电等的费用。

台班燃料动力费＝台班燃料动力消耗量×各省、市、自治区规定的相应单价

（7）台班税费

台班税费＝载重量(或核定吨位)×{养路费[元/(吨·月)]×12＋车船使用税[元/(吨·年)]}÷年工作台班

知识点 5　预算定额手册的内容

目前在广西编制工程造价文件使用的预算定额为 2013 年《广西壮族自治区建筑装饰装修工程消耗量定额》，并配套使用 2013 年《广西壮族自治区建筑装饰装修工程人工材料配合比机械台班基期价》和各市建设工程信息价。

1. 2013 年《广西壮族自治区建筑装饰装修工程消耗量定额》（简称"2013 广西定额"）

2013 广西定额包括四个部分，分别是：总说明、工程量计算规则总则、建筑面积计算规则、各章节定额。

（1）总说明

主要说明本定额的适用范围、编制依据，说明了本定额反映了社会平均消耗水平，以及人工、材料、机械消耗量确定方法等。

码 2-3　"2013 广西定额" 封面

（2）工程量计算规则总则

主要说明了本规则的计算尺寸，以设计图纸表示的尺寸为准。除另有规定外，工程量的计量单位应按下列规定计算：

1) 以体积计算的为立方米（m^3）；

2) 以面积计算的为平方米（m^2）；

3) 以长度计算的为米（m）；

4) 以重量计算的为吨或千克（t 或 kg）；

5) 以个（件、套或组）计算的为个（件、套或组）。

汇总工程量时，工程量的有效位数应遵循下列规定：

1) 以立方米、平方米、米、千克为单位，保留小数点后两位数字，第三位四舍五入。

2) 以吨为单位，保留小数点后三位数字，第四位四舍五入。

3) 以个（件、套或组）为单位，取整数。

（3）建筑面积计算规则

详见项目 4。

（4）各章节定额

2013 广西定额共分 22 章，各章节名称具体见表 2-3。

2013 广西定额各章节名称　　　　　表 2-3

序号	章节	名称	备注
1	A.1	土(石)方工程	
2	A.2	桩与地基基础工程	建筑工程
3	A.3	砌筑工程	

续表

序号	章节	名称	备注
4	A.4	混凝土及钢筋混凝土工程	建筑工程
5	A.5	木结构工程	
6	A.6	金属结构工程	
7	A.7	屋面及防水工程	
8	A.8	隔热、保温、防腐工程	
9	A.9	楼地面工程	装饰装修工程
10	A.10	墙、柱面工程	
11	A.11	天棚工程	
12	A.12	门窗工程	
13	A.13	油漆、涂料、裱糊工程	
14	A.14	其他装饰工程	
15	A.15	脚手架工程	单价措施工程
16	A.16	垂直运输工程	
17	A.17	模板工程	
18	A.18	混凝土运输及泵送工程	
19	A.19	建筑物超高增加费	
20	A.20	大型机械设备基础、安拆及进退场费	
21	A.21	材料二次运输	
22	A.22	成品保护工程	

消耗量定额中的每一章为一个分部工程，每一章的内容均包括：分部说明、工程量计算规则、定额表。

1）分部说明

分部说明主要阐述：本分部的编制依据、适用范围；定额项目名称、定义、名词解释；不同情况下或条件下定额数据增减或调整系数；本分部图纸与定额的材料、半成品不符时是否允许调整及调整办法；有关本分部工程资料等。

2）工程量计算规则

工程量计算规则主要阐述本分部中各分项工程或构件的工程量计算规则。

3）定额表

定额表是定额手册的核心内容：由工作内容、计量单位、定额子目表、附注组成。

① 工作内容

工作内容位于表头，它规定了各分项工程所包括的施工内容。在列项计算分项工程量时，应注意看表头所包含的工作内容，以免漏项或重项。

② 计量单位

计量单位位于表头右上方。在套用定额时，各分项工程量的计量单位必须与定额中的计量单位一致，不能随意改变。如：砖基础的计量单位为"10m³"，砖砌台阶的计量单位为"10m²"，砖砌明沟的计量单位为"100m"。

③ 定额子目表

定额子目表是消耗量定额的主要组成部分，它反映了一定计量单位分项工程的参考基价、人工费、机械费，以及人工、材料、机械的消耗量标准。

表中的每一个子目都对应一个定额编号，定额编号由三级编码组成，如A1-65，其中"A"表示建筑装饰装修工程专业，"1"表示第一章土（石）方工程，"65"表示本章第65

个定额子目。

消耗量定额的参考基价＝人工费＋材料费＋机械费。

其中：

人工费是按计件单价和完成工程量支付给生产工人的劳动报酬；

材料费＝∑（材料消耗量×相应材料单价）；

机械费＝∑（机械台班消耗量×相应机械台班单价）。

④ 附注

码 2-4 预
算定额识读

某些定额表下有附注，符合附注条件时定额指标应按附注说明调整和换算，附注是对定额子目的补充说明。

表 2-4～表 2-7 为 2013 广西定额中人工挖土方，挖沟槽、基坑，砖墙，混凝土柱的定额表示例。

广西建筑装饰装修工程消耗量定额人工挖土方示例　　　　表 2-4

工作内容：挖土、装土、修整边地。　　　　　　　　　　　　单位：100m³

定额编号				A1-3	A1-4	A1-5
项目				人工挖土方		
				深 1.5m 以内		
				一、二类土	三类土	四类土
参考基价（元）				901.92	1631.04	2499.84
其中	人工费（元）			901.92	1631.04	2499.84
	材料费（元）			—	—	—
	机械费（元）			—	—	—
编码	名称	单位	单价（元）	数量		

广西建筑装饰装修工程消耗量定额人工挖沟槽、基坑示例　　　　表 2-5

工作内容：人工挖沟槽、基坑土方，将土置于槽、坑边 1m 以外自然堆放，沟、槽、坑底夯实。

单位：100m³

定额编号				A1-6	A1-7	A1-8
项目				人工挖沟槽（基坑）		
				一、二类土		
				深 m 以内		
				2	4	6
参考基价（元）				1243.87	1692.78	2074.03
其中	人工费（元）			1238.88	1690.56	2072.64
	材料费（元）			—	—	—
	机械费（元）			4.99	2.22	1.39
编码	名称	单位	单价（元）	数量		
990605001	夯实机电动 [夯机能力 200～620N·m]	台班	27.70	0.180	0.080	0.050

广西建筑装饰装修工程消耗量定额砖墙示例　　　　表 2-6

工作内容：调运砂浆、铺砂浆、运砖、砌砖、安放木砖、铁件等。　　　　　单位：10m³

定额编号				A3-3	A3-4	A3-5
项目				混水砖墙		
				标准砖 240×115×53		
				墙体厚度		
				5.3cm	11.5cm	17.8cm
参考基价(元)				5323.14	4971.67	4855.18
其中	人工费(元)			1509.36	1271.67	1188.45
	材料费(元)			3795.65	3670.08	3635.00
	机械费(元)			18.13	29.92	31.73
编码	名称	单位	单价(元)	数量		
880100004	水泥石灰砂浆中砂 M5	m³	212.39	1.180	1.990	2.180
040701001	页岩标准砖 240×115×53	千块	575.00	6.158	5.641	5.510
310101065	水	m³	3.40	1.230	1.130	1.100
990317001	灰浆搅拌机[拌桶容量 200L]	台班	90.67	0.200	0.330	0.350

广西建筑装饰装修工程消耗量定额混凝土柱示例　　　　表 2-7

工作内容：清理、润湿模板、浇捣、养护。　　　　　单位：10m³

定额编号				A4-18	A4-19	A4-20
项目				混凝土柱		
				矩形	圆形、多边形	构造柱
参考基价(元)				3069.13	3093.58	3196.36
其中	人工费(元)			387.03	412.68	515.28
	材料费(元)			2666.89	2665.69	2665.87
	机械费(元)			15.21	15.21	15.21
编码	名称	单位	单价(元)	数量		
041401026	碎石 GD40 商品混凝土 C20	m³	262.00	10.150	10.150	10.150
310101065	水	m³	3.40	0.910	0.740	0.820
021701001	草袋	m²	4.50	1.000	0.860	0.840
990311002	混凝土振捣器[插入式]	台班	12.27	1.25	1.250	1.250

2. 2013 年《广西壮族自治区建筑装饰装修工程人工材料配合比机械台班基期价》（简称"2013 广西基期价"）

2013 广西基期价与 2013 广西定额配套执行，是按照广西 2011～2012 年建筑市场人工、材料、机械台班市场价格编制的基期价，内容包括以下五个部分：

（1）总说明

其主要包括基期价的编制依据、作用、基期价与各市建设工程信息价的关系等。

（2）人工、材料基期价

其包括说明、建筑市场劳动力基期价、材料基期价。

其中，材料基期价包括黑色及有色金属，橡胶、塑料及非金属，五金制品，水泥、砖瓦灰砂石及混凝土制品、管材、电线电缆等31类材料的基期价。

（3）配合比基期价

其包括说明，砌筑砂浆配合比，抹灰砂浆配合比，各种垫层、保温层配合比，现场普通混凝土配合比，现场普通防水混凝土配合比，现场泵送普通混凝土配合比，现场泵送防水混凝土配合比等11种配合比的基期价。

表2-8是广西基期价—砌筑砂浆配合比示例。

广西基期价—砌筑砂浆配合比示例

表 2-8
单位：m³

定额编号				880100004	880100005	880100006	880100007
项目				水泥石灰砂浆			
				中砂			
				M5	M7.5	M10	M15
参考基价(元)				212.39	212.26	212.15	215.11
编码	名称	单位	单价(元)	数量			
040105001	普通硅酸盐水泥42.5MPa	t	306.00	0.201	0.245	0.285	0.338
040504005	石灰膏	m³	310.00	0.149	0.105	0.065	0.022
040204001	中砂	m³	88.00	1.180	1.180	1.180	1.180
310101065	水	m³	3.40	0.250	0.265	0.280	0.300

（4）施工机械台班基期价

其包括说明，挖掘机械、桩工机械、混凝土及灰浆机械、铲土及水平运输机械、起重及垂直运输机械、压实及路面机械、清洗筛选及装修机械、钢筋及预应力机械等22类机械台班的基期价。

表2-9是广西基期价—混凝土灰浆机械示例。

（5）附表

附表包括：材料采购及保管费率表，材料运输损耗表，圆（方）钢、螺纹钢规格组合表，汽车运输装载率表，材料经仓库比例表，材料成品、半成品运距取定表。

3. 各市建设工程信息价

2013广西定额子目表里的人工、材料、机械单价是按照广西2011～2012年建筑市场人工、材料、机械台班市场价格编制的基期价，而跟随市场不断变化的人工、材料、机械台班实际的市场价格则由各市建设工程造价管理机构每月发布建设工程造价信息，编制工程造价文件时，按编制要求的时间来选取信息价对定额基期价进行换算调整。

另外，需要说明，2016年之前的建设工程信息价，只有一种价格，2016年

码 2-6 桂林市建设工程造价信息示例

广西基期价—混凝土灰浆机械示例　　　　　　　　表 2-9

单位：台班

定额编号				990317001	990317002	990318001	990318002
项目				灰浆搅拌机		挤压式灰浆输送泵	
				拌桶容量（L）		输送量（m³/h）	
				200	400	3	4
				小			
参考基价（元）				90.67	100.47	126.33	141.33
	编码	名称	单位	单价（元）	数量		
人工	000301001	机械台班人工费	元	—	71.250	71.250	71.250	71.250
一类费用	992301001	折旧费	元		2.960	6.850	15.080	20.150
	992302001	大修理费	元		0.630	0.620	2.330	3.110
	992303001	经常修理费	元		2.520	2.480	11.180	14.930
	992304001	安拆及场外运输费	元		5.470	5.470	4.920	4.920
	992305001	其他费用	元					
动力燃料	120101003	汽油93号	kg	10.69	—	—	—	—
	120104001	柴油0号	kg	9.22	—	—	—	—
	310101065	水	m³	3.40	—	—	—	—
	310101067	电	kW·h	0.91	8.610	15.170	23.700	29.640
		停滞费	元	—	61.710	65.600	73.830	78.900

国家进行了"营改增"税制改革，2016 年之后发布的工程造价信息价，有 2 种价格，除税价格和含税价格。采用一般计税法时，信息价采用除税价格，采用简易计税法编制造价文件时，信息价采用含税价格。

知识点 6　预算定额手册的应用

消耗量定额的应用包括：直接套用、定额换算、定额补充三种形式。

1. 直接套用

当设计图纸中的分项工程项目特征，与所选套的相应消耗量定额子目的内容一致时，或者虽有局部不同，但消耗量定额说明规定不能调整者，则直接套用消耗量定额。

码 2-7　预算定额应用、换算

【案例 2-3】　某土方工程为三类土，人工开挖，深度 1.2m，根据广西现行定额计算开挖 100m³ 立方米土方的基价。

【解】　查 2013 广西定额，A.1 土（石）方分部的挖土方分项，见表 2-4。

直接套用 A1-4，即挖土方深度 1.5m 以内（三类土），参考基价＝1631.04 元/100m³。

2. 定额换算

（1）消耗量定额换算的条件

当工程施工图设计的要求与消耗量定额子目的工程内容、材料规格、施工方法等条件不完全相符时，且消耗量定额规定允许换算或调整，则应按照消耗量定额规定的换算方法对定额子目消耗指标进行调整换算。

（2）消耗量定额换算的基本思路

消耗量定额换算的基本思路是根据工程施工图设计的要求，选定某一消耗量定额子目，换入应增加的资源，换出应扣除的资源，计算式为：

换算后资源消耗量＝分项工程原定额资源消耗量＋换入资源量－换出资源量

在进行消耗量定额换算时应注意以下两个问题：

1）消耗量定额的换算，必须在消耗量定额规定的范围内进行。

2）分项工程换算后，应在其定额编号后面注明"换"字，如 A3-5 换。

（3）消耗量定额换算的类型

1）材料配合比的换算

材料配合比的换算包括砂浆、混凝土、保温隔热材料等，由于配合比的不同，引起相应材料消耗量的变化，定额规定必须进行换算，换算公式为：

换算后基价＝原定额参考基价＋定额消耗量×（换入单价－换出单价）

【案例 2-4】 某工程有 M7.5 水泥石灰砂浆中砂砌 18cm 厚标准砖混水墙 10m³，根据广西现行定额确定其基价。

【解】 查 2013 广西定额，A.3 砌筑工程分部砖墙分项，见表 2-6，套用定额 A3-5，为标准砖混水砖墙，墙厚 18cm，M5 水泥石灰砂浆，参考基价为 4855.18 元/10m³，砂浆消耗量 2.18m³，M5 砂浆参考价为 212.39 元/m³。

需要把 M5 混合砂浆换成 M7.5 混合砂浆。

查广西基期价，见表 2-8，套用 880100005，M7.5 混合砂浆参考价为 212.26/m³，则：

A3-5 换

换算后的基价＝4855.18＋（212.26－212.39）×2.18＝4854.897 元/10m³

2）厚度换算、运距换算

① 厚度换算

在消耗量定额中，一些按面积计算工程量的分项工程，常涉及厚度的换算。定额一般分为基本厚度定额子目和增加厚度定额子目。

换算后的基价＝基本定额基价＋增减厚度定额的基价×n

式中，n 为厚度增减层的个数。

【案例 2-5】 根据广西现行定额确定 30mm 厚 1：3 水泥砂浆找平层（在混凝土基层上）的基价。

【解】 查 2013 广西定额，A.9 楼地面工程分部找平层分项，见表 2-10。

套用 A9-1 子目＋A9-3 子目

即水泥砂浆找平层（混凝土基层上）20mm，参考基价＝1054.75 元/100m²，水泥砂浆找平层（每增减 5mm），参考基价 218.24 元/100m²，则：

A9-1＋2×A9-3

换算后的基价＝1054.75＋218.24×2＝1491.23 元/100m²

② 运距换算

在消耗量定额中，运输定额子目一般分为基本运距定额和增加运距定额。例如：人工运土方，基本运距定额为 20m 以内，运距超过 20m 时按每增加 20m 定额换算。类似定额有：混凝土构件运输、门窗运输、金属构件运输等。

广西建筑装饰装修工程消耗量定额找平层示例　　　　　　表 2-10

工作内容：1. 清理基层、调运砂浆、抹平、压实。2. 刷素水泥浆。　　　　单位：100m²

定额编号				A9-1	A9-2	A9-3
项目				水泥砂浆找平层		
				混凝土或硬基层上	在填充材料上	每增减 5mm
				20mm		
参考基价(元)				1054.75	1148.53	218.24
其中	人工费(元)			499.89	513.00	90.06
	材料费(元)			524.03	597.45	120.02
	机械费(元)			30.83	38.08	8.16
编码	名称	单位	单价(元)	数量		
880200029	素水泥浆	m³	465.97	0.100	—	—
880200005	水泥砂浆 1∶3	m³	235.34	2.020	2.530	0.510
310101065	水	m³	3.40	0.600	0.600	—
990317001	灰浆搅拌机[拌筒容量 200L]	台班	90.67	0.340	0.420	0.090

3）乘系数换算

乘系数换算是指在使用某些定额子目时，定额的一部分消耗指标或全部消耗指标乘以规定的系数。此类换算比较多见，方法也较为简单，但在使用时应注意以下几个问题：

① 要按定额规定的系数进行换算。

② 要区分定额换算系数和工程量换算系数，前者是换算定额子目中人工、材料、机械台班的消耗指标，后者是换算分项工程量，二者不可混淆。

③ 要正确确定定额子目换算的内容和计算基数。其计算公式为：

定额子目换算消耗指标＝定额子目原消耗指标×调整系数

【案例 2-6】　某土方工程为三类土，人工开挖，深度 2.2m，施工采用挡土板支撑。根据广西现行定额计算开挖 100m³ 土的基价。

【解】　查 2013 广西定额，A.1 土石方分部，见表 2-4，套用 A1-4 子目，即挖土方深度 1.5m 以内（三类土），参考基价＝1631.04 元/100m³。

另外查阅 A.1 土（石）方工程的分部说明，有下列规定：

①人工挖土深度以 1.5m 为准，如超过 1.5m 者，需要人工将土运至地面，应按相应定额子目人工费乘以表 2-11 所列系数（不扣除 1.5m 以内的深度和工程量），应选深 4m 以内系数 1.24；②在挡土板支撑下挖土方时，按实挖体积，人工费乘以系数 1.2。

系数表　　　　　　表 2-11

深度	深 2m 以内	深 4m 以内	深 6m 以内	深 8m 以内	深 10m 以内
系数	1.08	1.24	1.36	1.50	1.64

因此，套定额 A1-4 换，由于该分项工程同时符合换算规定，按人工费乘以系数（1＋0.24＋0.2）进行换算。

换算后基价＝原定额参考基价＋换算后人工费－原人工费

$$=1631.04+1631.04\times(1+0.24+0.2)-1631.04=2348.70 \, 元/100m^3$$

【案例 2-7】 某框架结构建筑，建筑面积 5000m²，垂直运输高度 30m 以内，施工垂直运输选用塔式起重机、卷扬机，采用泵送混凝土。根据广西现行定额确定该建筑垂直运输的基价。

【解】 查 2013 广西定额，A.16 垂直运输工程分部，见表 2-12，套用 A16-7，即建筑物垂直运输高度 30m 以内，参考基价 2588.20 元/100m²。

另外查阅 A.16 垂直运输工程的分部说明，有下列规定：

如采用泵送混凝土时，定额子目中塔式起重机机械台班应乘以系数 0.8，则：

A16-7 换

换算后基价＝原定额参考基价＋换算后塔式起重机机械费－原塔式起重机机械费

$$=2588.20+346.36\times2.68\times0.8-346.36\times2.68=2402.55 \, 元/100m^2$$

广西建筑装饰装修工程消耗量定额建筑物垂直运输示例　　表 2-12

工作内容：单位工程在合理工期内完成全部工程所需的卷扬机、塔式起重机、外用电梯等机械台班和通信联络配备的人工。

单位：100m²

定额编号			A16-7	A16-8	A16-9	A16-10
项目			建筑物垂直运输高度			
			30m 以内	40m 以内	50m 以内	60m 以内
参考基价(元)			2588.20	3738.62	4503.71	4721.38
其中	人工费(元)		78.24	117.12	140.64	156.00
	材料费(元)		—	—	—	—
	机械费(元)		2509.96	3621.50	4363.07	4565.38
编码	名称	单位	单价(元)	数量		
990511002	自升式塔式起重机[起重力矩 250kN·m]	台班	346.36	2.680	—	—	—
990511006	自升式塔式起重机[起重力矩 1000kN·m]	台班	641.40	—	2.730	2.810	2.930
990531002	电动卷扬机单筒快速[牵引力 10kN]	台班	109.45	7.100	7.950	8.410	8.780
990521001	卷扬机架[架高 40m 以内]	台班	78.18	7.100	7.950	—	—
990521002	卷扬机架[架高 70m 以内]	台班	140.24	—	—	8.410	8.780
990522001	单笼施工电梯[提升质量 1t 提升高度 75m]	台班	289.29	0.810	1.220	1.460	1.560
992401001	其他机械费	元	1.00	15.220	25.890	38.490	42.510

3. 定额补充

施工图纸中的某些工程项目，由于采用了新结构、新材料和新工艺等，没有类似定额可供套用，就必须编制补充定额项目。

编制补充定额项目的方法有两种：

（1）按照消耗量定额的编制方法，计算人工、材料、机械台班消耗量指标；

（2）参照同类工序、同类型产品消耗量定额的人工、机械台班指标，而材料消耗量，则按施工图纸进行计算或实际测定。

编制时，补充定额的代码一般为"B-"，并注明补充定额的名称、单位和测算的单价。

任务2.3 建筑装饰装修工程费用定额

任务描述

一项工程由施工单位施工，除了人工费、材料费和机械费之外，还会产生管理费，一定的利润，施工过程中应文明施工，注重环保，对参与项目建设的人员应有"五险一金"社会保障机制，这些费用跟总造价有何关系，如何计算？

阅读本任务的知识链接，完成任务清单，学习费用定额。

成果形式

完成任务清单中各题答案的填写。

工作准备

认真学习知识链接中的相关知识点，了解建设工程费用的组成，熟悉工程总造价的计价程序、综合单价的组成以及相关的费率计取方法。

任务清单

一、任务实施

引导问题1：广西目前使用哪些版本的费用定额？费用组成可以按哪些方法分类，具体包括哪些内容？

引导问题2：工程总造价的计价程序是什么？如何计算工程总造价？编制招标控制价时，各项费用的费率是区间费率时，如何取值？

引导问题3：综合单价的组成费用有哪些？如何计算综合单价？管理费和利润费率是区间费率，编招标控制价时，如何取值？

二、单项选择题

1. 按广西现行费用定额，下列费用应列入其他项目费的是（　　）。

A. 安全文明施工费　　　　　　　　B. 总承包服务费

C. 冬雨季施工增加费　　　　　　　D. 工程定位复测费

2. 按广西现行费用定额，下列费用属于直接费的是（　　）。

A. 施工机械大修费　　　　　　　　B. 财务费

C. 工具用具使用费   D. 财产保险费

3. 按广西现行费用定额，下列费用列入直接费中的人工费的是（   ）。

A. 材料保管人员工资   B. 施工机械驾驶员工资

C. 生产工人的津贴   D. 管理人员的工资

4. 按广西现行费用定额，下列费用不属于规费的是（   ）。

A. 财产保险费   B. 失业保险费

C. 生育保险费   D. 住房公积金

5. 按广西现行费用定额，下列费用不属于措施项目费的是（   ）。

A. 优良工程增加费   B. 工程定位复测费

C. 交叉施工补贴   D. 总承包服务费

6. 按广西现行费用定额，下列费用属于单价措施项目的是（   ）。

A. 专业工程暂估价   B. 混凝土泵送费

C. 社会保障费   D. 暂列金额

7. 按广西现行费用定额，因场地狭小等特殊情况所发生的二次搬运费用应列入（   ）。

A. 管理费   B. 其他项目费

C. 单价措施费   D. 总价措施费

8. 按广西现行费用定额，住房公积金应列入（   ）。

A. 人工费   B. 企业管理费

C. 规费   D. 其他项目费

9. 按广西现行费用定额，建筑装饰装修工程管理费和利润的计算基数是（   ）。

A. 人工费   B. 人工费＋机械费

C. 人工费＋材料费＋机械费   D. 不同的工程类别计算基数不同

10. 某办公楼装饰装修工程，分部分项、措施项目的人工费 300 万元，材料费 820 万元，机械费 110 万元，铝合金门窗部分专业分包，分包合同价 90 万元，若分包管理费率为 1.5%，根据广西现行费用定额的规定，则该工程总分包管理费为（   ）。

A. 1.35 万元   B. 4.5 万元   C. 19.05 万元   D. 12.3 万元

三、多项选择题

1. 按广西现行费用定额，建设工程费用是指施工发承包工程造价，可（   ）。

A. 按照费用构成要素划分

B. 按直接费划分

C. 按照工程造价形成划分

D. 按分部分项和措施项目划分

E. 按分部分项和单价措施项目划分

2. 按广西现行费用定额，按构成要素分，建设工程费用的组成包括（   ）。

A. 直接费   B. 利润   C. 间接费   D. 增值税   E. 其他费用

3. 按广西现行费用定额，按工程造价形成分，建设工程费用的组成包括（   ）。

A. 分部分项工程费   B. 措施项目费   C. 其他项目费

D. 税前项目费   E. 规费

4. 按广西现行费用定额，工程总造价计价程序中的总价措施项目有（　　）。

A. 安全文明施工费　　　　　　B. 检验试验费　　　　　　C. 雨季施工增加费

D. 工程定位复测费　　　　　　E. 社会保险费

5. 下列费用应列入其他项目费的是（　　）。

A. 已完工程保护费　　　　　　B. 暂列金额

C. 总承包服务费　　　　　　　D. 计日工

E. 住房公积金

6. 按现行费用定额，以总价（或计算基础乘以费率）计算的措施项目有（　　）。

A. 安全文明施工费　　　　　　B. 检验试验配合费

C. 建筑超高增加费　　　　　　D. 暗室施工增加费

E. 总承包服务费

7. 总承包服务费包括（　　）。

A. 总分包管理费　　　　　　　B. 专业分包管理费

C. 总分包配合费　　　　　　　D. 甲供材的采购保管费

E. 乙供材的采购保管费

8. 按现行费用定额，建筑装饰工程安全文明施工费计算时，取费费率依据（　　）确定。

A. 建筑檐口高度　　　　　　　B. 单位工程建筑面积

C. 工程所处地区　　　　　　　D. 项目类别

E. 楼层层数

9. 综合单价的组成包括：（　　）。

A. 人工费　　B. 材料费　　C. 机械费　　D. 管理费　　E. 利润

10. 按广西现行费用定额，工程总造价计价程序中的规费有（　　）。

A. 社会保险费　　　　　　　　B. 住房公积金　　　　　　C. 工程排污费

D. 工程定位复测费　　　　　　E. 总承包服务费

四、综合单价计算实训

按广西现行费用定额，采用一般计税法，计算下列项目的综合单价、合价（说明：人工费调整系数为 1.5）。

某土方工程为三类土，人工开挖，深度 1.2m，500m³。

五、工程总造价计算实训

某市区办公楼工程，建筑面积为 22773.6m²，经计算得到如下数据：

（1）分部分项工程和单价措施项目费用合计 2618 万元，其中人工费 754 万元，材料费 1263 万元，机械费 601 万元。

（2）总价措施项目只取安全文明施工费、检验试验配合费、雨季施工增加费、工程定位复测费、优良工程增加费，优良工程增加费取费率区间的低值。

（3）其他项目中，暂列金额费率取 6.5%，专业工程暂估价为 40 万元；分包工程造价为 150 万元，总分包管理费的费率取 1.67%。

（4）税前项目合计 42 万元。

任务：根据广西现行定额，按编制招标控制价要求，采用一般计算法计算该工程的总造价。

评价反馈

学生进行自我评价，并将结果填入表 2-13 中。

学生自评表　　　　　　　　　　　　　　　　表 2-13

班级：　　　　　　　姓名：　　　　　　　学号：

学习任务	建筑装饰装修工程费用定额		
评价项目	评价标准	分值	得分
费用定额使用现状	了解广西现行的费用定额情况	10	
费用组成	能说出费用组成的两种分类方法，说出按照工程造价形成划分的费用组成内容，能理解各项费用的含义	20	
工程总造价、综合单价计价程序	能理解工程总造价、综合单价的计价程序，能应用计价程序计算工程总造价和综合单价	30	
计算规则及取费费率	能理解计算规则的相关规定，查取相关的费率	20	
工作态度	态度端正、认真，无缺勤、迟到、早退现象	10	
工作质量	能够按计划完成工作任务	10	
合计		100	

知识链接

知识点 1　广西费用定额目前使用的现状

1. 2013 年

根据政府相关文件及有关法律、法规、规章规定，结合广西地区的实际情况，广西壮族自治区住房和城乡建设厅（以下简称"广西住建厅"），于 2013 年，组织编制了《广西壮族自治区建筑装饰装修费用定额》（以下简称"13 建筑费用定额"）。

2. 2016 年

为适应国家税制改革要求，满足建筑业"营改增"后建设工程计价需要，依据财政部、国家税务总局《关于全面推开营业税改征增值税试点的通知》（财税〔2016〕36 号），结合广西地区建设工程市场实际情况，"广西住建厅"于 2016 年组织编制《广西壮族自治区建设工程费用定额》（以下简称"16 费用定额"）。

（1）采用简易计税方法时，建筑装饰装修工程参照"13 建筑费用定额"执行。

（2）采用一般计税方法时，土木建筑工程按"16 费用定额"执行。

3. "16 费用定额"中，增值税的定义与应用

增值税：是指国家税法规定的应计入建设工程造价内的增值税。增值税为当期销项税额。可采用一般计税法和简易计税法计算增值税，计算公式为：

$$增值税 = 税前造价 \times 增值税税率$$

（1）对于一般计税法，税前造价为人工费、材料费、施工机具使用费、企业管理费、利润和规费之和，各项费用均以不包含增值税可抵扣进项税额的价格（即"除税价格"）计算。

（2）对于简易计税法，税前造价为人工费、材料费、施工机具使用费、企业管理费、利润和规费之和，各项费用均以包含增值税可抵扣进项税额的价格（即"含税价格"）计算。

可采用简易计税法的情况：

（1）纳税人提供建筑服务的年应征增值税销售额不超过 500 万元，且会计核算不健全，不能按规定报送有关税务资料的小规模纳税人。

（2）年应税销售额超过 500 万元，但不经常发生应税行为的单位。

（3）以清包工方式提供建筑服务的一般纳税人。

（4）为甲供工程提供建筑服务的一般纳税人。

（5）为建筑工程老项目提供建筑服务的一般纳税人。建筑工程老项目，是指：

1）《建筑工程施工许可证》注明的合同开工日期在 2016 年 4 月 30 日前的建筑工程项目；

2）未取得《建筑工程施工许可证》的，建筑工程承包合同注明的开工日期在 2016 年 4 月 30 日前的建筑工程项目。

知识点 2　费用组成

下面以 2016 年《广西壮族自治区建设工程费用定额》为例，介绍费用的组成。

码 2-8　2016 年《广西壮族自治区建设工程费用定额》封面

建设工程费用是指施工发承包工程造价，根据不同划分方法分为两类构成。

1. 按照费用构成要素划分

建设工程费用由直接费、间接费、利润和增值税组成，见表 2-14。

建设工程费用组成表（按构成要素分）　　　　　　　　　表 2-14

			计时工资（或计件工资）
建筑装饰装修工程费	直接费	人工费	津贴、补贴
			特殊情况下支付的工资
		材料费	材料原价
			运杂费
			运输损耗费
			采购及保管费
		机械费	折旧费
			大修理费
			经常修理费
			安拆费及场外运费
			人工费
			燃料动力费
			税费

续表

建筑装饰装修工程费	间接费	企业管理费	管理人员工资
			办公费
			差旅交通费
			固定资产使用费
			工具用具使用费
			劳动保险和职工福利费
			劳动保护费
			工会经费
			职工教育经费
			财产保险费
			财务费
			税金
			其他
		规费	社会保险费
			住房公积金
			工程排污费
	利润		
	增值税		

2. 按照工程造价形成划分

建设工程费由分部分项工程费、措施项目费、其他项目费、规费、税前项目费、增值税组成，见表 2-15。分部分项工程费、措施项目费、其他项目费包含人工费、材料费、施工机具使用费、企业管理费和利润。

按照广西现行规定，工程造价文件的报表内容主要按工程造价形成划分。根据广西工程计价实际情况，广西费用组成项目内容比国家计价规范规定的项目内容增加了"税前项目费"。

（1）分部分项工程费

分部分项工程费是指施工过程中，建设工程的分部分项工程应予列支的各项费用。

（2）措施项目费

措施项目费为完成工程项目施工，发生于该工程施工准备和施工过程中技术、生活、安全、环境保护等方面的非工程实体项目，包括单价措施项目费和总价措施项目费。

1）单价措施项目费：措施项目中以单价计价的项目。

① 脚手架工程费：是指施工需要的各种脚手架搭、拆、运输费用以及脚手架购置费的摊销（或租赁）费用。

② 垂直运输机械费：指在合理工期内完成单位工程全部项目所需的垂直运输机械台班费用。

③ 混凝土、钢筋混凝土模板及支架费：混凝土施工过程中需要的各种模板及支架的支、拆、运输费用和模板及支架的摊销（或租赁）费用。

建设工程费用组成表（按工程造价形成分）　　　　表 2-15

	分部分项工程费			
建设工程费	措施项目费	单价措施项目费	二次搬运费	1. 人工费
			大型机械进出场及安拆费	2. 材料费
			夜间施工增加费	3. 施工机具使用费
			已完工程保护费	4. 企业管理费
			……	5. 利润
		总价措施项目费	安全文明施工费	
			检验试验配合费	
			雨季施工增加费	
			优良工程增加费	
			提前竣工(赶工补偿)费	
			……	
	其他项目费	暂列金额		
		暂估价(材料设备暂估价、专业工程暂估价)		
		计日工		
		总承包服务费		
	规费	社会保险费		
		住房公积金		
		工程排污费		
	税前项目费			
	增值税			

④ 混凝土泵送费：泵送混凝土所发生的费用。

⑤ 大型机械进出场及安拆费：是指大型机械整体或分体自停放场地运至施工现场或由一个施工地点运至另一个施工地点，所发生的机械进出场运输转移费用及机械在施工现场进行安装、拆卸所需的人工费、材料费、机械费、试运转费和安装所需的辅助设施（如塔式起重机基础）的费用。

⑥ 二次搬运费：是指因施工场地条件限制而发生的材料、构配件、半成品等一次运输不能到达堆放地点，必须进行二次或多次搬运所发生的费用。

⑦ 已完工程保护费：竣工验收前，对已完工程进行保护所需的费用。

⑧ 施工排水、降水费：为确保工程在正常条件下施工，采取各种排水、降水措施所发生的各种费用。

⑨ 建筑物超高增加加压水泵费：是指建筑物地上超过 6 层或设计室外标高至檐口高度超过 20m 以上，水压不够，需增加加压水泵而发生的费用。

⑩ 夜间施工增加费：因夜间施工所发生的夜班补助费、夜间施工降效、夜间施工照明设备摊销及照明用电等费用。按所发生的夜间施工工日数（工日）乘以 18 元/工日计算。

2）总价措施项目费：措施项目中以总价计价的项目，此类项目为以总价（或计算基础乘费率）计算的项目。

① 安全文明施工费

a. 环境保护费：是指施工现场为达到环保部门要求所需要的各项费用。

b. 文明施工费：是指施工现场文明施工所需要的各项费用。

c. 安全施工费：是指施工现场安全施工所需要的各项费用，包括安全网等有关围护费用。

d. 临时设施费：是指施工企业为进行建设工程施工所必须搭设的生活和生产用的临时建筑物、构筑物和其他临时设施费用。其包括临时设施的搭设、维修、拆除、清理费或摊销费等。

临时设施包括：临时宿舍、文化福利及公用事业房屋与构筑物，仓库、办公室、加工厂（场）以及在规定范围内的道路、水、电、管线等临时设施和小型临时设施。

② 检验试验配合费：是指施工单位按规定进行建筑材料、构配件等试样的制作、封样、送检和其他保证工程质量进行的检验试验所发生的费用。

③ 雨季施工增加费：在雨季施工期间所增加的费用。其包括防雨和排水措施、工效降低等费用。

④ 工程定位复测费：是指工程施工过程中进行全部施工测量放线和复测工作的费用。

⑤ 优良工程增加费：招标人要求承包人完成的单位工程质量达到合同约定为优良工程所必须增加的施工成本费。

⑥ 提前竣工（赶工补偿）费：在工程发包时发包人要求压缩工期天数超过定额工期的 20％或在施工过程中发包人要求缩短工程合同工期，由此产生的应由发包人支付的费用。

⑦ 特殊保健费：在有毒有害气体和有放射性物质区域范围内的施工人员的保健费，与建设单位职工享受同等特殊保健津贴。

⑧ 交叉施工补贴：建筑装饰装修工程与设备安装工程交叉作业而相互影响的费用。

⑨ 暗室施工增加费：在地下室（或暗室）内进行施工时所发生的照明费、照明设备摊销费及人工降效费。

⑩ 其他：根据各专业、地区及工程特点补充的施工组织措施费用项目。

（3）其他项目费

1）暂列金额：是招标人在工程量清单中暂定并包括在合同价款中的一笔款项。用于工程合同签订时尚未确定或者不可预见的所需材料、服务的采购，施工中可能发生的工程变更、合同约定调整因素出现时的合同价款调整以及发生的索赔、现场签证等确认的费用。

2）暂估价：是招标人在工程量清单中提供的用于支付必然发生但暂时不能确定价格的材料以及专业工程的金额。其包括材料设备暂估价、专业工程暂估价。

3）计日工：是在施工过程中，承包人完成发包人提出的工程合同范围以外的零星项目或工作，按合同中约定的单价计价的一种方式。计日工综合单价应包含了除增值税进项税额以外的全部费用。

4）总承包服务费：是总承包人为配合协调发包人进行的专业工程发包，对发包人自行采购的材料等进行保管以及施工现场管理、竣工资料汇总整理等服务所需的费用。一般包括总分包管理费、总分包配合费、甲供材的采购保管费。

① 总分包管理费是指总承包人对分包工程和分包人实施统筹管理而发生的费用，一般包括：涉及分包工程的施工组织设计、施工现场管理协调、竣工资料的汇总整理等活动所发生的费用。

② 总分包配合费是指分包人使用总承包人的现有设施所支付的费用。一般包括：脚手架、垂直运输机械设备、临时设施、临时水电管线的使用，提供施工用水电及总包和分包约定的其他费用。

③ 甲供材的采购保管费是指发包人供应的材料需承包人接收及保管的费用。

总承包服务费率与工作内容可参照本定额的规定约定，也可以由甲乙双方在合同中约定按实际发生计算。

（4）规费

规费是指按国家法律、法规规定，由省级政府和省级有关权力部门规定必须缴纳或计取的费用。其包括：

1）社会保险费：是指企业按照规定标准为职工缴纳的养老保险、失业保险费、医疗保险费、生育保险费、工伤保险费。

2）住房公积金：是指企业按规定标准为职工缴纳的住房公积金。

3）工程排污费：是指施工现场按规定缴纳的工程排污费。

（5）税前项目费

税前项目费是指在费用计价程序的增值税项目前，根据交易习惯按市场价格进行计价的项目费用。税前项目的综合单价不按定额和清单规定程序组价，而按市场规则组价，其内容包含了除税金以外的全部费用。

（6）增值税

增值税是指国家税法规定的应计入建设工程造价内的增值税。

知识点 3　工程总造价计价程序

按照不同的计价模式分为工程量清单计价程序和工料单价法计价程序，具体详见表 2-16 及表 2-17。

工程量清单计价程序　　　　　　　　表 2-16

序号	项目名称	计算程序
1	分部分项工程量清单及单价措施项目清单计价合计 其中：	∑（分部分项工程量清单及单价措施项目清单工程量×相应综合单价）
1.1	人工费	∑（分部分项工程量清单及单价措施项目清单工作内容的工程量×相应消耗量定额人工费）
1.2	材料费	∑（分部分项工程量清单及单价措施项目清单工作内容的工程量×相应消耗量定额材料费）
1.3	机械费	∑（分部分项工程量清单及单价措施项目清单工作内容的工程量×相应消耗量定额机械费）
2	总价措施项目清单计价合计	按有关规定计算

序号	项目名称	计算程序
3	其他项目费计价合计	按有关规定计算
4	规费	＜4.1＞＋＜4.2＞＋＜4.3＞
4.1	社会保险费	＜1.1＞×相应费率
4.2	住房公积金	＜1.1＞×相应费率
4.3	工程排污费	［＜1.1＞＋＜1.2＞＋＜1.3＞］×相应费率
5	税前项目费	
6	增值税	［＜1＞＋＜2＞＋＜3＞＋＜4＞＋＜5＞］×相应费率
7	工程总造价	＜1＞＋＜2＞＋＜3＞＋＜4＞＋＜5＞＋＜6＞

注：表中"＜　＞"内的数字均为表中对应的序号。

工料单价法计价程序 表 2-17

序号	项目名称	计算程序
1	分部分项工程及单价措施项目费用计价合计 其中：	Σ（分部分项及单价措施项目工程量×相应综合单价）
1.1	人工费	Σ（分部分项及单价措施项目工程量×相应消耗量定额人工费）
1.2	材料费	Σ（分部分项及单价措施项目工程量×相应消耗量定额材料费）
1.3	机械费	Σ（分部分项及单价措施项目工程量×相应消耗量定额机械费）
2	总价措施项目费	按有关规定计算
3	其他项目费	按有关规定计算
4	规费	＜4.1＞＋＜4.2＞＋＜4.3＞
4.1	社会保险费	＜1.1＞×相应费率
4.2	住房公积金	＜1.1＞×相应费率
4.3	工程排污费	［＜1.1＞＋＜1.2＞＋＜1.3＞］×相应费率
5	税前项目费	
6	增值税	［＜1＞＋＜2＞＋＜3＞＋＜4＞＋＜5＞］×相应费率
7	工程总造价	＜1＞＋＜2＞＋＜3＞＋＜4＞＋＜5＞＋＜6＞

注：表中"＜　＞"内的数字均为表中对应的序号。

知识点 4　综合单价计价程序

综合单价是指完成规定项目所需的人工费、材料费、施工机械使用费和企业管理费、利润以及一定范围内的风险费用。

按照不同的计价模式分为工程量清单综合单价组成表和工料单价法综合单价组成表，具体详见表 2-18 及表 2-19。

工程量清单综合单价组成表　　　　　　　　　　表 2-18

序号	分部分项及单价措施工程量清单综合单价				
	组成内容	计算程序	序号	费用项目的组成	计算方法 以"人工费＋机械费"为计算基数
A	人工费	$\dfrac{<1>}{\text{清单项目工程量}}$	1	人工费	<1>＝∑（分部分项工程量清单工作内容的工程量×相应消耗量定额中人工费）
B	材料费	$\dfrac{<2>}{\text{清单项目工程量}}$	2	材料费	<2>＝∑分部分项工程量清单工作内容的工程量×（相应的消耗量定额中材料含量×相应材料除税单价）
C	机械费	$\dfrac{<3>}{\text{清单项目工程量}}$	3	机械费	<3>＝∑分部分项工程量清单工作内容的工程量×（相应的消耗量定额中机械含量×相应机械除税单价）
D	管理费	$\dfrac{<4>}{\text{清单项目工程量}}$	4	管理费	∑[<1>＋<3>]×管理费费率
E	利润	$\dfrac{<5>}{\text{清单项目工程量}}$	5	利润	∑[<1>＋<3>]×利润费率
小　计					A＋B＋C＋D＋E

注：表中"＜　＞"内的数字均为表中对应的序号。

工料单价法综合单价组成表　　　　　　　　　　表 2-19

序号	工料单价法综合单价	
	组成内容	计算方法 以"人工费＋机械费"为计算基数
A	人工费	消耗量定额子目人工费
B	材料费	∑消耗量定额子目材料含量×相应材料除税单价
C	机械费	∑消耗量定额子目机械台班含量×相应机械除税单价
D	管理费	（A＋C）×管理费费率
E	利润	（A＋C）×利润费率
小　计		A＋B＋C＋D＋E

知识点 5　计算规则及取费费率

1. 计算规则

(1) 人工费、材料费、机械费的确定。

1) 人工费：按消耗量定额子目中的人工费（包括机械台班中的人工费）计算，建设行政主管部门发布系数时进行相应调整。计日工（包括现场签证中的零工）中的人工费不得作为计费基数。

2) 材料费：材料费＝∑（材料消耗量×材料除税单价）。材料消耗量按消耗量定额确定；材料单价按当时当地造价管理机构发布的信息价或市场询价确定；无信息价或市场询价时，可参照基期计算。材料单价不包含增值税进项税额。材料租赁费不得作为计费基数。

3) 机械费：机械费＝∑（机械台班消耗量×机械台班除税单价）。机械台班消耗量按消耗量定额规定确定；机械台班单价按造价管理机构发布的价格计取，其中人工和燃料按有关规定调整。机械台班单价不包含增值税进项税额。机械租赁费不得作为计费基数。

(2) 措施费项目应根据"16 费用定额"规定并结合工程实际确定。"16 费用定额"未包括的其他措施项目费，发承包双方可自行补充或约定。

(3) 安全文明施工费按"16 费用定额"规定的费率计算，为不可竞争费用。

(4) 在编制施工图预算、标底、招标控制价等时，有费率区间的项目应按费率区间的中值至上限值间取定。一般工程按费率中值取定，特殊工程可根据投资规模、技术含量、复杂程度在费率中值至上限值间选择，并在招标文件中载明。无费率区间的项目一律按规定的费率取值。

(5) 投标报价时，除不可竞争费用、规费和增值税按"16 费用定额"规定的费率计算外，其余各项费用企业可自主确定。

(6) 费率表中的各项费率按百分数表示，百分数保留小数点后两位数字，第三位四舍五入。

2. 管理费与利润费率

(1) 管理费与利润费率

工程项目采用一般计税法时，管理费费率与利润费率见表 2-20。

管理费费率与利润费率表（一般计税法）   表 2-20

编号	项目名称	计算基数	管理费费率(%)	利润费率(%)
1	建筑工程	∑（分部分项、单价措施项目人工费＋机械费）	29.86～36.48	0～16.92
2	装饰装修工程		24.56～30.04	0～14.12
3	土石方及其他工程		8.54～10.46	0～4.90
4	地基基础及桩基础工程		13.67～16.73	0～7.52

工程项目采用简易计税法时，管理费费率与利润费率见表 2-21。

管理费费率与利润费率表（简易计税法）   表 2-21

编号	项目名称	计算基数	管理费费率(%)	利润费率(%)
1	建筑工程	∑（分部分项、单价措施项目人工费＋机械费）	29.32～35.84	0～17.10
2	装饰装修工程		24.43～29.87	0～14.26
3	土石方及其他工程		7.73～9.43	0～4.50
4	地基基础及桩基础工程		12.21～14.93	0～7.10

(2) 适用范围

1) 建筑工程：适用于工业与民用新建、改建、扩建的建筑物、构筑物工程。其包括各种房屋、设备基础、烟囱、水塔、水池、站台、围墙工程等。但建筑工程中的装饰装修工程、土石方及其他工程、地基基础及桩基础工程单列计费。

2) 装饰装修工程：适用于工业与民用新建、改建、扩建的建筑物、构筑物等的装饰装修工程。

3) 地基基础及桩基础工程：适用于工业与民用建筑物、构筑物等地基基础及桩基础工程。

4) 土石方及其他工程：适用于建筑物和构筑物的土石方工程（包括爆破工程）、垂直运输工程、混凝土运输及泵送工程、建筑物超高增加加压水泵台班、大型机械安拆及进退场费、材料二次运输。

3. 总价措施取费费率

(1) 安全文明施工费费率 (表 2-22)

安全文明施工费费率表　　表 2-22

编号	项目名称		计算基数	费率或标准		
				市区	城镇	其他
1	安全文明施工费	S<10000m²	∑(分部分项、单价措施项目人工费＋材料费＋机械费)	7.36%	6.27%	5.14%
		10000m²≤S≤30000m²		6.45%	5.49%	4.51%
		S>30000m²		5.54%	4.72%	3.88%

注：表中 S 表示单位工程的建筑面积。

(2) 其他费率 (表 2-23)

其他费率表　　表 2-23

编号	项目名称	计算基数	费率或标准
1	检验试验配合费	∑(分部分项、单价措施项目人工费＋材料费＋机械费)	0.11%
2	雨季施工增加费		0.53%
3	优良工程增加费		3.17%～5.29%
4	提前竣工(赶工补偿)费		按经审定的赶工措施方案计算
5	工程定位复测费		0.05%
6	暗室施工增加费	暗室施工定额人工费	25%
7	交叉施工补贴	交叉部分定额人工费	10%
8	特殊保健费	厂区(车间)内施工项目的定额人工费	厂区内:10.00% 车间内:20.00%
9	其他	按有关规定计算	

4. 其他项目取费费率 (表 2-24)

其他项目取费费率表　　表 2-24

编号		项目名称		计算基数	费率或标准
1		暂列金额		∑(分部分项工程费及单价措施项目费＋总价措施项目费)	5%～10%
2		总承包服务费		分包工程造价	
其中	2.1	总分包管理费			1.67%
	2.2	总分包配合费			3.89%
	2.3	甲供材的采购保管			按规定计算
3		暂估价	材料暂估价	按实际发生计算	
			专业工程暂估价		
4		计日工		按暂定工程量×综合单价	
5		机械台班停滞费		签证停滞台班×机械停滞台班费	系数 1.25
6		停工窝工人工补贴		停工窝工工日数(工日)	按规定计算

注：采用信息价的计日工 (包括人工、材料、机械) 按公式确定：

$$计日工综合单价＝相应的除税信息价×综合费率(1.35)$$

5. 规费取费费率（表2-25）

规费取费费率表　　　　表 2-25

编号		费用项目名称	计算基数	费率(%)
1		社会保险费		29.35
其中	1.1	养老保险费	∑分部分项、单价措施项目人工费	17.22
	1.2	失业保险费		0.34
	1.3	医疗保险费		10.25
	1.4	生育保险费		0.64
	1.5	工伤保险费		0.90
2		住房公积金		1.85
3		工程排污费	∑(分部分项、单价措施项目人工费＋材料费＋机械费)	0.25～0.43

注：工程排污费为费率区间，费率按以下规定计取：①建筑面积＜10000m² 取高值；②10000m²≤建筑面积≤30000m² 取中值；③建筑面积＞30000m² 取低值。

6. 增值税费率（表2-26）

建筑装饰装修工程税（费）取费费率表　　　　表 2-26

编号	项目名称	计算基数	费率
1	增值税	∑(分部分项工程费及单价措施项目费＋总价措施项目费＋其他项目费＋税前项目费＋规费)	9%

知识点 6　典型计算实例

1.【综合单价计算实例】完成下列任务，熟悉计价程序，熟练计算工料法的综合单价、合价。

某工程采用一般计税法编制招标控制价，在编制过程中获取以下信息：

(1) 天棚面采用成品腻子粉二道 300m²；

(2) 浇捣混凝土过梁时，采用非泵送商品混凝土 60m³；

(3)"2013 广西定额"中部分分部分项工程人材机的消耗量见表 2-27；

(4) 造价管理机构发布的工程造价信息上的相关价格见表 2-28。

码 2-9　综合单价计算

"2013 广西定额"部分分部分项工程人材机表　　　　表 2-27

定额单位			A13-206	A4-25
单位			100m²	10m³
项目		单位	刮成品腻子粉 内墙面 两遍	混凝土 过梁
人工费		元	549.78	530.67
材料	成品腻子粉（一般型）	kg	170	
	水	m³	0.17	4.99
	碎石 GD40 商品普通混凝土 C20	m³		10.15
	草袋	m²		18.57
机械	混凝土振捣器（插入式）	元		13.64
附注			1. 梁、柱、天棚面刮腻子按相应墙面子目人工费乘以系数 1.18； 2. 采用非泵送商品混凝土，每立方米混凝土人工费增加 21 元； 3. 机械费已按最新文件除税，可按表中数值直接确定； 4. 自治区建设行政主管部门发布的人工费调整系数为 1.5		

工程造价信息价格　　　　　　　表 2-28

序号	名称	单位	除税单价(元)
1	碎石 GD40 商品普通混凝土 C25	m³	410
2	成品腻子粉(一般型)	kg	1
3	草袋	m²	3.85
4	水	m³	3.5

任务： 计算该天棚面刮腻子、C25 混凝土过梁（非泵送）的综合单价、合价（管理费率假设为 33.17%，利润率假设为 8.5%）。

【解】 （1）天棚面刮腻子的综合单价

1）天棚面刮腻子套定额：A13-206 换

换算内容为：人工费乘以系数 1.18，人工费调增 1.5

2）人工费＝549.78×1.18×1.5＝973.11 元/100m²

3）材料费＝170×1+0.17×3.5＝170.60 元/100m²

4）机械费＝0 元/100m²

5）管理费＝（973.11＋0）×33.17%＝322.78 元/100m²

6）利润＝（973.11＋0）×8.5%＝82.71 元/100m²

综合单价＝973.11＋170.60＋0＋322.78＋82.71＝1549.20 元/100m²

合价＝1549.20×3＝4647.60 元

（2）C25 混凝土过梁（非泵送）的综合单价

1）C25 混凝土过梁（非泵送）套定额：A4-25 换

换算内容为：每立方混凝土人工费增加 21 元，人工费调增 1.5，C20 混凝土换 C25 混凝土

2）人工费＝（530.67＋10.15×21）×1.5＝1115.73 元/10m³

3）材料费＝10.15×410＋4.99×3.5＋18.57×3.85＝4250.46 元/10m³

4）机械费＝13.64 元/10m³

5）管理费＝（1115.73＋13.64）×33.17%＝374.61 元/10m³

6）利润＝（1115.73＋13.64）×8.5%＝96.00 元/10m³

综合单价＝1115.73＋4250.46＋13.64＋374.61＋96.00＝5850.44 元/10m³

合价＝5850.44×6＝35102.64 元

2.【工程总造价计算实例】完成下列任务，熟悉计价程序，熟练计算工程总造价。

某市区办公楼工程，建筑面积为 15973.6m²，经计算得到如下数据：

（1）分部分项工程和单价措施项目费用合计 1520 万元，其中人工费 304 万元，材料费 730 万元，机械费 136 万元；

（2）总价措施项目只计取安全文明施工费、检验试验配合费、雨季施工增加费和工程定位复测费；

（3）其他项目中，专业工程暂估价为 40 万元；

（4）税前项目合计 19 万元；

（5）编制招标控制价过程中涉及的相关费率见表 2-29。

码 2-10　工程总造价计算

相关费率表 　　　　　　　　　　表 2-29

序号	费用项目名称		费率(%)
1	安全文明施工费	$S<10000m^2$	7.36
		$10000m^2 \leqslant S \leqslant 30000m^2$	6.45
		$>30000m^2$	5.54
2	检验试验配合费		0.11
3	雨季施工增加费		0.53
4	工程定位复测费		0.05
5	社会保险费		29.35
6	住房公积金		1.85
7	工程排污费	$S<10000m^2$	0.43
		$10000m^2 \leqslant S \leqslant 30000m^2$	0.34
		$>30000m^2$	0.25
8	暂列金额		6.5
9	增值税		9

注：表中 S 表示单位工程的建筑面积。

任务： 根据广西现行定额，按编制招标控制价要求，采用一般计税法计算该工程的总造价。

【解】

(1) 分部分项工程及单价措施项目费　　1520 万元

(2) 总价措施项目费　　75.47+1.29+6.20+0.59=83.55 万元

其中：1) 安全文明施工费　　(304+730+136)×6.45%=75.47 万元

2) 检验试验配合费　　(304+730+136)×0.11%=1.29 万元

3) 雨季施工增加费　　(304+730+136)×0.53%=6.20 万元

4) 工程定位复测费　　(304+730+136)×0.05%=0.59 万元

(3) 其他项目费　　104.23+40=144.23 万元

其中：1) 暂列金额　　(1520+83.55)×6.5%=104.23 万元

2) 专业工程暂估价　　40 万元

(4) 规费　　89.22+5.62+3.98=98.82 万元

其中：1) 社会保险费　　304×29.35%=89.22 万元

2) 住房公积金　　304×1.85%=5.62 万元

3) 工程排污费　　(304+730+136)×0.34%=3.98 万元

(5) 税前项目费　　19 万元

(6) 增值税　　(1520+83.55+144.23+98.82+19)×9%=167.9 万元

(7) 工程总造价　　1520+83.55+144.23+98.82+19+167.9=2033.51 万元

任务 2.4　施工图预算编制

任务描述

学习了预算定额、费用定额，了解工程总造价计算程序后，就可以依据相关的定额进行施工图预算编制。什么是施工图预算？施工图预算有何意义？如何编制施工图预算？工程量计算有哪些规定？

阅读本任务的知识链接，完成任务清单，回答相应问题。

成果形式

完成任务清单中各题答案的填写。

工作准备

认真学习知识链接中的相关知识点，了解施工图预算编制的方法。

任务清单

一、任务实施

引导问题 1：什么是施工图预算？施工图预算有何意义？编制施工图预算有哪些依据？

引导问题 2：如何编制施工图预算？有哪些步骤？

引导问题 3：工程量计算一般有哪些顺序？计算原则是什么？说一说工程量的计算步骤。

二、单项选择题

1. 下列不属于施工图预算编制依据的是（　　　）。

A. 现行计价定额及办法　　　　　　B. 施工组织设计或施工方案

C. 经批准的投资估算　　　　　　　D. 招标文件

2. 工程量计算时，初学者建议采用（　　　）。

A. 定额顺序法　　　　　　　　　　B. 施工顺序法

C. 统筹原理法　　　　　　　　　　D. 先上后下先左后右

三、多项选择题

工程量计算步骤包括（　　）。

A. 列项

B. 确定计量单位及工程量计算规则

C. 填列计算式并计算

D. 按分项工程分别汇总工程量

E. 进行工料机分析，编制工料机汇总表

评价反馈

学生进行自我评价，并将结果填入表 2-30 中。

表 2-30

学生自评表

班级：　　　　　姓名：　　　　　　　学号：

学习任务	施工图预算编制		
评价项目	评价标准	分值	得分
施工图预算概念和编制依据	能说出施工图预算的概念,理解施工图预算编制依据	20	
施工图预算编制步骤	能说出施工图预算编制的步骤	30	
工程量计算顺序和步骤	能理解工程量的概念,及工程量计算的一般顺序和原则,说出工程量计算的步骤	30	
工作态度	态度端正、认真,无缺勤、迟到、早退现象	10	
工作质量	能够按计划完成工作任务	10	
合计		100	

知识链接

码 2-11　施工图预算编制

知识点 1　施工图预算的概念

施工图预算是在施工图纸设计完成以后，工程开工前，根据已批准的施工图纸、现行的预算定额、费用定额和地区人工、材料、机械台班等资源价格，在施工方案或施工组织设计已大致确定的前提下，按照规定的计算程序、计算方法进行编制而得到的工程造价文件。

知识点 2　施工图预算的编制依据

通常情况下，编制施工图预算的主要依据如下：

1. 现行计价定额及办法

现行计价定额及办法，如 2013 年《广西壮族自治区建筑装饰装修工程消耗量定额》及配套的《广西壮族自治区建筑装饰装修工程费用定额》，以及有关建设工程计价文件规定等。

2. 设计文件及相关资料

设计文件及相关资料包括：施工图纸及说明、与图纸配套使用的各种标准图集、规范以及图纸会审记录、图纸变更等。

3. 招标文件或施工合同

招标文件或施工合同反映了招标人对工程施工的一些要求，如工期、质量、建筑材料等的具体要求，这些因素会影响工程造价的计算。

4. 施工现场情况、施工组织设计或施工方案

施工组织设计或施工方案对工程施工方法、施工机械选择、材料构件的加工和堆放地点都有明确的规定，这些资料直接影响工程量的计算和定额的套用。按常规施工方案编制招标控制价。

5. 地区人工工资、材料、机械台班预算价格

计价定额中的人工费、机械台班单价仅限于编制定额时的水平，在编制施工图预算时，要根据当时当地的有关调价文件进行调整。同样，材料价格的变动也较大，必须按照市场价格或工程造价管理机构发布的工程造价信息进行调整。

6. 预算工作手册

预算工作手册包括各种建材五金手册，手册上记载有各种构件的体积、面积、重量等计算公式和数据，是工具性资料，可供计算工程量时使用。

知识点 3　施工图预算的编制步骤

施工图预算编制步骤如下：

1. 收集资料，熟悉图纸，了解施工现场和施工组织设计。

2. 列出工程项目并计算工程量。

3. 计算分部分项工程费用及单价措施费。

4. 计算总价措施费用。

5. 计算其他项目费用。

6. 计算税前项目。

7. 计算规费和税金，汇总得出单位工程费用（即工程总造价）。

8. 检查核对。

预算编制出来后，必须进行检查核对，以便及时发现差错，提高成果质量。主要检查分项工程有无漏项、重项、错项，工程量计算有无差错，计量单位是否正确，涉及换算的项目是否换算正确，补充项目的单价是否合适，各项费用的取费标准及计算基础是否符合规定等。

9. 编制总说明。

总说明一般包括下列内容：

（1）工程概况：包括建筑面积、工程特征、计划工期、施工现场实际情况、交通运输情况、自然地理条件、环境保护要求等。

（2）工程预算和专业工程分包范围。

（3）工程预算的编制依据：招标文件；依据的预算定额、费用定额和取费标准，有关部门的调价文件；工料机价格的计取依据。

（4）工程质量、材料、施工等的特殊要求。

（5）招标人自行采购材料的名称、规格、型号、数量等。

（6）暂列金额、暂估价的金额数量。

（7）其他需要说明的问题。

10. 填写封面、装订签章。

将各个计算表格按规定格式及顺序编排装订成册，填写预算书封面，封面中的"工程名称"应填写全称；"编制单位""编制人""编制人证号""审核人""审核人证号"应按实际填写并盖章。

至此完成施工图预算的编制工作。

知识点 4　工程量计算概述

1. 工程量的概念

工程量是指以自然计量单位或物理计量单位所表示的各分项工程或结构、构件的实物数量。

物理计量单位是指以物体（分项工程或结构构件）的物理法定计量单位来表示工程数量。如陶瓷地板砖地面以"m²"为计量单位；楼梯栏杆、扶手以"m"为计量单位。

自然计量单位是以物体自身的计量单位来表示的工程数量。如楼梯栏杆的弯头以"个"为计量单位。

2. 正确计算工程量的意义

（1）工程量计算准确与否，直接影响着工程造价，从而影响整个工程建设过程的确定与控制。

（2）工程量是施工企业编制施工作业计划，合理安排施工进度，组织劳动力、材料、机械的重要依据。

（3）工程量是基本建设财务管理和会计核算的重要指标。

3. 工程量计算的一般顺序

为了便于工程量的计算和审核，防止重算和漏算，计算工程量时必须按照以下顺序进行。

（1）各分部工程之间工程量的计算顺序

1）规范顺序法（定额顺序法）

即完全按照定额中分部分项工程的编排顺序进行工程量计算。其主要优点是能依据定额的项目划分顺序逐项计算，通过工程项目与定额项目之间的对照，能清楚地反映出已算和未算项目，防止漏项，并有利于工程量的整理与报价，此法较适合初学者。

2）施工顺序法

根据各建筑、装饰工程项目的施工工艺特点，按其施工的先后顺序，同时考虑计算方便，由基层到面层或从下至上逐层计算。此法打破了定额分章的界限，计算工作流畅，但对使用者的专业技能要求较高。

3）统筹原理计算法

通过对定额的项目划分和工程量计算规则进行分析，找出各分项工程之间的内在联系，运用统筹法原理，合理安排计算顺序，从而达到简化计算、节省时间的目的。此法通过统筹安排，使各分项工程的计算结果互相关联，并将后面要重复使用的基数先计算出来，避免计算时的"卡壳"现象。

（2）同一分部工程中不同分项工程之间的计算顺序

同一分部工程中不同分项工程之间的计算顺序，可按定额编排顺序或施工顺序计算。

（3）同一分项工程的计算顺序

1）按顺时针顺序计算

即从施工平面图左上角开始，由左而右、先外后内顺时针环绕一周，再回到起点，这种方法适用于外墙面装饰、外墙脚手架等项目计算。

2）先横后竖、先上后下、先左后右的顺序计算

这种方法适用于计算内墙面、楼地面、顶棚等项目。

3）按图纸上注明的轴线编号或构件编号依次计算

这种方法适用于计算基础、柱、梁、板、墙、门窗等项目。

4. 工程量计算的一般原则

（1）计算口径一致，避免重复列项或漏项

计算工程量时，根据施工图列出的分项工程应与定额中相应分项工程的口径一致。例如，"2013 广西定额"中人工挖土方分项工程，包括了挖土、装土、修整边底等。因此，在列项时，就不应再列一项"装土"，否则就会重复列项。

（2）工程量计算规则一致，避免错算

在计算工程量时，必须严格执行现行定额的工程量计算规则，以免造成工程量计算的错误，从而影响工程造价的准确性。如"2013 广西定额"规定：平整场地工程量按设计图示尺寸以建筑物首层建筑面积计算，平整场地工程量应按此规则计算。

（3）计量单位一致

按施工图纸计算工程量时，特别是工程量汇总时，各分项工程的计量单位，必须与定额中相应定额子目的计量单位一致，不能随意改变。如砖砌明沟子目的计量单位是"100m"，一般混凝土构件的计量单位为"$10m^3$"，混凝土整体楼梯的计量单位为"$10m^2$"。

（4）计算尺寸的取定要准确

如标准砖规格为 240mm×115mm×53mm，其 1/4 砖墙计算厚度为 53mm，不能取 60mm；1/2 砖墙计算厚度为 115mm，不能取 120mm。

（5）按照一定的顺序进行计算

为了避免重算、漏算和方便校核，应按照一定的顺序计算工程量。工程量计算式中的数字应按相同的次序排列，如长×宽×高，且要注明所在楼层、部位或图纸编号、轴线编号等。

5. 工程量计算的步骤

（1）列项。

（2）确定计量单位及工程量计算规则。

（3）填列计算式并计算。

（4）按分项工程分别汇总工程量。

手工计算工程量一般在工程量计算表上进行，见表 2-31。

工程量计算表填写示例　　　　　　　　　　　　　　　　表 2-31

工程名称：××办公楼　　　　　　　　　　　　　　　　第 1 页　共 100 页

序号	定额编号	工程名称	计算式	单位	数量
			A.1 土石方工程		
1	A1-1	人工平整场地	$11.6×6.5=75.4m^2$	$100m^2$	0.754
2	A1-9	人工挖基坑 三类土	J1：$(2+0.3×2)×(2+0.6)×(1.6-0.45)×4=31.096m^3$	$100m^3$	0.685
		深 2m 以内	J2：$(2+0.3×2)×(1.6+0.6)×(1.6-0.45)×4=26.312m^3$		
			J3：$(1.6+0.3×2)×(1.6+0.6)×(1.6-0.45)×2=11.132m^3$		
			合计：$68.54m^3$		
3	A1-82	人工回填土 夯填	$68.54-4.17-17.34-0.74=46.29m^3$	$100m^3$	0.463
4	A1-106 换	人工运土方/运距 200m	$68.54-46.29=22.25m^3$	$100m^3$	0.223
	……				

工程量清单计价与计量规范

【学习情境】

建筑工程造价计价模式有两种，一种是定额计价法模式，一种是清单计价模式。在前面的学习中，我们知道了什么是定额，如何应用定额。清单计价模式所依据的就是工程量清单计价与计量规范，这些规范有哪些内容呢？有什么特点？如何应用呢？

本项目学习相关工程量清单计价与计量规范。

【学习目标】

知识目标

1. 了解工程量清单计价规范的历史沿革、主要内容和特点；

2. 了解"13 版计价规范"（具体含义见下文）组成内容，熟悉"13 版计量规范"（具体含义见下文）的组成内容；

3. 掌握清单项目编码的含义，掌握工程量清单编制的方法。

能力目标

1. 能理解工程量清单规范的发展历史，理解"13 版规范"（具体含义见下文）体系的内容和特点；

2. 能说出"13 版计量规范"的组成内容；

3. 能说出清单项目编码的含义，能编制工程量清单。

素质目标

1. 培养正确使用规范标准的意识；

2. 培养自主学习意识，能有计划地学习和生活。

思政目标

1. 培养学生的规范意识和市场竞争意识，遵纪守法、合理报价；

2. 培养学生主动关心国家和行业发展动态，了解行业变化、行业规范和规则。

任务 3.1 工程量清单计价概述

任务描述

工程量清单计价模式是按照竞争策略的要求自主报价的工程造价计价模式，国家工程量清单计价规范从何时开始颁布？历经了哪些版本？如何应用清单规范进行工程量清单编制？

阅读本任务的知识链接，完成任务清单，回答相应问题。

成果形式

完成任务清单中各题答案的填写。

工作准备

认真学习知识链接中的相关知识点，了解清单规范体系的内容和特点。

任务清单

一、任务实施

引导问题 1：国家工程量清单规范从何时开始颁布？历经了哪些版本？

引导问题 2：现行国家工程量清单规范有哪些内容？有何特点？

二、单项选择题

国家标准《建设工程工程量清单计价规范》GB 50500—2013，实施的时间是（　　　　）。

A. 2013 年 7 月 1 日　　　　　　B. 2013 年 2 月 17 日

C. 2013 年 1 月 1 日　　　　　　D. 2013 年 7 月 30 日

三、多项选择题

2012 年 12 月 25 日，住房和城乡建设部发布了《建设工程工程量清单计价规范》GB 50500—2013 和 9 个专业工程量计算规范，计价与计量规范共 10 本，包括（　　　　）。

A.《建设工程工程量清单计价规范》GB 50500—2013

B.《房屋建筑与装饰工程工程量计算规范》GB 50854—2013

C.《通用安装工程工程量计算规范》GB 50856—2013

D.《市政工程工程量计算规范》GB 50857—2013

E.《园林绿化工程工程量计算规范》GB 50858—2013

评价反馈

学生进行自我评价，并将结果填入表 3-1 中。

学生自评表　　　　　　　　　　　　　　　　　　　　表 3-1

班级：　　　　　　姓名：　　　　　　学号：

学习任务	工程量清单计价概述		
评价项目	评价标准	分值	得分
工程量清单规范历史沿革	能说出国家工程量清单规范开始颁布的时间,历经的版本	30	
工程量清单规范的内容	能理解国家工程量清单规范的内容,了解现行 10 本规范的内容名称	30	
工程量清单规范的特点	能理解现行国家工程量清单规范的 4 个特点	20	
工作态度	态度端正、认真,无缺勤、迟到、早退现象	10	
工作质量	能够按计划完成工作任务	10	
合计		100	

知识链接

知识点 1　工程量清单计价规范的历史沿革

工程量清单计价模式，是由招标人按照全国统一的工程量计算规则提供工程量清单，各投标单位根据自己的实力，按照竞争策略的要求自主报价的工程造价计价模式。工程量清单计价模式是一套符合市场经济规律的科学的报价体系。

2003 年 2 月 17 日，建设部发布了国家标准《建设工程工程量清单计价规范》GB 50500—2003（简称"03 版规范"），自 2003 年 7 月 1 日开始实施。"03 版规范"的实施，为推行工程量清单计价，建立市场形成工程造价的机制奠定了基础。"03 版规范"主要侧重于规范工程招标投标阶段的工程量清单计价行为，对工程合同签订、工程计量与价款支付、合同价款调整、索赔和竣工结算等方面缺乏相应的规定。

2008 年 7 月 9 日，住房和城乡建设部发布了《建设工程工程量清单计价规范》GB 50500—2008（简称"08 版规范"），自 2008 年 12 月 1 日开始实施。"08 版规范"适用于建设工程工程量清单计价活动。"08 版规范"实施以来，对规范工程实施阶段的计价行为起到了良好的作用，但由于附录没有修订，还存在有待完善的地方。

2012 年 12 月 25 日，住房和城乡建设部发布了《建设工程工程量清单计价规范》GB 50500—2013 和 9 个专业工程量计算规范（以下简称"13 版规范"），计价与计量规范共 10 本，自 2013 年 7 月 1 日开始实施。"13 版规范"适用于建设工程发承包及实施阶段的计价活动。

"13 版规范"是以《建设工程工程量清单计价规范》为母规范，各专业工程工程量计算规范与其配套使用的工程计价、计量标准体系。该规范体系是目前在用的标准体系，对规范建设工程发承包双方的计价行为，促进建设市场健康发展发挥重要作用。

知识点 2　"13 版规范"体系的内容

"13 版规范"体系见表 3-2。

"13 版规范"体系　　　　　　　　　　　　　表 3-2

序号	标准	名称
1	GB 50500—2013	建设工程工程量清单计价规范
2	GB 50854—2013	房屋建筑与装饰工程工程量计算规范
3	GB 50855—2013	仿古建筑工程工程量计算规范
4	GB 50856—2013	通用安装工程工程量计算规范
5	GB 50857—2013	市政工程工程量计算规范
6	GB 50858—2013	园林绿化工程工程量计算规范
7	GB 50859—2013	矿山工程工程量计算规范
8	GB 50860—2013	构筑物工程工程量计算规范
9	GB 50861—2013	城市轨道交通工程工程量计算规范
10	GB 50862—2013	爆破工程工程量计算规范

知识点 3　"13 版规范"特点

"13 版规范"具有以下特点：

1. 确立了工程计价标准体系

"13 版规范"共发布 10 本工程计价、计量规范，特别是 9 个专业工程工程量计算规范的出台，使整个工程计价标准体系清晰明了，为下一步工程计价标准的制定打下了坚实的基础。

2. 与当前国家相关法律、法规和政策性的变化规定相适应

《中华人民共和国社会保险法》《中华人民共和国建筑法》《建筑工程施工发包与承包计价管理办法》等，均为"13 版规范"的制定提供了基础。

3. 注重与施工合同的衔接

"13 版规范"明确定义为适用于工程施工发承包及实施阶段，因此，在术语、条文设置上尽可能与施工合同相衔接，既重视规范的指引和指导作用，又充分尊重发承包双方的意愿，为造价管理与合同管理相统一搭建了平台。

4. 保持了规范的先进性

"13 版规范"增补了建筑市场新技术、新工艺、新材料的项目，删去了技术落后及被淘汰的项目。对土石分类重新进行了定义，实现了与现行国家标准的衔接。

任务 3.2　清单计价规范与计量规范简介

任务描述

编制工程量清单前，应熟悉规范内容，那么清单计价规范与计量规范组成内容有哪些？有何特点和要求？

阅读本任务的知识链接，完成任务清单，回答相应问题。

成果形式

完成任务清单中各题答案的填写。

工作准备

认真学习知识链接中的相关知识点，熟悉清单计价规范与计量规范。

任务清单

一、任务实施

引导问题 1：目前现行的国家清单计价规范的名称是什么？组成内容有哪些？强制性条文有多少条？全部使用国有资金或国有资金投资为主的大中型建设工程，应执行哪种计价方法？

引导问题 2：目前现行的国家清单计量规范的名称是什么？其组成内容有哪些？

引导问题 3：工程量清单的"五要件"是什么？现行《建设工程工程量清单计量规范》GB 50500—2013 附录主要包括哪些内容？

二、单项选择题

下列内容不属于工程量清单的"五要件"的是（　　）。

A. 工作内容　　　　　　B. 项目编码

C. 项目特征　　　　　　D. 项目名称

三、多项选择题

《房屋建筑与装饰工程工程量计算规范》GB 50854—2013 由正文和附录两部分组成，其中附录包括（　　）。

A. 附录 A 土石方工程

B. 附录 B 砌筑工程

C. 附录 E 混凝土及钢筋混凝土工程

D. 附录 J 屋面及防水工程

E. 附录 L 楼地面装饰工程

四、判断题

1. 全部使用国有资金或国有资金投资为主的大中型建设工程，都应执行工程量清单计价方法。（　　）

2. 凡是在建设工程招标投标实行工程量清单计价的工程，都应遵守《建设工程工程量清单计价规范》GB 50500—2013。（　　）

3. 工程量清单是招标文件的组成部分，招标人在编制工程量清单时必须做到五个统一，即统一编码、统一项目名称、统一项目特征、统一计量单位、统一工程量计算规则。（　　）

评价反馈

学生进行自我评价，并将结果填入表 3-3 中。

学生自评表　　　　　　　　　　　　　　　表 3-3

班级：	姓名：	学号：		
学习任务	清单计价规范与计量规范简介			
评价项目	评价标准		分值	得分
现行清单计价规范的名称	能正确说出清单计价规范的名称及版本		10	
清单计价规范内容	能理解清单计价规范的正文和附录,能理解强制性条文为黑色字体标志,必须严格执行		10	
现行清单计量规范的名称	能正确说出清单计量规范的名称及版本		15	
清单计量规范的组成内容	能理解清单计量规范的正文和附录,能说出附录 A 土石方工程到附录 S 措施项目的全部附录号和具体名称		30	
工程量清单的"五要件"	能说出工程量清单的"五要件"		15	
工作态度	态度端正、认真,无缺勤、迟到、早退现象		10	
工作质量	能够按计划完成工作任务		10	
合计			100	

知识链接

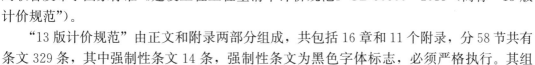

码 3-1　清单计价与计量规范简介

知识点 1　《建设工程工程量清单计价规范》组成内容

1. 《建设工程工程量清单计价规范》组成内容

为了适应我国社会主义市场经济发展的需要，规范建设工程工程量清单计价行为，统一建设工程编制计价文件的方法，维护招标人和投标人的合法权益，中华人民共和国住房和城乡建设部与国家质量监督检验检疫总局联合发布了国家标准《建设工程工程量清单计价规范》GB 50500—2013（简称"13 版计价规范"）。

"13 版计价规范"由正文和附录两部分组成，共包括 16 章和 11 个附录，分 58 节共有条文 329 条，其中强制性条文 14 条，强制性条文为黑色字体标志，必须严格执行。其组成内容见表 3-4。

"13 版计价规范"组成内容　　　　　　　　　　　　　　　　表 3-4

序号	章节	名称	节数	条文数
1	第 1 章	总则	1	7
2	第 2 章	术语	1	52
3	第 3 章	一般规定	4	19
4	第 4 章	工程量清单编制	6	19
5	第 5 章	招标控制价	3	21
6	第 6 章	投标报价	2	13
7	第 7 章	合同价款约定	2	5
8	第 8 章	工程计量	3	15
9	第 9 章	合同价款调整	15	58
10	第 10 章	合同价款中期支付	3	24
11	第 11 章	竣工结算支付	6	35
12	第 12 章	合同解除的价款结算与支付	1	4
13	第 13 章	合同价款争议的解决	5	19
14	第 14 章	工程造价鉴定	3	19
15	第 15 章	工程计价资料与档案	2	13
16	第 16 章	工程计价表格	1	6
17	附录 A	物价变化合同价款调整方法		
18	附录 B	工程计价文件封面		
19	附录 C	工程计价文件扉页		
20	附录 D	工程计价总说明		
21	附录 E	工程计价汇总表		
22	附录 F	分部分项工程的措施项目计价表		
23	附录 G	其他项目计价表		
24	附录 H	规费、税金项目计价表		
25	附录 J	工程计量申请（核准）表		
26	附录 K	合同价款支付申请（核准）表		
27	附录 L	主要材料、工程设备一览表		
		合计	58	329

2. "13 版计价规范"特点

（1）强制性

全部使用国有资金或国有资金投资为主的大中型建设工程，都应执行工程量清单计价方法。同时凡是在建设工程招标投标实行工程量清单计价的工程，都应遵守计价规范。

（2）统一性

工程量清单是招标文件的组成部分，招标人在编制工程量清单时必须做到五个统一，即统一编码、统一项目名称、统一项目特征、统一计量单位、统一工程量计算规则。

（3）实用性

计价规范中，项目名称明确清晰，工程量计算规则简洁明了，特别是列有项目特征和工程内容，便于确定工程造价。

（4）竞争性

一是工程量清单中只有"措施项目"一栏，由投标人根据施工组织设计及企业自身情况报价。二是工程量清单中人工、材料、机械没有具体的消耗量，也没有单价。投标人既可以依据企业的定额和市场价格信息，也可参照建设行政主管部门发布的社会平均消耗量定额（预算定额或概算定额等）进行报价。

（5）通用性

采用工程量清单计价能与国际惯例接轨，符合工程量计算方法标准化、工程量计算规则统一化、工程造价确定市场化的要求。

知识点 2 《房屋建筑与装饰工程工程量计算规范》组成内容

《房屋建筑与装饰工程工程量计算规范》GB 50854—2013（简称"13 版计量规范"），由正文和附录两部分组成，二者具有同等效力，缺一不可，其组成内容见表 3-5。

"13 版计量规范"组成内容 表 3-5

序号	章节	名称	条文数	项目数
1	第 1 章	总则	4	
2	第 2 章	术语	4	
3	第 3 章	工程计量	6	
4	第 4 章	工程量清单编制	15	
5	附录 A	土石方工程		13
6	附录 B	地基处理与边坡支护工程		28
7	附录 C	桩基工程		11
8	附录 D	砌筑工程		27
9	附录 E	混凝土及钢筋混凝土工程		76
10	附录 F	金属结构工程		31
11	附录 G	木结构工程		8
12	附录 H	门窗工程		55
13	附录 J	屋面及防水工程		21
14	附录 K	保温、隔热、防腐工程		16
15	附录 L	楼地面装饰工程		43

续表

序号	章节	名称	条文数	项目数
16	附录 M	墙、柱面装饰与隔断、幕墙工程		35
17	附录 N	天棚工程		10
18	附录 P	油漆、涂料、裱糊工程		36
19	附录 Q	其他装饰工程		62
20	附录 R	拆除工程		37
21	附录 S	措施项目		52
		合计	29	561

1. 正文

正文有 4 章，条文数共 29 条，其中强制性条文 8 条，强制性条文为黑色字体标志，必须严格执行。正文包括总则、术语、工程计量、工程量清单编制等内容，分别就计量规范的适用范围、遵循的原则（进行工程计量活动、编制工程量清单的原则）和工程量清单作了明确的规定。

2. 附录

13 版计量规范共有 17 个附录，清单项目共 561 项。附录中主要内容包括：项目编码、项目名称、项目特征、计量单位、工程量计算规则和工作内容等。其中项目编码、项目名称、项目特征、计量单位、工程量计算规则作为工程量清单"五要件"内容，要求编制工程量清单时必须执行。

3. 附录的表现形式

附录中的详细内容以表格形式表现，见表 3-6。

附录中的清单项目示例　　　　　　表 3-6

项目编码	项目名称	项目特征	计量单位	工程量计算规则	工作内容
010101004	挖基坑土方	1. 土壤类别 2. 挖土深度 3. 弃土运距	m³	按设计图示尺寸，以基础垫层底面积乘挖土深度计算	1. 排地表水 2. 土方开挖 3. 围护(挡土板)及拆除 4. 基底钎探 5. 运输
010501003	独立基础	1. 混凝土种类 2. 混凝土强度等级	m³	按设计图示尺寸以体积计算，不扣除伸入承台基础的桩头所占体积	1. 模板及支撑制作、安装、拆除、堆放、运输及清理模内杂物、刷隔离剂等 2. 混凝土制作、运输、浇筑、振捣、养护

任务 3.3　工程量清单编制

任务描述

招标工程量清单是招标文件的组成部分，工程量清单的准确性和完整性由招标人负责，那么如何编制招标工程量清单？编制招标工程量清单时，对项目编码、项目名称、项目特征、计量单位、工程量计算规则有何规定？

阅读本任务的知识链接，完成任务清单，回答相应问题。

成果形式

完成任务清单中各题答案的填写。

工作准备

认真学习知识链接中的相关知识点，熟悉工程量清单编制规定和编制步骤。

任务清单

一、任务实施

引导问题1：招标工程量清单有哪些组成内容？编制人是谁？编制责任有哪些？

引导问题2：项目编码的五级编码有何含义？对项目名称、项目特征描述有何要求？对计量单位、工程量有何规定？单价措施、总价措施、其他项目、规费、税金清单一般有哪些项目？

引导问题3：编制招标工程量清单的步骤有哪些？

二、单项选择题

1. 对工程量清单概念表述不正确的是（　　　）。

A. 工程量清单是包括工程数量的明细清单

B. 工程量清单也包括工程数量相应的单价

C. 工程量清单由招标人提供

D. 工程量清单是招标文件的组成部分

2. 工程量清单的编制人是（　　　）。

A. 招标人　　　　　　　　　　　B. 投标人

C. 建设主管单位　　　　　　　　D. 监理单位

3. 招标工程量清单的编制依据不包括（　　　）。

A. 建设工程设计文件及相关资料

B. 拟定的招标文件

C. 施工现场情况、地勘水文资料、工程特点及常规施工方案

D. 施工合同协议书

4. 分部分项工程量清单的编制中，项目编码第（　　　）位由编制人编制。

A. 一～三　　　　B. 四～六　　　　C. 七～九　　　　D. 十～十二

5. 某分部分项工程的清单编码为010302006004，则该分部分项工程的清单项目顺序编码为（　　　）。

A. 01　　　　　　B. 02　　　　　　C. 006　　　　　　D. 004

6. 现行《建设工程工程量清单计价规范》GB 50500—2013中规定园林绿化工程的第一级编码为（　　　）。

A. 02　　　　　　　B. 03　　　　　　　C. 05　　　　　　　D. 06

7. 在分部分项工程量清单的项目设置中，除明确说明项目的名称外，还应阐释清单项目的（　　）。

A. 计量单位　　　　　　　　　　　B. 清单编码

C. 工程数量　　　　　　　　　　　D. 项目特征

8. 下列关于工程计量单位的描述错误的是（　　）。

A. 计量单位不使用扩大的计量单位

B. 以"t"为单位应保留小数点后三位数字

C. 以"个"为单位应保留小数点后两位数字

D. 以"m"为单位应保留小数点后两位数字

9. 工程量清单编码用（　　）位阿拉伯数字表示

A. 9　　　　　　　　B. 10　　　　　　　C. 11　　　　　　　D. 12

10. 《建设工程工程量清单计价规范（GB 50500—2013）广西壮族自治区实施细则》的工程造价组成内容中的增补内容包括（　　）。

A. 分部分项工程项目和措施项目

B. 其他项目

C. 税前项目

D. 规费和税金

11. 对于现浇混凝土楼梯按照《建设工程工程量计算规范（GB 50854～50862—2013）广西壮族自治区实施细则（修订本）》的规定，以（　　）计量。

A. m^2　　　　　　B. m^3　　　　　　C. $100m^2$　　　　　　D. $100m^3$

三、多项选择题

1. 工程量清单的项目设置规则是为了统一工程量清单的（　　）。

A. 项目编码　　　　　　　　　　　B. 项目名称

C. 项目特征　　　　　　　　　　　D. 工程内容

E. 计量单位

2. 按现行清单计量规范，分部分项工程量清单表应包括（　　）。

A. 项目编码　　　　　　　　　　　B. 项目名称

C. 项目特征　　　　　　　　　　　D. 工程量计价规则

E. 工程数量

3. 工程量清单是载明了（　　）的工程量的明细清单。

A. 分部分项工程项目　　　　　　　B. 措施项目

C. 其他项目　　　　　　　　　　　D. 税前项目

E. 规费和税金

评价反馈

学生进行自我评价，并将结果填入表 3-7 中。

学生自评表   表 3-7

班级: 姓名: 学号:			
学习任务	工程量清单编制		
评价项目	评价标准	分值	得分
招标工程量清单组成	能说出招标工程量清单的组成、编制人、编制责任	10	
招标工程量清单编制规定	能理解分部分项工程量清单、措施项目清单、其他项目清单、税前项目清单、规费税金清单的编制规定，理解项目编码的五级编码的含义，理解项目特征描述的要求	30	
工程量清单的编制步骤	能说出工程量清单的编制步骤，理解分部分项工程和单价措施项目清单编制程序	10	
清单列项能力	能理解清单列项规则，应用规则准确列项	30	
工作态度	态度端正、认真，无缺勤、迟到、早退现象	10	
工作质量	能够按计划完成工作任务	10	
合计		100	

知识链接

码 3-2 工程
量清单编制

知识点 1 招标工程量清单编制概述

1. 招标工程量清单组成

招标工程量清单以单位（项）工程为单位编制，由分部分项工程项目清单、措施项目清单、其他项目清单、税前项目清单、规费和税金项目清单组成。

2. 招标工程量清单的编制人

招标工程量清单应由具有编制能力的招标人或受其委托具有相应资质的工程造价咨询人编制。

3. 招标工程量清单的编制责任

招标工程量清单必须作为招标文件的组成部分，其准确性和完整性由招标人负责。

工程施工招标发包可采用多种方式，但采用工程量清单计价方式招标发包，招标人必须将工程量清单连同招标文件一并发售给投标人，投标人不负有核实的义务，更不具有修改和调整的权力。

招标工程量清单作为投标人报价的共同依据，其准确性是指工程量计算无差错，其完整性是指清单列项不缺项漏项。如招标人委托工程造价咨询人编制，招标工程量清单的准确性和完整性仍由招标人承担。

知识点 2 招标工程量清单编制的一般规定

1. 分部分项工程量清单的编制

分部分项工程量清单是指构成建设工程实体的全部分项实体项目名称和相应数量的明细清单，应包括项目编码、项目名称、项目特征、计量单位和工程量。

分部分项工程量清单必须根据相关工程现行国家计量规范及《建设工程工程量清单计价规范（GB 50500—2013）广西壮族自治区实施细则》规定的项目编码、项目名称、项目特征、计量单位和工程量计算规则进行编制，不得因情况不同而变动。

（1）项目编码

分部分项工程量清单的项目编码，应采用十二位阿拉伯数字表示。一至九位应按规范的规定设置，十至十二位应根据拟建工程的工程量清单项目名称由工程量清单编制人设置，同一招标工程的项目编码不得有重码。

工程量清单项目编码采用五级编码，十二位阿拉伯数字表示，一至九位为统一编码，即必须依据计量规范设置。其中一、二位（一级）为专业工程代码，三、四位（二级）为附录分类顺序码，五、六位（三级）为附录内的小节工程顺序码，七、八、九位（四级）为分项工程顺序码，十至十二位（五级）为具体清单项目顺序码，第五级编码应根据拟建工程的工程量清单项目名称设置，具体如下：

编码　××　　××　　××　　×××　　×××
级　　一　　二　　三　　四　　五

1）第一级（第一、二位）专业工程代码见表 3-8。

第一级（第一、二位）专业工程代码　　　　　　　　　　表 3-8

序号	编码	专业工程名称
1	01……	房屋建筑与装饰工程
2	02……	仿古建筑工程
3	03……	通用安装工程
4	04……	市政工程
5	05……	园林绿化工程
6	06……	矿山工程
7	07……	构筑物工程
8	08……	城市轨道交通工程
9	09……	爆破工程

2）第二级（第三、四位）表示附录分类顺序码，相当于分部顺序码，见表 3-9。

房屋建筑与装饰工程第二级（第三、四位）附录分类顺序码　　　表 3-9

编码	附录	专业工程名称
0101……	附录 A	土石方工程
0102……	附录 B	地基处理与边坡支护工程
0103……	附录 C	桩基工程
0104……	附录 D	砌筑工程
0105……	附录 E	混凝土及钢筋混凝土工程
0106……	附录 F	金属结构工程
0107……	附录 G	木结构工程
0108……	附录 H	门窗工程
……	……	……

3）第三级（第五、六位）表示附录内的小节顺序码（相当于分部中的节），以 0105 现浇混凝土工程为例：

现浇混凝土基础，编码 010501……

现浇混凝土柱，编码 010502……

现浇混凝土梁，编码 010503……

现浇混凝土墙，编码 010504……

现浇混凝土板，编码 010505……

4）第四级（第七至九位），分项工程项目码（以现浇混凝土梁为例）：

现浇混凝土基础梁，编码 010503001……

现浇混凝土矩形梁，编码 010503002……

现浇混凝土异形梁，编码 010503003……

现浇混凝土圈梁，编码 010503004……

现浇混凝土过梁，编码 010503005……

5）第五级（第十至十二位），清单项目名称顺序码，主要区别同一分项工程具有不同特征的项目，由编制人设置。

如同一规格、同一材质的项目，具有不同的特征时，应分别列项，此时前九位相同，后三位不同。如同一工程中有混凝土强度等级为 C20 和 C25 的两种矩形梁，矩形梁的编码为 010503002，编制人可将 C20 项目编码设为 010503002001，可将 C25 项目编码设为 010503002002。

对于规范附录中的缺项，由编制人自行补充，补充项目应填写在工程量清单相应分部分项工程之后。补充清单项目的编码由"13 版计量规范"的专业代码 0×B 和 3 位阿拉伯数字组成，并应从 0×B001 起顺序编制，同一招标工程的项目不得重码。

如 01B001，表示建筑装饰工程第 1 个补充项目。

（2）项目名称

清单项目名称应按规范附录的项目名称结合拟建工程的实际确定。

我国现行相关计量规范中，项目名称一般是以"工程实体"命名的，例如实心砖墙、现浇构件钢筋、水泥砂浆楼地面等。应注意，附录中的项目名称所表示的工程实体，有一些是可用适当的计量单位计算的完整的分项工程，如砌筑砖墙；也有一些项目名称所表示的工程实体是分项工程的组合，如采用现场搅拌混凝土浇捣的混凝土构造柱由混凝土拌制、混凝土浇捣两项分项工程组成。

（3）项目特征

项目特征是指工程量清单项目自身价值的本质特征，是确定一个清单项目综合单价的重要依据，在编制的工程量清单中必须对其项目特征进行准确和全面描述。

工程量清单项目特征的描述，应根据计量规范附录中有关项目特征的要求，结合技术规范、标准图集、施工图纸，按照工程结构、使用材质及规格或安装位置等，予以详细而准确地表述和说明。

项目特征描述原则：

1）项目特征描述的内容按拟建工程的实际要求，以能满足确定综合单价的需要为前提。

2）对采用标准图集或施工图纸能够全部或部分满足项目特征描述要求的，项目特征描述可直接采用详见××图集或××图号的方式。但对不能满足项目特征描述要求的部分，仍应用文字描述进行补充。

必须描述的内容：

1）涉及正确计量的内容必须描述。如门窗洞口尺寸或框外围尺寸，按广西习惯作法，铝合金门窗大于 $2m^2$ 或小于等于 $2m^2$，其单价不同。这意味着门或窗的大小，直接关系到门窗的价格，因而对门窗洞口或框外围尺寸进行描述就十分必要。

2）涉及结构要求的内容必须描述。如混凝土构件的混凝土强度等级，使用 C20 还是 C30 或 C40，因混凝土强度等级不同，其价格也不同，必须描述。

3）涉及材质要求的内容必须描述。如砌体砖的品种，是混凝土空心砌块还是陶粒混凝土砌块等，材质直接影响清单项目价格，必须描述。

（4）计量单位

工程量清单的计量单位，应按国家建设工程工程量计算规范附录中规定的计量单位确定，如"t""m^3""m^2""m""kg"或"项""个"等。

国家建设工程工程量计算规范附录中，部分清单项目的计量单位列有两个或者多个，如混凝土直形楼梯的计量单位为"m^2、m^3"。实际工作中，各地区实施细则会进行具体的规定，如《建设工程工程量计算规范（GB 50854～50862—2013）广西壮族自治区实施细则（修订本）》（简称为"广西实施细则"）将混凝土直形楼梯的计量单位定为"m^2"。

计量单位均为基本计量单位，不使用扩大的计量单位，如"t 或 kg、m^3、m^2、m、个、套、块、樘"等。

（5）工程量

工程量清单中的工程量应按规范附录中规定的工程量计算规则计算。

同时国家建设工程工程量计算规范指出计算工程量的有效位数应遵守下列规定：

1）以"t"为单位，应保留小数点后三位数字，第四位小数四舍五入。

2）以"m""m^2""m^3""kg"为单位，应保留小数点后两位数字，第三位小数四舍五入。

3）以"个""件""根""组""系统"为单位，应取整数。

2. 措施项目清单的编制

措施项目是为完成工程项目施工，发生于该工程施工前和施工过程中的技术、生活、安全环境保护等方面的项目。根据措施项目费用的计算特点将其划分为单价措施和总价措施两类。

国家建设工程工程量计算规范对单价措施项目设置、项目特征描述、工程计量单位、工程量计算规则进行了规定，为了与广西现行工程计价方式更好地衔接，《建设工程工程量计算规范（GB 50854～50862—2013）广西壮族自治区实施细则（修订本）》对单价措施项目进行了增补，其规定的房屋建筑与装饰工程的单价措施项目见表 3-10。

单价措施项目一览表　　　　　　　　　　　　　　　　　　表 3-10

小节编号	项目名称	说明
S.1	脚手架工程	国家建设工程工程量计算规范中的单价措施
S.2	混凝土模板及支架(撑)	
S.3	垂直运输	
S.4	超高施工费	
S.5	大型机械设备进出场及安拆	
S.6	施工排水、降水	

小节编号	项目名称	说明
桂 S. 8	混凝土运输及泵送工程	广西增补单价措施
桂 S. 9	二次搬运费	
桂 S. 10	已完工程保护费	
桂 S. 11	夜间施工增加费	
桂 S. 12	金属结构构件制作平台摊销	
桂 S. 13	地上、地下设施、建筑物的临时保护设施	

总价措施项目指在工程量清单计价过程中以总价计算的措施项目，总价措施项目以"项"为计量单位进行编制，以总价（或计算基础乘费率）进行计算。编制时应列出项目的工作内容和包含范围。主要措施项目一览表（总价措施项目）见表 3-11。

主要措施项目一览表（总价措施项目）　　　　表 3-11

序号	项目名称	序号	项目名称
1	安全文明施工费	6	交叉施工补贴
2	检验试验配合费	7	特殊保健费
3	雨季施工增加费	8	优良工程增加费
4	工程定位复测费	9	提前竣工增加费
5	暗室施工增加费		

3. 其他项目清单的编制

其他项目清单是指因招标人特殊要求而发生的与拟建工程有关的其他费用项目和相应数量的清单。其他项目清单应根据拟建工程的具体情况，按照下列内容列项。

（1）暂列金额

暂列金额是招标人在工程量清单中暂定并包括在合同价款中的一笔款项。用于工程合同签订时尚未确定或者不可预见的所需材料、工程设备、服务的采购，施工中可能发生的工程变更、合同约定调整因素出现时的工程价款调整以及发生的索赔、现场签证确认等费用。

结算时，该项费用不再单独体现，而是转换成了施工过程中已经发生的工程变更、合同约定调整因素出现时的工程价款调整以及发生的索赔、现场签证确认等费用。实际发生的费用按规定支付后，暂列金额余额归发包人所有。

（2）暂估价

暂估价指招标人在工程量清单中提供的用于支付必然发生但暂时不能确定价格的材料、工程设备以及专业工程的金额。暂估价包括材料暂估价、专业工程暂估价。

材料暂估价应按招标人在其他项目清单中列出的单价计入综合单价；专业工程暂估价应按招标人在其他项目清单中列出的金额填写。

（3）计日工

计日工指在施工过程中，承包人完成发包人提出的工程合同范围以外的零星项目或工作（所需的人工、材料、施工机械台班等），按合同中约定的综合单价计价的一种方式。

计日工综合单价应包含了除税金以外的全部费用。

编制工程量清单时，计日工应列出项目名称、计量单位和暂估数量。

（4）总承包服务费

总承包服务费指总承包人为配合协调发包人进行的专业工程发包，对发包人自行采购的材料、工程设备等进行保管以及施工现场管理、竣工资料汇总整理等服务所需的费用。

编制工程量清单时，招标人应列出总承包服务费需服务项目及其内容等。

4. 税前项目清单的编制

《建设工程工程量清单计价规范（GB 50500—2013）广西壮族自治区实施细则》的工程造价组成内容与《建设工程工程量清单计价规范》GB 50500—2013 相比增加了"税前项目"。

税前项目费指在费用计价程序的税金项目前，根据交易习惯按市场价格进行计价的项目费用。

税前项目清单由招标人根据拟建工程特点进行列项。应载明项目编码、项目名称、项目特征、计量单位和工程量。

5. 规费、税金项目清单的编制

规费项目清单应按照下列内容列项：

（1）社会保险费：是指企业按照规定标准为职工缴纳的养老保险费、失业保险费、医疗保险费、生育保险费、工伤保险费；

（2）住房公积金：是指企业按规定标准为职工缴纳的住房公积金；

（3）工程排污费：是指施工现场按规定缴纳的工程排污费。

税金按"增值税"列项。可采用一般计税法和简易计税法计算增值税。计税公式为：

$$增值税＝税前造价×增值税税率$$

知识点 3   工程量清单的编制步骤

1. 熟悉了解情况，做好准备工作

熟悉招标文件，了解招标要求和规定；熟悉施工图纸、标准图集、地质勘察报告等资料，并对施工现场做好勘察、咨询工作。

2. 编制工程量清单

逐一编制"分部分项工程量清单""单价措施项目清单""总价措施项目清单""其他项目清单""税前项目清单""规费、税金项目清单"。

分部分项工程和单价措施项目清单编制程序见图 3-1。

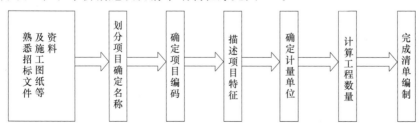

图 3-1   分部分项工程和单价措施项目清单编制程序

3. 编写编制说明

1）工程概况。

2）招标和分包范围。

3）工程量清单编制依据（相关计价规范、相关计量规范、各省市相关定额和计价规定、建设工程设计文件及相关资料、与建设工程项目有关的标准和规范、招标文件及其补充通知和答疑纪要等）。

4）其他有关问题说明，如施工现场情况、地勘水文资料、工程特点、土方运输方式、模板材质及常规施工方案、暂列金额和材料暂估价的说明等。

4. 封面签字盖章

招标工程量清单封面必须按要求签字、盖章，不得有任何遗漏。其中，工程造价咨询人需盖单位资质专用章；编制人和复核人需要同时签字和盖专用章，且两者不能为同一人，复核人必须是造价工程师。

知识点 4　典型实务案例：清单列项

【案例 3-1】　某工程采用混凝土空心砌块墙 190mm 厚，砌筑砂浆分别有 M10 水泥石灰砂浆、M7.5 水泥石灰砂浆两种做法。

要求：对本工程砌块墙进行清单列项并编码。

【解】　同一个单位工程的两个项目虽然都是砌块墙，但砌筑砂浆强度等级不同，因而这两个项目的综合单价就不同，故第五级编码应分别设置，从 001 开始编制，列项见表 3-12。

码 3-3　砌块墙清单项目

分部分项工程和单价措施项目清单与计价表　　　　表 3-12

工程名称：　　　　　　　　　　　　　　　　　　　　　　　第　页　共　页

序号	清单编码	项目名称	项目特征描述	计量单位	工程量	金额（元）		
						综合单价	合价	其中：暂估价
		0104	砌筑工程					
1	010402001001	砌块墙	1. 混凝土空心砌块墙 190mm 厚	m³				
			2. M10 水泥石灰砂浆					
2	010402001002	砌块墙	1. 混凝土空心砌块墙 190mm 厚	m³				
			2. M7.5 水泥石灰砂浆					

【案例 3-2】　某项目包括 1 号教学楼、学生食堂、实训楼 3 个单位工程，3 个单位工程均设计采用 C25 商品泵送混凝土矩形柱。

要求：对本项目 C25 商品泵送混凝土矩形柱进行清单列项并编码。

【解】　同一个招标工程的 C25 混凝土矩形柱虽然综合单价都一样，但这 3 个综合单价一样的项目分别属于 3 个单位工程，同一招标工程的项目编码不得有重码，故第五级编码就应分别设置，从 001 开始编制，列项见表 3-13。

码 3-4　现浇混凝土柱清单项目

分部分项工程和单价措施项目清单与计价表　　　　　　　　表 3-13

工程名称：　　　　　　　　　　　　　　　　　　　　　　　　　第　页　共　页

序号	清单编码	项目名称	项目特征描述	计量单位	工程量	金额(元)		
						综合单价	合价	其中：暂估价
		0105	混凝土及钢筋混凝土工程					
1	010502001001	矩形柱	C25 商品泵送混凝土,1 号教学楼	m³				
2	010502001002	矩形柱	C25 商品泵送混凝土,学生食堂	m³				
3	010502001003	矩形柱	C25 商品泵送混凝土,实训楼	m³				

【思维导图】

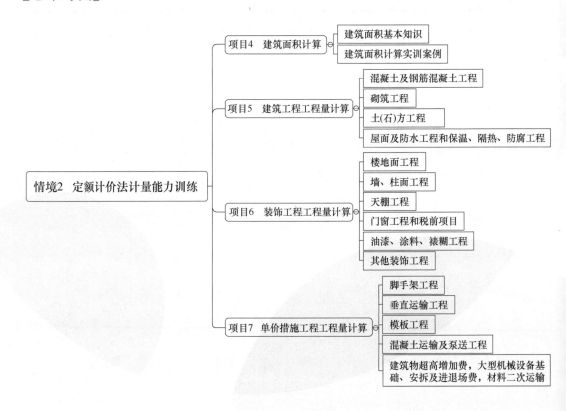

情境2　定额计价法计量能力训练

- 项目4　建筑面积计算
  - 建筑面积基本知识
  - 建筑面积计算实训案例
- 项目5　建筑工程工程量计算
  - 混凝土及钢筋混凝土工程
  - 砌筑工程
  - 土(石)方工程
  - 屋面及防水工程和保温、隔热、防腐工程
- 项目6　装饰工程工程量计算
  - 楼地面工程
  - 墙、柱面工程
  - 天棚工程
  - 门窗工程和税前项目
  - 油漆、涂料、裱糊工程
  - 其他装饰工程
- 项目7　单价措施工程工程量计算
  - 脚手架工程
  - 垂直运输工程
  - 模板工程
  - 混凝土运输及泵送工程
  - 建筑物超高增加费,大型机械设备基础、安拆及进退场费,材料二次运输

项目4

Chapter 04

建筑面积计算

【学习情境】

某市住房和城乡建设局发布了本市 2023 年上半年房屋建筑工程造价指标指数，其中住宅楼的造价指标如表 4-1 所示。

本市 2023 年上半年的房屋建筑工程（住宅楼）造价指标指数　　　表 4-1

序号	用途	层数	结构形式	每平方米造价（元/m^2）	其中（元/m^2）		备注
					建筑装饰	水电等安装	
1	住宅楼	7 层以内	砖混	2100	1860	240	公租房
2		8～20 层	框剪	2030	1810	220	含地下室
3		20 层以上	框剪	1840	1710	130	含地下室

表中的 7 层以内住宅楼"每平方米造价"为 2100 元/m^2，即每平方米造价指标（工程总造价÷建筑面积）为 2100 元，它的确定就是以建筑面积为依据的。

那么建筑面积的含义是什么？在工程建设中起到什么作用？有哪些计算规定和方法？

【学习目标】

知识目标

1. 理解计算建筑面积的意义；
2. 熟悉建筑面积计算的基本概念及相关术语；
3. 理解建筑物计算建筑面积的规则，掌握计算建筑面积的方法和步骤。

能力目标

1. 能正确描述建筑面积计算的意义；
2. 能正确理解并应用建筑面积计算规则；
3. 能正确应用规范和标准规定，计算建筑物的建筑面积。

素质目标

1. 培养正确使用规范标准的意识，严格遵循规范计算建筑面积；
2. 坚持不漏算、不超算，养成严谨求实的工作作风。

思政目标

1. 培养学生的规范意识和市场竞争意识，遵纪守法、合理报价；
2. 培养学生观察与探索的良好习惯，注重严谨的工作作风，相信和尊重科学。

任务 4.1 建筑面积基本知识

任务描述

建筑面积应根据相应的规范进行计算？建筑面积计算有哪些规则？如何应用建筑面积规范进行建筑面积计算？阅读本任务的知识链接，完成任务清单，回答相应问题。

成果形式

完成任务清单中各题答案的填写。

工作准备

认真学习知识链接中的相关知识点，了解建筑面积计算依据，熟悉建筑面积计算规则。

任务清单

一、任务实施

引导问题1：建筑面积的概念是什么？建筑面积有哪些作用？建筑面积依据哪个规范进行计算？

引导问题2：计算建筑面积的规则总共有几条？不计算建筑面积的规则有几条？

引导问题3：计算建筑面积分计算全面积、计算1/2面积，说一说有哪些情况是计算1/2面积的？

二、单项选择题

1. 下列项目应计算建筑面积的是（　　　）。

A. 有顶盖的地下室采光井

B. 室外台阶

C. 建筑物内的操作平台

D. 穿过建筑物的通道

码 4-1　建筑面积典型案例

2. 下列不计算建筑面积的内容是（　　　）。

A. 300mm 的变形缝

B. 1.5m 宽的无围护结构、有围护设施的架空走廊

C. 突出外墙有围护结构的橱窗

D. 1.2m 宽的悬挑雨篷

3. 一幢六层住宅，勒脚以上结构的外围水平面积，每层为 $448.38m^2$，六层无围护结

构的挑阳台的水平投影面积之和为 108m²，则该工程的建筑面积为（　　）。

  A. 556.38m²   B. 2480.38m²   C. 2744.28m²   D. 2798.28m²

  4. 某地下室工程，层高 3.2m，其上口的外墙尺寸 58.6m×18.20m。其中，外墙外有两个带顶盖的采光井，结构净高 3.5m，分别为 10m²，在外墙外做柔性防水并砌厚度 240mm 的保护墙，则该地下室的建筑面积为（　　）。

  A. 1086.52m²   B. 1066.52m²   C. 1076.52m²   D. 1096.52m²

  5. 某 4 层宾馆大楼，首层外围尺寸 36.80m×15.60m。首层有一个有柱雨篷，雨篷出挑宽度为 4.5m，其柱外围水平面积为 18m²，雨篷顶盖水平投影面积为 26m²，并有一带顶盖的室外楼梯直通 4 层，每层投影面积为 32m²，则该宾馆的建筑面积是（　　）。

  A. 2296.32m²   B. 2309.32m²   C. 2373.32m²   D. 2437.32m²

三、多项选择题

1. 下列项目应按全面积计算建筑面积是（　　）。

A. 有顶盖和围护结构的架空走廊

B. 建筑物顶部有围护结构的楼梯间，层高 2.8m

C. 利用坡屋顶内空间时净高在 1.20～2.10m 的部位

D. 在主体结构外的阳台

E. 有柱雨篷

2. 下列项目按水平投影面积 1/2 计算建筑面积的有（　　）。

A. 附属在建筑物外墙的落地橱窗，结构层高 2.6m

B. 室外楼梯

C. 有顶盖无围护结构的车棚

D. 窗台与室内楼地面高差 0.3m 且结构净高为 2.2m 的凸飘窗

E. 屋顶上的水箱

四、建筑面积计算训练

1. 某综合楼工程，1 层为科技楼，层高 6m，2 层为设备管道层，层高 2.2m，3 层为办公楼，层高 3m。该楼轴线尺寸 60m×16m，外墙均为 240mm 厚，1 层有一独立柱雨篷，其顶盖水平投影面积为 18m²，室外有一通向设备管道层的无顶盖楼梯，投影面积为 28m²。则该综合楼工程的建筑面积为多少？

2. 某 6 层住宅楼工程：外墙轴线尺寸 48m×14.8m，墙厚 240mm，1 层有一悬挑雨篷，出挑宽度为 2.0m，其顶盖水平投影面积为 3.6m²，2～6 层，每层均有挑阳台 6 个，每个阳台的外围水平面积为 4.2m²，则该住宅楼工程建筑面积是多少？

3.某6层砖混结构住宅楼,层高均为3m,墙厚为240mm,2~6层建筑平面图均相同,如图4-1所示。1层无阳台,有一个雨篷,其他均与2层相同。试求该栋楼建筑面积。

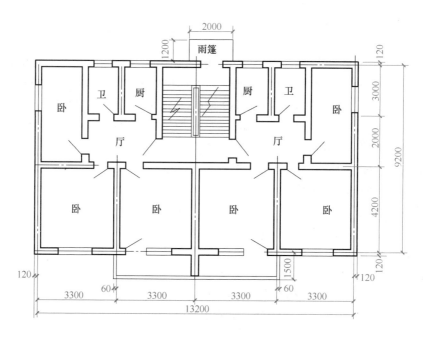

图4-1 某砖混结构住宅2~6层建筑平面图

评价反馈

学生进行自我评价,并将结果填入表4-2中。

学生自评表 表4-2

班级: 姓名: 学号:

学习任务	建筑面积基本知识		
评价项目	评价标准	分值	得分
建筑面积概念	能描述建筑面积概念、建筑面积的组成	10	
建筑面积作用	能理解建筑面积的作用	10	
建筑面积计算规范	能正确描述建筑面积计算规范的名称和编号,描述建筑面积规范的组成	10	
建筑面积计算规则	能理解建筑面积规范的计算范围,能描述计算全面积、计算半面积、不计算建筑面积的规则,能总结这些规则的特点	20	
建筑面积计算	能应用建筑面积计算规范计算建筑面积	30	
工作态度	态度端正、认真,无缺勤、迟到、早退现象	10	
工作质量	能够按计划完成工作任务	10	
合计		100	

知识链接

知识点 1 建筑面积的概念

建筑面积是指建筑物（包括墙体）所形成的楼地面面积。建筑面积包括附属于建筑物的室外阳台、雨篷、檐廊、室外走廊、室外楼梯等的面积，以"m²"为计量单位。

建筑面积包括使用面积、辅助面积、结构面积三部分。使用面积是指建筑物各层平面布置中直接为生产生活使用的净面积，如住宅建筑中各居室、客厅等。辅助面积是指建筑各层平面布置中为辅助生产和生活所占的净面积，如房屋的楼梯、走道、厕所、厨房等。结构面积是指建筑物各层平面中的墙、柱所占的面积。

知识点 2 建筑面积的作用

1. 建筑面积是重要管理指标。项目立项批准文件所核准的建筑面积，是初步设计的重要控制指标。施工图的建筑面积不得超过初步设计的 5%，否则必须重新报批。

2. 建筑面积是确定建筑工程经济技术指标的重要依据。如每平方米造价指标（工程总造价÷建筑面积），每平方米人工、材料消耗量指标，其确定都以建筑面积为依据。

3. 建筑面积是计算有关分项工程量和工程取费的依据。例如，2013 年《广西壮族自治区建筑装饰装修工程消耗量定额》中，计算平整场地、现浇混凝土楼板运输道、垂直运输等，安全文明施工费费率的取值都与建筑面积有关。

4. 建筑面积是计算概算指标和编制概算的主要依据。概算指标通常是以建筑面积为计量单位。用概算指标编制概算时，要以建筑面积为计算基础。

知识点 3 建筑面积计算规则

我国现行的《建筑工程建筑面积计算规范》GB/T 50353—2013 是对建筑物建筑面积的计算做出的法律规定。该规范包括：总则、术语、计算建筑面积的规定三个部分及规范的条文说明。以下按计算建筑面积的范围、不计算建筑面积的范围、建筑面积条文说明、建筑面积计算中的术语四个方面来学习建筑面积计算规则。

1. 计算建筑面积的范围

（1）建筑物的建筑面积应按自然层外墙结构外围水平面积之和计算。结构层高在 2.20m 及以上的，应计算全面积；结构层高在 2.20m 以下的，应计算 1/2 面积。

（2）建筑物内设有局部楼层时，对于局部楼层的二层及以上楼层，有围护结构的应按其围护结构外围水平面积计算，无围护结构的应按其结构底板水平面积计算，且结构层高在 2.20m 及以上的，应计算全面积，结构层高在 2.20m 以下的，应计算 1/2 面积。

（3）对于形成建筑空间的坡屋顶，结构净高在 2.10m 及以上的部位应计算全面积；结构净高在 1.20m 及以上至 2.10m 以下的部位应计算 1/2 面积；结构净高在 1.20m 以下的部位不应计算建筑面积。

（4）对于场馆看台下的建筑空间，结构净高在 2.10m 及以上的部位应计算全面积；结构净高在 1.20m 及以上至 2.10m 以下的部位应计算 1/2 面积；结构净高在 1.20m 以下的部位不应计算建筑面积。室内单独设置的有围护设施的悬挑看台，应按看台结构底板水平投影面积计算建筑面积。有顶盖无围护结构的场馆看台应按其顶盖水平投影面积的 1/2 计算面积，如图 4-2 所示。

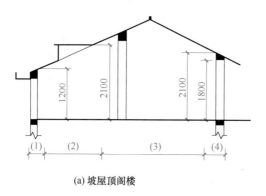

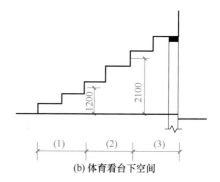

(a) 坡屋顶阁楼　　　　　　　　　(b) 体育看台下空间

图中：第(1)部分结构净高<1.2m，不计算建筑面积。
　　　第(2)、(4)部分1.2m≤结构净高≤2.1m，计算1/2面积。
　　　第(3)部分结构净高>2.1m，应全部计算面积。

图 4-2　坡屋顶及看台下利用空间的计算界线（单位：mm）

（5）地下室、半地下室应按其结构外围水平面积计算。结构层高在 2.20m 及以上的，应计算全面积；结构层高在 2.20m 以下的，应计算 1/2 面积。

（6）出入口外墙外侧坡道有顶盖的部位，应按其外墙结构外围水平面积的 1/2 计算面积。

（7）建筑物架空层及坡地建筑物吊脚架空层，应按其顶板水平投影计算建筑面积。结构层高在 2.20m 及以上的，应计算全面积；结构层高在 2.20m 以下的，应计算 1/2 面积。

（8）建筑物的门厅、大厅应按一层计算建筑面积，门厅、大厅内设置的走廊应按走廊结构底板水平投影面积计算建筑面积。结构层高在 2.20m 及以上的，应计算全面积；结构层高在 2.20m 以下的，应计算 1/2 面积。

（9）对于建筑物间的架空走廊，有顶盖和围护设施的，应按其围护结构外围水平面积计算全面积；无围护结构、有围护设施的，应按其结构底板水平投影面积计算 1/2 面积。

（10）对于立体书库、立体仓库、立体车库，有围护结构的，应按其围护结构外围水平面积计算建筑面积；无围护结构、有围护设施的，应按其结构底板水平投影面积计算建筑面积。无结构层的应按一层计算，有结构层的应按其结构层面积分别计算。结构层高在 2.20m 及以上的，应计算全面积；结构层高在 2.20m 以下的，应计算 1/2 面积。

（11）有围护结构的舞台灯光控制室，应按其围护结构外围水平面积计算。结构层高在 2.20m 及以上的，应计算全面积；结构层高在 2.20m 以下的，应计算 1/2 面积。

（12）附属在建筑物外墙的落地橱窗，应按其围护结构外围水平面积计算。结构层高在 2.20m 及以上的，应计算全面积；结构层高在 2.20m 以下的，应计算 1/2 面积。

（13）窗台与室内楼地面高差在 0.45m 以下且结构净高在 2.10m 及以上的凸（飘）窗，应按其围护结构外围水平面积计算 1/2 面积。

（14）有围护设施的室外走廊（挑廊），应按其结构底板水平投影面积计算 1/2 面积；有围护设施（或柱）的檐廊，应按其围护设施（或柱）外围水平面积计算 1/2 面积。

（15）门斗应按其围护结构外围水平面积计算建筑面积，且结构层高在 2.20m 及以上的，应计算全面积；结构层高在 2.20m 以下的，应计算 1/2 面积。

（16）门廊应按其顶板的水平投影面积的 1/2 计算建筑面积；有柱雨篷应按其结构板

水平投影面积的 1/2 计算建筑面积；无柱雨篷的结构外边线至外墙结构外边线的宽度在 2.10m 及以上的，应按雨篷结构板的水平投影面积的 1/2 计算建筑面积。

（17）设在建筑物顶部的、有围护结构的楼梯间、水箱间、电梯机房等，结构层高在 2.20m 及以上的应计算全面积；结构层高在 2.20m 以下的，应计算 1/2 面积，如图 4-3 和图 4-4 所示。

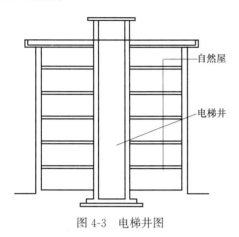

图 4-3　电梯井图

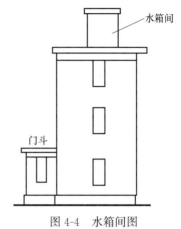

图 4-4　水箱间图

（18）围护结构不垂直于水平面的楼层，应按其底板面的外墙外围水平面积计算。结构净高在 2.10m 及以上的部位，应计算全面积；结构净高在 1.20m 及以上至 2.10m 以下的部位，应计算 1/2 面积；结构净高在 1.20m 以下的部位，不应计算建筑面积。

（19）建筑物的室内楼梯、电梯井、提物井、管道井、通风排气竖井、烟道，应并入建筑物的自然层计算建筑面积。有顶盖的采光井应按一层计算面积，且结构净高在 2.10m 及以上的，应计算全面积；结构净高在 2.10m 以下的，应计算 1/2 面积。

（20）室外楼梯应并入所依附建筑物自然层，并应按其水平投影面积的 1/2 计算建筑面积。

（21）在主体结构内的阳台，应按其结构外围水平面积计算全面积；在主体结构外的阳台，应按其结构底板水平投影面积计算 1/2 面积。

（22）有顶盖无围护结构的车棚、货棚、站台、加油站、收费站等，应按其顶盖水平投影面积的 1/2 计算建筑面积。

（23）以幕墙作为围护结构的建筑物，应按幕墙外边线计算建筑面积。

（24）建筑物的外墙外保温层，应按其保温材料的水平截面积计算，并计入自然层建筑面积。

（25）与室内相通的变形缝，应按其自然层合并在建筑物建筑面积内计算。对于高低联跨的建筑物，当高低跨内部连通时，其变形缝应计算在低跨面积内。

（26）对于建筑物内的设备层、管道层、避难层等有结构层的楼层，结构层高在 2.20m 及以上的，应计算全面积；结构层高在 2.20m 以下的，应计算 1/2 面积。

2. 不计算建筑面积的范围

（1）与建筑物内不相连通的建筑部件。

（2）骑楼、过街楼底层的开放公共空间和建筑物通道，如图 4-5 和图 4-6 所示。

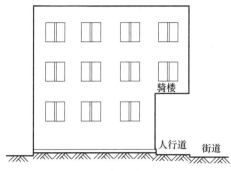

图 4-5　骑楼

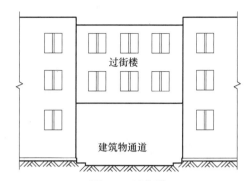

图 4-6　过街楼

（3）舞台及后台悬挂幕布和布景的天桥、挑台等。

（4）露台、露天游泳池、花架、屋顶的水箱及装饰性结构构件。

（5）建筑物内的操作平台、上料平台、安装箱和罐体的平台。

（6）勒脚、附墙柱、垛、台阶、墙面抹灰、装饰面、镶贴块料面层、装饰性幕墙，主体结构外的空调室外机搁板（箱）、构件、配件，挑出宽度在 2.10m 以下的无柱雨篷和顶盖高度达到或超过两个楼层的无柱雨篷。

（7）窗台与室内地面高差在 0.45m 以下且结构净高在 2.10m 以下的凸（飘）窗，窗台与室内地面高差在 0.45m 及以上的凸（飘）窗。

（8）室外爬梯、室外专用消防钢楼梯。

（9）无围护结构的观光电梯。

（10）建筑物以外的地下人防通道，独立的烟囱、烟道、地沟、油（水）罐、气柜、水塔、贮油（水）池、贮仓、栈桥等构筑物。

3．建筑面积条文说明

（1）建筑面积计算，在主体结构内形成的建筑空间，满足计算面积结构层高要求的均应按本条规定计算建筑面积。主体结构外的室外阳台、雨篷、檐廊、室外走廊、室外楼梯等按相应条款计算建筑面积。当外墙结构本身在一个层高范围内不等厚时，以楼地面结构标高处的外围水平面积计算。

（2）建筑物内的局部楼层见图 4-7。

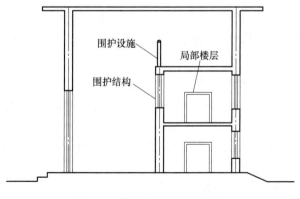

图 4-7　建筑物内的局部楼层

（3）场馆看台下的建筑空间因其上部结构多为斜板，所以采用净高的尺寸划定建筑面积的计算范围和对应规则。室内单独设置的有围护设施的悬挑看台，因其看台上部设有顶盖且可供人使用，所以按看台板的结构底板水平投影计算建筑面积。"有顶盖无围护结构的场馆看台"所称的"场馆"为专业术语，指各种"场"类建筑，如：体育场、足球场、网球场、带看台的风雨操场等。

（4）地下室作为设备、管道层按前面的计算建筑面积的范围（下面简称为"前文"）执行；地下室的各种竖向井道按"前文"执行；地下室的围护结构不垂直于水平面的按"前文"规定执行。

（5）出入口坡道分有顶盖出入口坡道和无顶盖出入口坡道，出入口坡道顶盖的挑出长度，为顶盖结构外边线至外墙结构外边线的长度；顶盖以设计图纸为准，对后增加及建设单位自行增加的顶盖等，不计算建筑面积。顶盖不分材料种类（如钢筋混凝土顶盖、彩钢板顶盖、阳光板顶盖等）。地下室出入口见图 4-8。

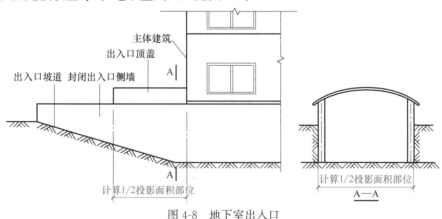

图 4-8　地下室出入口

（6）本条既适用于建筑物吊脚架空层、深基础架空层建筑面积的计算，也适用于目前部分住宅、学校教学楼等工程在底层架空或在二楼或以上某个甚至多个楼层架空，作为公共活动、停车、绿化等空间的建筑面积的计算。架空层中有围护结构的建筑空间按相关规定计算。建筑物吊脚架空层见图 4-9。

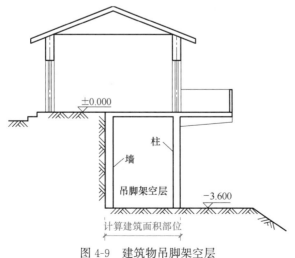

图 4-9　建筑物吊脚架空层

（7）无围护结构的架空走廊见图 4-10。有围护结构的架空走廊见图 4-11。

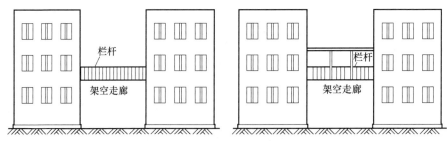

图 4-10　无围护结构的架空走廊

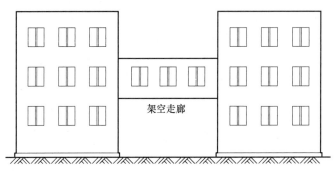

图 4-11　有围护结构的架空走廊

（8）本条主要规定了图书馆中的立体书库、仓储中心的立体仓库、大型停车场的立体车库等建筑的建筑面积计算规定。起局部分隔、存储等作用的书架层、货架层或可升降的立体钢结构停车层均不属于结构层，故该部分分层不计算建筑面积。

（9）檐廊见图 4-12。

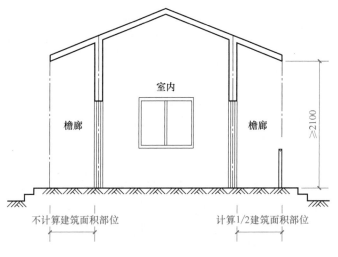

图 4-12　檐廊（单位：mm）

（10）门斗见图 4-13。

（11）雨篷分为有柱雨篷和无柱雨篷。有柱雨篷，没有出挑宽度限制，也不受跨越层

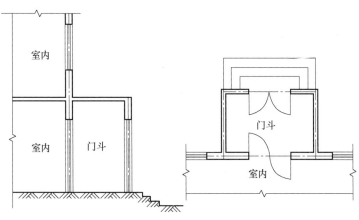

图 4-13　门斗

数限制，均计算建筑面积。无柱雨篷，其结构板不能跨层，并受出挑宽度限制，设计出挑宽度大于或等于 2.10m 时才计算建筑面积。出挑宽度，系指雨篷结构外边线至外墙结构外边线的宽度，弧形或异形时，取最大宽度。

（12）围护结构倾斜的情况，对于向内、向外倾斜均适用。在划分高度上，本条使用的是"结构净高"，与其他正常平楼层按层高划分不同，与斜屋面的划分原则一致。由于目前很多建筑设计追求新、奇、特，造型越来越复杂，很多时候根本无法明确区分什么是围护结构、什么是屋顶，因此对于斜围护结构与斜屋顶采用相同的计算规则，即只要外壳倾斜，就按结构净高划段，分别计算建筑面积。斜围护结构见图 4-14。

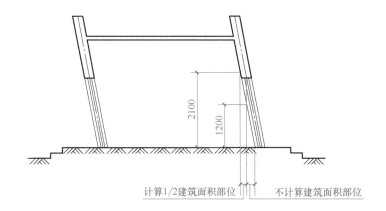

图 4-14　斜围护结构（单位：mm）

（13）建筑物的楼梯间层数按建筑物的层数计算。有顶盖的采光井包括建筑物中的采光井和地下室采光井。地下室采光井见图 4-15。

（14）室外楼梯作为连接该建筑物层与层之间交通不可缺少的基本部件，无论从其功能、还是工程计价的要求来说，均需计算建筑面积。层数为室外楼梯所依附的楼层数，即梯段部分投影到建筑物范围的层数。利用室外楼梯下部的建筑空间不得重复计算建筑面积；利用地势砌筑的室外踏步，不计算建筑面积。

（15）建筑物的阳台，不论其形式如何，均以建筑物主体结构为界分别计算建筑面积。

（16）幕墙以其在建筑物中所起的作用和功能来区分，直接作为外墙起围护作用的幕墙，按其外边线计算建筑面积；设置在建筑物墙体外起装饰作用的幕墙，不计算建筑面积。

（17）为贯彻国家节能要求，鼓励建筑外墙采取保温措施，将保温材料的厚度计入建筑面积。建筑物外墙外侧有保温隔热层的，保温隔热层以保温材料的净厚度乘以外墙结构外边线长度按建筑物的自然层计算建筑面积，其外墙外边线长度不扣除门窗和建筑物外已计算建筑面积构件（如阳台、室外走廊、门斗、落地橱窗等部件）所占长度。当建筑物外已计算建筑面积的构件（如阳台、室外走廊、门斗、落地橱窗等部件）有保温隔热层时，其保温隔热层也不再计算建筑面积。外墙是斜面者按楼面楼板处的外墙外边线长度乘以保温材料的净厚度计算。外墙外保温以沿高度方向满铺为准，某层外墙外保温铺设高度未达到全部高度时（不包括阳台、室外走廊、门斗、落地橱窗、雨篷、飘窗等），不计算建筑面积。保温隔热层的建筑面积是以保温隔热材料的厚度来计算的，不包含抹灰层、防潮层、保护层（墙）的厚度。建筑外墙外保温见图 4-16。

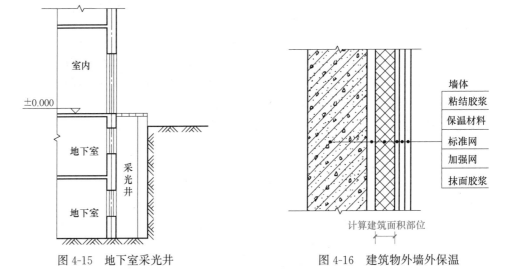

图 4-15　地下室采光井　　　　　图 4-16　建筑物外墙外保温

（18）与室内相通的变形缝，是指暴露在建筑物内，在建筑物内可以看得见的变形缝。

（19）设备层、管道层虽然其具体功能与普通楼层不同，但在结构上及施工消耗上并无本质区别，且定义自然层为"按楼地面结构分层的楼层"，因此设备层、管道楼层归为自然层，其计算规则与普通楼层相同。在吊顶空间内设置管道的，吊顶空间部分不能被视为设备层、管道层。

4. 建筑面积计算中的相关术语

（1）建筑面积：建筑物（包括墙体）所形成的楼地面面积。建筑面积包括附属于建筑物的室外阳台、雨篷、檐廊、室外走廊、室外楼梯等。

（2）自然层：按楼地面结构分层的楼层。

（3）结构层高：楼面或地面结构层上表面至上部结构层上表面之间的垂直距离。

（4）围护结构：围合建筑空间的墙体、门、窗。

（5）建筑空间：以建筑界面限定的、供人们生活和活动的场所。具备可出入、可利用条件（设计中可能标明了使用用途，也可能没有标明使用用途或使用用途不明确）的围合空间，均属于建筑空间。

（6）结构净高：楼面或地面结构层上表面至上部结构层下表面之间的垂直距离。

（7）围护设施：为保障安全而设置的栏杆、栏板等围挡。

（8）地下室：室内地平面低于室外地平面的高度超过室内净高的 1/2 的房间。

（9）半地下室：室内地平面低于室外地平面的高度超过室内净高的 1/3，且不超过 1/2 的房间。

（10）架空层：仅有结构支撑而无外围护结构的开敞空间层。

（11）走廊：建筑物中的水平交通空间。

（12）架空走廊：专门设置在建筑物的二层或二层以上，作为不同建筑物之间水平交通的空间。

（13）结构层：整体结构体系中承重的楼板层。特指整体结构体系中承重的楼层，包括板、梁等构件。结构层承受整个楼层的全部荷载，并对楼层的隔声、防火等起主要作用。

（14）落地橱窗：突出外墙面且根基落地的橱窗。落地橱窗是指在商业建筑临街面设置的下槛落地、可落在室外地坪也可落在室内首层地板，用来展览各种样品的玻璃窗。

（15）凸窗（飘窗）：凸出建筑物外墙面的窗户。凸窗（飘窗）既作为窗，就有别于楼（地）板的延伸，也就是不能把楼（地）板延伸出去的窗称为凸窗（飘窗）。凸窗（飘窗）的窗台应只是墙面的一部分且距（楼）地面应有一定的高度。

（16）檐廊：建筑物挑檐下的水平交通空间。檐廊是附属于建筑物底层外墙有屋檐作为顶盖，其下部一般有柱或栏杆、栏板等的水平交通空间。

（17）挑廊：挑出建筑物外墙的水平交通空间。

（18）门斗：建筑物入口处两道门之间的空间。

（19）雨篷：建筑出入口上方为遮挡雨水而设置的部件。雨篷是指建筑物出入口上方、凸出墙面、为遮挡雨水而单独设立的建筑部件。雨篷划分为有柱雨篷（包括独立柱雨篷、多柱雨篷、柱墙混合支撑雨篷、墙支撑雨篷）和无柱雨篷（悬挑雨篷）。如凸出建筑物，且不单独设立顶盖，利用上层结构板（如楼板、阳台底板）进行遮挡，则不视为雨篷，不计算建筑面积。对于无柱雨篷，如顶盖高度达到或超过两个楼层时，也不视为雨篷，不计算建筑面积。

（20）门廊：建筑物入口前有顶棚的半围合空间。门廊是在建筑物出入口，无门、三面或二面有墙，上部有板（或借用上部楼板）围护的部位。

（21）楼梯：由连续行走的梯级、休息平台和维护安全的栏杆（或栏板）、扶手以及相应的支托结构组成的作为楼层之间垂直交通使用的建筑部件。

（22）阳台：附设于建筑物外墙，设有栏杆或栏板，可供人活动的室外空间。

（23）主体结构：接受、承担和传递建设工程所有上部荷载，维持上部结构整体性、稳定性和安全性的有机联系的构造。

（24）变形缝：防止建筑物在某些因素作用下引起开裂甚至破坏而预留的构造缝。变形缝是指在建筑物因温差、不均匀沉降以及地震而可能引起结构破坏变形的敏感部位或其他必要的部位，预先设缝将建筑物断开，令断开后建筑物的各部分成为独立的单元，或者是划分为简单、规则的段，并令各段之间的缝达到一定的宽度，以能够适应变形的需要。根据外界破坏因素的不同，变形缝一般分为伸缩缝、沉降缝、抗震缝三种。

（25）骑楼：建筑底层沿街面后退且留出公共人行空间的建筑物。骑楼是指沿街二层以上用承重柱支撑骑跨在公共人行空间之上，其底层沿街面后退的建筑物。

（26）过街楼：跨越道路上空并与两边建筑相连接的建筑物。过街楼是指当有道路在建筑群穿过时为保证建筑物之间的功能联系，设置跨越道路上空使两边建筑相连接的建筑物。

（27）建筑物通道：为穿过建筑物而设置的空间。

（28）露台：设置在屋面、首层地面或雨篷上的供人室外活动的有围护设施的平台。露台应满足四个条件：一是位置，设置在屋面、地面或雨篷顶，二是可出入，三是有围护设施，四是无盖，这四个条件须同时满足。如果设置在首层并有围护设施的平台，且其上层为同体量阳台，则该平台应视为阳台，按阳台的规则计算建筑面积。

（29）勒脚：在房屋外墙接近地面部位设置的饰面保护构造。

（30）台阶：联系室内外地坪或同楼层不同标高而设置的阶梯形踏步。台阶是指建筑物出入口不同标高地面或同楼层不同标高处设置的供人行走的阶梯式连接构件。室外台阶还包括与建筑物出入口连接处的平台。

任务 4.2 建筑面积计算实训案例

任务描述

通过建筑面积计算实训，使学生能进一步熟悉和掌握建筑面积计算规则和图纸阅读，培养学生按实际工程图纸计算建筑面积的能力，掌握建筑面积计算方法和技能。

成果形式

在《工程量计算表》中完成建筑面积计算，并在《分部分项工程量表》中填写结果。

工作准备

认真熟悉任务 4.1 知识链接中的相关知识点，熟悉附录 1 某办公楼的建筑施工图。

任务清单

任务实施

【实训任务单】 阅读附录 1 某办公楼建筑施工图，计算某办公楼的建筑面积。将计算过程写入《工程量计算表》（表 4-3），结果填入《分部分项工程量表》（表 4-4）。

（注：之后的实训任务单，要求填写的《工程量计算表》《分部分项工程量表》，均为表 4-3、表 4-4，表的编号将省略不注）。

工程量计算表　　　　　　　　　　　表 4-3

工程名称：办公楼　　　　　　　　　　　　　　　　　　　共　页　第　页

项目名称	工程量计算式	工程量	单位

分部分项工程量表　　　　　　　　　　表 4-4

工程名称：办公楼　　　　　　　　　　　　　　　　　　　共　页　第　页

序号	定额编码	定额名称	定额单位	工程量

要求：

（1）独立完成。学生应按照建筑面积计算步骤，在教师的指导下正确地计算出实训任务单要求的建筑面积。

（2）采用统一表格。学生应在教师所提供的统一的工程量计算表中完成各项计算。

评价反馈

学生进行自我评价，并将结果填入表 4-5 中。

学生自评表　　　　　　　　　　　表 4-5

班级：　　　　　　姓名：　　　　　　学号：

学习任务	建筑面积计算实训案例		
评价项目	评价标准	分值	得分
任务单要求	理解实训任务单的任务要求，准备好图纸和工作表格	10	
计算思路、计算步骤	能说出工作开展的思路，明确计算步骤	10	
应用规则计算建筑面积	能准确识图	10	
	能选用准确的建筑面积计算规则	20	
	能按图准确列出计算式，计算出正确的工程量	20	
	能正确填写工程量	10	
工作态度	态度端正、认真，无缺勤、迟到、早退现象	10	
工作质量	能够按计划完成工作任务	10	
合计		100	

实训解析

实训任务工作过程：

1. 任务分析

(1) 熟悉图纸，了解项目的层数、外围尺寸，有无阳台、雨篷等需计算1/2面积的构件；观察有没有突出屋面的楼梯间等。

本项目概况：2层，外围尺寸：11.6m×6.5m；二层有一阳台。

(2) 在《工程量计算表》，按图列出计算式并计算，汇总。

(3) 在《分部分项工程量表》填写结果。

(说明：计算面积时，保留小数点后两位数字，第三位四舍五入)

2. 任务实施

计算过程见表4-6、表4-7。

工程量计算表　　　　　　　　　　　　　　　　　　　　　　表4-6

工程名称：办公楼　　　　　　　　　　　　　　　　　　共　页　第　页

项目名称	工程量计算式	工程量	单位
建筑面积	一层：$S=11.6×6.5=75.40$	154.01	m^2
	二层：同上 75.40		
	阳台：$S=(1.6-0.25)×(4.5+0.125×2)/2=3.21$		
	合计：$75.4×2+3.21=154.01$		

分部分项工程量表　　　　　　　　　　　　　　　　　　　　表4-7

工程名称：办公楼　　　　　　　　　　　　　　　　　　共　页　第　页

序号	定额编码	定额名称	定额单位	工程量
		建筑面积	m^2	154.01

案例拓展

任务清单：

1. 总结建筑面积计算思路。

2. 由教师选择1～2套实际项目的建筑施工图，指导学生完成建筑面积的计算，将计算结果填入《工程量计算表》《分部分项工程量表》。

项目5

建筑工程工程量计算

Chapter **05**

【学习情境】

从本项目开始，将以 2013 年《广西壮族自治区建筑装饰装修工程消耗量定额》（简称"2013 广西定额"）为依据，学习建筑工程的主要分部分项工程量计算流程和规则要点。

"2013 广西定额"分上下两册，共分为 22 个分部，详见表 5-1。

"2013 广西定额"分部号及分部名称   表 5-1

序号	分部号及分部名称	备注	序号	分部号及分部名称	备注
1	A.1 土（石）方工程	建筑工程	11	A.11 天棚工程	装饰工程
2	A.2 桩与地基基础工程		12	A.12 门窗工程	
3	A.3 砌筑工程		13	A.13 油漆、涂料、裱糊工程	
4	A.4 混凝土及钢筋混凝土工程		14	A.14 其他装饰工程	
5	A.5 木结构工程		15	A.15 脚手架工程	单价措施工程
6	A.6 金属结构工程		16	A.16 垂直运输工程	
7	A.7 屋面及防水工程		17	A.17 模板工程	
8	A.8 保温、隔热、防腐工程	装饰工程	18	A.18 混凝土运输及泵送工程	
9	A.9 楼地面工程		19	A.19 建筑物超高增加费	
10	A.10 墙、柱面工程		20	A.20 大型机械设备基础、安拆及进退场费	
			21	A.21 材料二次运输	
			22	A.22 成品保护工程	

本项目以实训配套图纸（附录 1）为线索说明主要的分部分项工程列项、工程量计算、计算步骤、计算演示和实训内容。

进行列项和工程量计算时，采用"定额顺序法"和"统筹法"相结合，先从 A.4 混凝土及钢筋混凝土工程开始，有些分项的工程量可以作为基础数据，当进行 A.3 砌筑工程、A.1 土（石）方工程等分部计算时，直接利用基础数据进行扣减，可以提高工程量计算的速度。

【学习目标】

知识目标

1. 熟悉"2013 广西定额"建筑工程各分部号及分部名称；

2. 理解混凝土及钢筋混凝土工程、砌筑工程、土（石）方工程、屋面及防水工程和保温、隔热、防腐工程定额说明；

3. 掌握混凝土及钢筋混凝土工程、砌筑工程、土（石）方工程、屋面及防水工程和保温、隔热、防腐工程工程量计算规则和计算方法。

能力目标

1. 能依据图纸信息，正确选用恰当定额，进行定额列项；

2. 能较熟练查取工程量计算规则，按图纸信息列计算式，计算工程量。

素质目标

1. 勤于思考，善于探究，注重对知识的理解；

2. 勤于实践，在实践中锻炼和提高；

3. 耐心细致、精益求精，严谨踏实。

思政目标

1. 结合各分部的特点，引导学生理解不同材料、不同施工方案对工程质量和工程造价的影响，培养学生的成本控制意识和职业素养；

2. 结合新材料新工艺，如商品混凝土对改善城市环境的意义，土方工程的绿色实施方案、不同新型保温隔热材料对提高建筑节能的作用，引导学生树立绿色建筑理念。

任务 5.1　混凝土及钢筋混凝土工程

任务描述

某市发布的 2023 年上半年某公租房建设工程建筑装饰装修工程造价经济指标分析表见表 5-2。

该公租房建设工程的工程特征如下：建筑面积 3770.82m²，6 层框架结构，独立基础，外墙采用蒸汽加压混凝土砌块，内墙为多孔页岩砖，C25 商品混凝土，陶瓷地砖楼地面，外立面装饰有面砖和外墙涂料，内墙装饰有面砖和刮腻子，混合砂浆天棚刮腻子，铝合金门窗，屋面做法有改性沥青防水卷材、挤塑聚苯板保温屋面。

根据广西 2013 计量计价规定，材料价格采用《某市建设工程造价信息》2023 年第 04 期，地址在广西某市，造价编制日期为 2023 年 5 月 15 日。

从表 5-2 中，我们可以了解如下信息：

某市 2023 年上半年某公租房建设工程
建筑装饰装修工程造价经济指标分析表（一般计税法）

表 5-2

其中 1

	工程总造价	分部分项和单价措施项目工程费	总价措施项目费	其他项目费	税前项目费	规费	增值税	人工费	材料费	机械费	管理费	利润	安全防护文明施工措施费
金额（元）	7038910.43	5442789.32	391769.45		162370.44	460786.78	581194.44	1409807.57	3284539.27	172354.37	458492.16	117595.98	358189.21
每平方米造价（元/m²）	1866.68	1443.40	103.90		43.06	122.20	154.13	373.87	871.04	45.71	121.59	31.19	94.99
占总造价比例（%）	100.00%	77.32%	5.57%		2.31%	6.55%	8.26%	20.03%	46.66%	2.45%	6.51%	1.67%	5.09%

其中 2

分部分项和单价措施项目工程

	土石方工程	桩与地基基础工程	砌筑工程	混凝土及钢筋混凝土工程	木结构工程	金属结构工程	屋面及防水工程	保温、隔热、防腐工程	楼地面工程	墙柱面工程	天棚工程
分项造价（元）	14166.30		355727.46	1588813.41	74549.11	683689.21	220570.79	131942.13	656339.51	651672.20	2036.86
每平方米造价（元/m²）	3.76		94.34	421.21	19.77	181.31	58.49	34.99	174.06	172.82	0.54
占造价比例（%）	0.20%		5.05%	22.56%	1.06%	9.73%	3.13%	1.87%	9.32%	9.26%	0.03%

其中 3

分部分项和单价措施项目工程

	门窗工程	油漆、涂料、裱糊工程	其他装饰工程	脚手架工程	垂直运输工程	混凝土运输及泵送工程	模板工程	大型机械设备基础安装及拆除进退场费	材料二次运输	成品保护工程	其他
分项造价（元）	415739.83	296668.47	79120.82	156348.10	74549.11	25964.38	683689.21	55465.94			34415.83
每平方米造价（元/m²）	110.25	78.67	20.98	41.46	19.77	6.89	181.31	14.71			9.13
占总造价比例（%）	5.91%	4.21%	1.12%	2.22%	1.06%	0.37%	9.73%	0.79%			0.49%

工程经济指标

该公租房总造价 7038910.43 元，其中分部分项和单价措施项目工程费为 5442789.32 元，占总造价的比例是 77.32%。

分部分项和单价措施项目工程费由土石方工程、砌筑工程、混凝土及钢筋混凝土工程、屋面及防水工程、保温、隔热、防腐工程、楼地面工程、墙柱面工程、天棚工程、门窗工程、油漆、涂料、裱糊工程、其他装饰工程、脚手架工程、垂直运输工程、模板工程、混凝土运输及泵送工程、大型机械设备基础安拆及进退场费、其他共 17 个分部工程组成。其中，混凝土及钢筋混凝土工程造价占总造价比例达到 22.56%，占比最大，对整个造价的影响很大。

因此，混凝土及钢筋混凝土工程工程量计量准确性也影响到造价的准确性，非常重要。那么，混凝土及钢筋混凝土工程包括哪些分项内容？各分项工程的工程量计算规则有何规定？我们应如何应用规则准确进行计量计算？

请大家阅读本任务的知识链接，完成任务清单，回答相应问题。

成果形式

完成任务清单中的引导问题和实训。

工作准备

认真学习知识链接中的相关知识点，理解混凝土及钢筋混凝土工程的定额项目及定额编码，熟悉混凝土及钢筋混凝土工程分部的组成，熟悉各分项工程的工程量计算规则。

任务清单

任务实施

引导问题 1：混凝土及钢筋混凝土工程包括哪些内容？说出具体的子分部号和子分部名称。其总共多少个定额子目？

引导问题 2：混凝土工程包括哪些内容？总共多少定额子目？常用的混凝土浇捣工程有哪些构件？常用的现浇构件钢筋制作安装在哪个子分部工程？

引导问题 3：在老师指导下完成下列两项实训：

【实训任务单 1】对附录 1 某办公楼项目的混凝土及钢筋混凝土工程进行列项，将结果填入《分部分项工程量表》。

假设本项目施工组织设计中规定：除混凝土垫层、过梁、压顶、构造柱、台阶、散水及一些小型构件等采用现场拌制普通混凝土外，其余混凝土构件均采用碎石商品泵送混凝土，屋顶的架空隔热板采用现场预制。

【实训任务单 2】在《工程量计算表》中，计算附录 1 某办公楼项目的混凝土及钢筋混凝土工程的工程量，每计算完一个分项工程的工程量后，将工程量填入《分部分项工程量表》。

码 5-1　某办公楼混凝土及钢筋混凝土工程列项

实训解析

实训任务工作过程：

1. 项目情况分析

（1）钢筋混凝土的强度等级：C15 垫层，C20 独立柱基，C25 基础梁，上部结构的梁、板、柱均为 C25。

（2）本项目为二层框架结构、独立基础，除柱、梁、板外，还有过梁、构造柱、楼梯、屋顶预制架空隔热板，及压顶、散水、台阶等混凝土构件。

2. 熟悉知识链接的知识点 1，进行定额列项。

（1）列项思路（以垫层、基础为例）：

1）采用"定额顺序法"进行列项，避免遗漏或重复。注意先写分部名称，再逐一列项。

2）按照定额的顺序，首先查找到的定额是"混凝土拌制"，根据施工组织设计规定，本项目有部分混凝土构件采用现场拌制混凝土，因此此在《分部分项工程量表》中先列第 1 项"A4-1　混凝土拌制"，完善"定额编码、定额名称、定额单位"等信息。

3）按照定额的顺序应列混凝土垫层，列第 2 项"A4-3　混凝土垫层"，完善"定额编码、定额名称、定额单位"等信息。

定额中的现浇混凝土浇捣项目均采用 C20 商品混凝土编制，而本项目垫层为 C15 现场拌制混凝土，需要换算，应注明换算。

4）按照定额的顺序列混凝土基础，某办公楼的独立基础采用 C20 商品混凝土，与定额一致，无需换算，列好第 3 项"A4-7　独立基础/混凝土"，完善"定额编码、定额名称、定额单位"等信息。

（2）列项演示如表 5-3 所示。

分部分项工程量表　　　　　　　　　　　　　表 5-3

工程名称：某办公楼　　　　　　　　　　　　　　　　　　　　共　页　第　页

序号	定额编码	定额名称	定额单位	工程量
		A.4　混凝土及钢筋混凝土工程		
1	A4-1	混凝土拌制/搅拌机	10m³	
2	A4-3 换	混凝土垫层｛换：C15；现场拌制｝	10m³	
3	A4-7	独立基础/混凝土	10m³	
	……	（余下未列的内容由学生完成）		

3. 针对列好的项目，逐条对照知识链接的知识点 2 的工程量计算规则，在《工程量计算表》中按图填列计算式，计算工程量，将结果及时填入《分部分项工程量表》。

计算过程演示见表 5-4、表 5-5。

提醒：工程量按定额单位填写，如垫层工程量 4.17m³，按定额单位（10m³）工程量应填写 0.417。

工程量计算表

表 5-4

工程名称：某办公楼

共 页 第 页

项目名称	工程量计算式	工程量	单位
垫层	Z1:4 个,$V=(2.2\times2.2\times0.1)\times4=1.94m^3$	0.417	$10m^3$
	Z2:4 个,$V=(1.8\times2.2\times0.1)\times4=1.58m^3$		
	Z3:2 个,$V=(1.8\times1.8\times0.1)\times2=0.65m^3$		
	合计:$1.94+1.58+0.65=4.17m^3$		
独立基础	Z1:4 个 $V=(2.0\times2.0\times0.4)\times4+(1.2\times1.2\times0.3)\times4=8.13m^3$	1.734	$10m^3$
	Z2:4 个 $V=(1.6\times2.0\times0.4)\times4+(1.0\times1.2\times0.3)\times4=6.56m^3$		
	Z3:2 个 $V=(1.6\times1.6\times0.4)\times2+(1.0\times1.0\times0.3)\times2=2.65m^3$		
	合计:$8.13+6.56+2.65=17.34m^3$		
……	(余下未列的内容由学生完成)		

分部分项工程量表

表 5-5

工程名称：某办公楼

共 页 第 页

序号	定额编码	定额名称	定额单位	工程量
		A.4 混凝土及钢筋混凝土工程		
1	A4-1	混凝土拌制/搅拌机	$10m^3$	
2	A4-3 换	混凝土垫层{换:C15;现场拌制}	$10m^3$	0.417
3	A4-7	独立基础/混凝土	$10m^3$	1.734
……		(余下未列的内容由学生完成)		

评价反馈

学生进行自我评价，并将结果填入表 5-6 中。

学生自评表

表 5-6

班级：	姓名：	学号：		
学习任务	混凝土及钢筋混凝土工程			
评价项目	评价标准		分值	得分
混凝土及钢筋混凝土工程概况	能说出混凝土及钢筋混凝土工程的内容,说出具体的子分部号和子分部名称		10	
常用的混凝土浇捣构件、现浇构件钢筋制作安装	能说出常用的混凝土浇捣构件,说出现浇构件钢筋制作安装的子分部名称,说出常用的钢筋分项工程的名称		10	

续表

评价项目	评价标准	分值	得分
对混凝土工程进行列项	能按照"定额顺序法"准确进行混凝土及钢筋混凝土工程列项	30	
计算混凝土工程量	能理解混凝土工程量计算规则,准确计算常用混凝土浇捣构件的工程量	30	
工作态度	态度端正、认真,无缺勤、迟到、早退现象	10	
工作质量	能够按计划完成工作任务	10	
合计		100	

知识链接

知识点 1   混凝土及钢筋混凝土工程概况

1. 主要内容

A.4 混凝土及钢筋混凝土工程共 4 个子分部（391 个定额子目），包括
A.4.1 混凝土工程、A.4.2 装配式构件运输和安装、A.4.3 钢筋制作安装
工程、A.4.4 混凝土标准化粪池（国家标准图集 03S702）。其中：

码 5-2   混凝土
及钢筋混凝
土工程概况

（1）A.4.1 混凝土工程包括 4 个子分部共 166 个子目：混凝土拌制、建筑物混凝土浇捣、构筑物混凝土浇捣、预制混凝土构件制作。

（2）A.4.2 装配式构件运输和安装包括 2 个子分部共 69 个子目：装配式构件运输和装配式构件安装。

（3）A.4.3 钢筋制作安装工程包括 10 个子分部共 104 个子目，常用的有：现浇构件钢筋制作安装、预制构件钢筋制作安装、钢筋笼钢筋网片制作安装、砖砌体加固钢筋制作安装、钢筋接头等。

（4）A.4.4 混凝土标准化粪池（国家标准图集 03S702）包括 52 个子目。

注：与附录 1 某办公楼项目混凝土及钢筋混凝土工程列项相关的定额,可以查阅附录 6 的 "2013 广西定额" 部分定额表。

2. 定额说明

（1）混凝土工程分为混凝土拌制和混凝土浇捣两部分

1）混凝土拌制分混凝土搅拌机拌制和现场搅拌站拌制。

2）混凝土浇捣分现浇混凝土浇捣、构筑物混凝土浇捣和预制混凝土构件制作。混凝土浇捣均不包括拌制和泵送费用。

现浇混凝土浇捣、构筑物浇捣是按商品混凝土编制的,采用泵送时套用定额相应子目,采用非泵送时每立方米混凝土人工费增加 21 元。

（2）混凝土的强度等级和粗细骨料是按常用规格编制的,如设计规定与定额不同时应进行换算。

（3）预制混凝土构件制作、运输及安装工程包括预制混凝土桩、柱、梁、屋架、板、楼梯及其他预制构件的制作、运输及安装。

（4）钢筋工程按钢筋的品种、规格，分为现浇构件钢筋、预制构件钢筋、预应力钢筋等项目列项。

3．工程量计算一般规则

（1）现浇混凝土拌制工程量，按现浇混凝土浇捣相应子目的混凝土定额分析量计算，如发生相应的运输、泵送等损耗时均应增加相应损耗量。

（2）现浇混凝土浇捣工程量除另有规定外，均按设计图示尺寸实体体积以立方米计算，不扣除构件内钢筋、预埋铁件及墙、板中单个面积 0.3m² 以内的孔洞所占体积。

知识点 2　主要分项工程工程量计算

1．现浇混凝土垫层与基础

现浇混凝土垫层仅指现场浇筑的混凝土垫层；灰土、三合土、炉渣等其他垫层按定额"A.3 砌筑工程"相应子目计算。基础包括现场浇筑的各种毛石混凝土和混凝土基础，如条形基础、独立基础、杯形基础、满堂基础、桩承台以及设备基础等。

（1）垫层、基础、墙（柱）等的划分

1）基础与垫层的划分

一般以设计确定为准，如设计不明确时，以厚度划分：200mm 以内的为垫层，200mm 以上的为基础。

2）基础与墙（柱）身的划分

混凝土及钢筋混凝土基础与墙（柱）身的划分以施工图规定为准。如图纸未明确表示时，则按基础的扩大顶面为分界；如图纸无明确表示，而又无扩大顶面时，可按墙（柱）脚分界（图 5-1）。

3）混凝土地面与垫层的划分

一般以设计确定为准，如设计不明确时，以厚度划分：120mm 以内的为垫层，120mm 以上的为地面。

（2）计算规则

基础垫层及各类基础按设计图示尺寸计算，不扣除嵌入承台基础的桩头所占体积。

（3）计算方法

1）条形基础

条形基础（也叫带形基础），外形呈长条形，断面形状一般有梯形、阶梯形和矩形等，如图 5-2 所示。

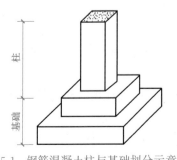

图 5-1　钢筋混凝土柱与基础划分示意图

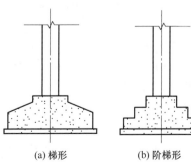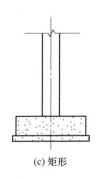

(a) 梯形　　(b) 阶梯形　　(c) 矩形

图 5-2　条形基础

混凝土条形基础工程量一般计算式为：

$$V = 基础断面面积 \times 基础长度$$

其中，基础长度：外墙基础按外墙中心线长度计算，内墙基础按基础间净长度计算。

2）独立基础

独立基础一般为阶梯式、截锥式两种形状（图 5-3）。当基础为阶梯形时，其体积为各阶梯形长方体的长、宽、高相乘后相加；当基础为截锥式时，其体积为长方体体积和棱台体体积之和。棱台体体积公式如下：

$$V = \frac{h}{3}(a_1 b_1 + \sqrt{a_1 b_1 \times a_2 b_2} + a_2 b_2)$$

3）杯形基础

杯形基础如图 5-4 所示，其体积为两个长方体加一个棱台减一个倒棱台的体积。

4）满堂基础

当条形基础和独立柱基础不能满足设计强度要求时，往往采用大面积的基础联合体，这种基础称为满堂基础。其包括：无梁式满堂基础、有梁式满堂基础、箱式满堂基础。

① 无梁式满堂基础（也称板式满堂基础）的体积为板与柱墩的体积和（图 5-5）。

② 有梁式满堂基础的体积为梁板体积和（图 5-6）。

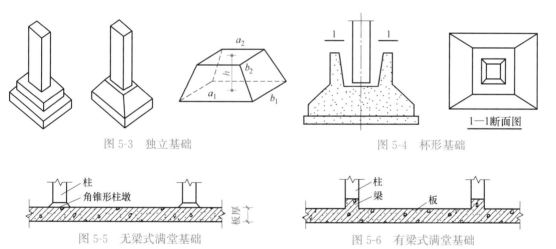

图 5-3　独立基础　　　　　　　　　　　　　图 5-4　杯形基础

图 5-5　无梁式满堂基础　　　　　　　　图 5-6　有梁式满堂基础

③ 箱式满堂基础的体积应分别按满堂基础、柱、墙及板的有关规定计算，套相应定额项目。墙与顶板、底板的划分以顶板底、底板面为界。边缘实体积部分按底板计算（图 5-7）。

5）地下室底板中的桩承台、电梯井坑、明沟等与底板一起浇捣者，其工程量应合并到地下室底板工程量中套相应的定额子目（图 5-8）。

6）桩承台。带形桩承台按带形基础定额项目计算，独立式桩承台按相应定额项目计算。

2. 现浇混凝土柱

现浇混凝土柱包括：现场浇筑的矩形柱、圆形柱、多边形柱、构造柱。

（1）计算规则

按设计图示断面面积乘以柱高以立方米计算。柱高按下列规定确定（图 5-9）：

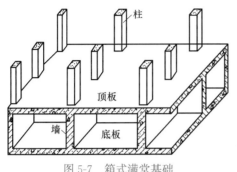
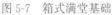

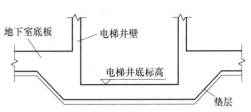

图 5-7 箱式满堂基础　　　　　　　图 5-8 地下室底板与电梯井坑示意图

1）有梁板的柱高应按柱基或楼板上表面至上一层楼板上表面之间的高度计算。

2）无梁板的柱高应按柱基或楼板上表面至柱帽下表面之间的高度计算。

3）框架柱的柱高应自柱基上表面至柱顶高度计算。

4）构造柱的标高按全高计算，与砖墙嵌接部分的体积并入柱身体积内计算（图 5-10）。

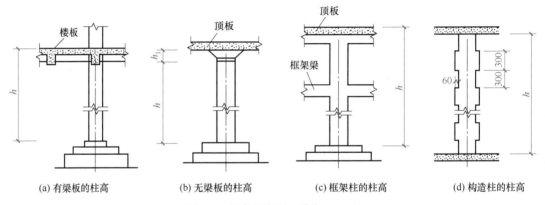

(a) 有梁板的柱高　　(b) 无梁板的柱高　　(c) 框架柱的柱高　　(d) 构造柱的柱高

图 5-9 柱高示意图（单位：mm）

（2）计算方法

矩形柱工程量的计算式为：$V=$ 柱截面面积$\times$柱高

构造柱工程量的计算式为：

$$V=构造柱截面面积\times柱高+0.06\times墙厚\times柱高/2\times马牙槎的边数$$

式中，0.06 为马牙槎的宽度，单位为"m"；马牙槎的边数，一字形构造柱，$N=2$，L 形构造柱，$N=2$，T 字形构造柱，$N=3$，十字形构造柱，$N=4$（图 5-10）。

3.现浇混凝土梁

现浇混凝土梁包括：现场浇筑的基础梁、单梁、连续梁、异形梁、圈梁、过梁、弧形梁等。

计算规则：梁按设计图示断面面积乘以梁长以立方米计算。

1）梁长按下列规定（图 5-11）：梁与柱连接时，梁长算至柱侧面；主梁与次梁连接时，次梁长算至主梁侧面。

2）伸入砌体内的梁头、梁垫并入梁体积内计算；伸入混凝土墙内的梁部分体积并入墙计算。

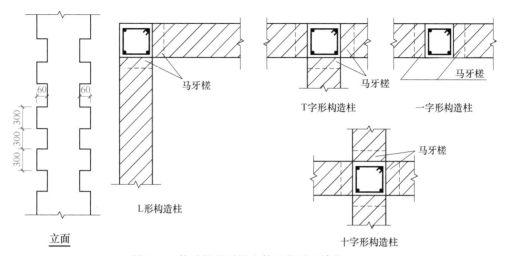

图 5-10　构造柱马牙槎边数示意图（单位：mm）

3）挑檐、天沟与梁连接时，以梁外边线为分界线（图 5-12）。

4）悬臂梁、挑梁嵌入墙内部分按圈梁计算。

5）圈梁通过门窗洞口时，门窗洞口宽加 500mm 的长度作过梁计算，其余作圈梁计算。

6）卫生间四周坑壁采用素混凝土时，套圈梁定额。

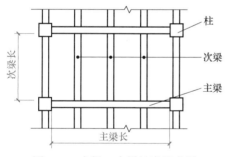

图 5-11　主梁、次梁长度示意图

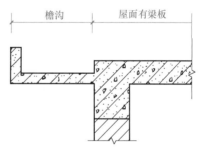

图 5-12　挑檐、天沟与梁划分示意图

4. 现浇混凝土墙

现浇混凝土墙包括：现场浇筑的毛石混凝土墙、混凝土墙、混凝土弧形墙等。

计算规则：外墙按图示中心线长度，内墙按图示净长乘以墙高及墙厚以立方米计算，应扣除门窗洞口及单个面积 0.3m² 以上孔洞的体积，附墙柱、暗柱、暗梁及墙面突出部分并入墙体积内计算。

1）墙高按基础顶面（或楼板上表面）算至上一层楼板上表面。

2）混凝土墙与钢筋混凝土矩形柱、T 形柱、L 形柱按照以下规则划分：以矩形柱、T 形、L 形柱长边（h 或 h'）与短边（b 或 b'）之比（r 或 r'）（$r=h/b$，$r'=h'/b'$）为基准进行划分，当 $r(r')\leqslant 4$ 时按柱计算，当 $r(r')>4$ 时按墙计算（图 5-13）。

5. 现浇混凝土板

现浇混凝土板包括：梁板、无梁板、平板、拱板、薄壳板、栏板、天沟、挑檐板等。

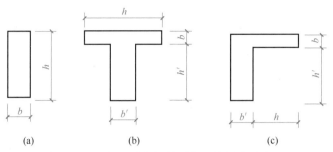

图 5-13　混凝土墙与钢筋混凝土柱划分示意图

板按设计图示面积乘以板厚以立方米计算，其中：

1）有梁板：包括主、次梁与板，按梁、板体积之和计算（图 5-14）。

2）无梁板：按板和柱帽体积之和计算（图 5-15）。

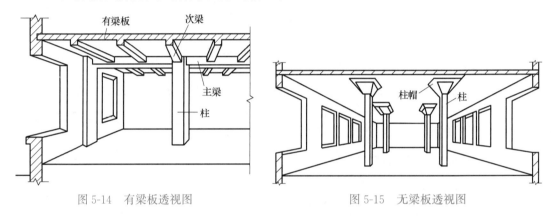

图 5-14　有梁板透视图　　　　　　图 5-15　无梁板透视图

3）平板：是指无柱、无梁，四周直接搁置在墙（或圈梁、过梁）上的板。按板实体体积计算（图 5-16）。

4）不同形式的楼板相连时，以墙中心线或梁边为分界，分别计算工程量，套相应定额。

5）板伸入砖墙内的板头并入板体积内计算，板与混凝土墙、柱相接部分，按柱或墙计算。

6）薄壳板由平层和拱层两部分组成，平层、拱层合并套薄壳板定额项目计算。其中的预制支架套预制构件相应子目计算。

7）栏板（图 5-17）按图示面积乘以板厚以立方米计算。高度小于 1200mm 时，按栏板计算，高度大于 1200mm 时，按墙计算。

8）现浇挑檐天沟，按图示尺寸以立方米计算。与板（包括屋面板、楼板）连接时，以外墙外边线为分界线，与梁连接时，以梁外边线为分界线。

挑檐和雨篷的区分：悬挑伸出墙外 500mm 以内为挑檐，伸出墙外 500mm 以上为雨篷。

9）悬挑板是指单独现浇的混凝土阳台、雨篷及类似相同的板。悬挑板包括伸出墙外的牛腿、挑梁，按图示尺寸以立方米计算，其嵌入墙内的梁，分别按过梁或圈梁计算。如遇下列情况，另按相应子目执行：现浇混凝土阳台、雨篷与屋面板或楼板相连时，应并入屋面板或楼板计算。有主次梁结构的大雨篷，应按有梁板计算。

10）板边反檐：高度超出板面 600mm 以内的反檐并入板内计算；高度在 600mm 至 1200mm 的按栏板计算，高度超过 1200mm 以上的按墙计算。

11）凸出墙面的钢筋混凝土窗套，窗上下挑出的板按悬挑板计算，窗左右侧挑出的板按栏板计算。

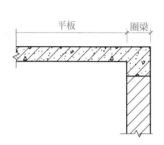 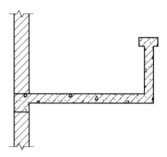

图 5-16　平板与圈梁划分示意图　　　　　图 5-17　混凝土栏板示意图

6. 现浇混凝土楼梯

现浇混凝土楼梯包括直形楼梯、弧形楼梯。

1）整体现浇的混凝土楼梯包括休息平台、梁、斜梁及楼梯与楼板的连接梁，按设计图示尺寸以水平投影面积计算，不扣除宽度小于 500mm 的楼梯井，当整体楼梯与现浇楼板无梯梁连接时，以楼梯的最后一个踏步边缘加 300mm 为界，伸入墙内的体积已考虑在定额内，不得重复计算。楼梯基础、用以支撑楼梯的柱、墙及楼梯与地面相连的踏步，应另按相应项目计算，如图 5-18 所示。

2）架空式混凝土台阶包括休息平台、梁、斜梁及板的连接梁，按设计图示尺寸以水平投影面积计算，当台阶与现浇楼板无梁连接时，以台阶的最后一个踏步边缘加下一级踏步的宽度为界，伸入墙内的体积已考虑在定额内，不得重复计算。架空式现浇混凝土台阶套相应的楼梯定额。

7. 现浇混凝土其他构件

现浇混凝土其他构件包括：压顶、扶手、门框、小型构件、屋顶水池、小型池槽、台阶、散水、明沟等。

1）扶手和压顶按设计图示尺寸实体体积以立方米计算。

2）散水按设计图示尺寸以平方米计算，不扣除单个 $0.3m^2$ 以内的孔洞所占面积。

3）台阶按体积以立方米计算。

4）混凝土明沟按设计图示中心线长度以米计算。混凝土明沟与散水的划分：明沟净空加两边壁厚的宽度为明沟，以外的为散水（图 5-19）。

8. 预制混凝土构件制作、运输及安装工程

1）均按构件图示尺寸实体体积，考虑制作废品率、运输堆放损耗、安装损耗以立方米计算，不扣除构件内钢筋、铁件及单个面积小于 300mm×300mm 的空洞所占体积。

2）预制混凝土构件制作、运输及安装工程需考虑预制混凝土构件制作废品率、运输及安装损耗，因此，预制混凝土构件制作、运输及安装工程量可按表 5-7 中的系数计算。其中预制混凝屋架、托架及长度在 9m 以上的梁、板、柱不计算损耗率。

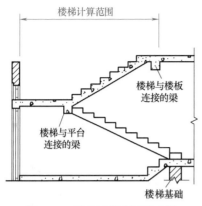

图 5-18　楼梯计算范围示意图

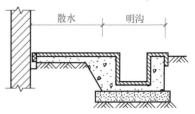

图 5-19　散水、明沟划分示意图

预制混凝土构件制作、运输及安装工程工程量系数表　　　　　表 5-7

名称	安装（打桩）工程量	运输工程量	预制混凝土构件制作工程量
预制混凝土屋架、托架及长度在 9m 以上的梁、板、柱	1	1	1
预制钢筋混凝土桩	1	1.014	1.015
其他各类预制构件	1	1.018	1.02

9. 钢筋工程

计算规则：钢筋工程，应区别现浇、预制、预应力等构件和不同种类及规格，分别按设计图纸、标准图集、施工规范规定的长度乘以单位质量以吨计算。

码 5-3　混凝土及钢筋混凝土工程典型案例

知识点 3　典型案例的计算思路

【案例 5-1】　某工程有 10 个混凝土独立柱基，如图 5-20 所示，若垫层、独立基础的混凝土采用现场搅拌机拌制，计算垫层、独立基础混凝土浇捣与拌制工程量。

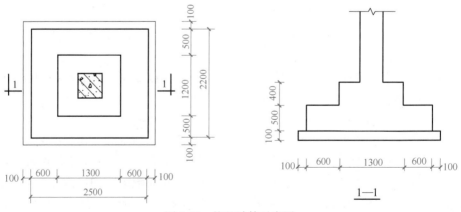

图 5-20　柱基计算示意图

【解】　1）垫层及独立基础的混凝土浇捣工程量按图示尺寸以体积计算。

垫层浇捣工程量 $=(2.5+0.1\times2)\times(2.2+0.1\times2)\times0.1\times10$
$$=6.48\text{m}^3$$

独立基础浇捣工程量 $=(2.5\times2.2\times0.5+1.3\times1.2\times0.4)\times10$
$$=33.74\text{m}^3$$

2）垫层、独立基础的混凝土拌制工程量按浇捣相应子目的混凝土定额分析量计算。查定额子目 A4-3、A4-7 可知，垫层和独立基础浇捣的定额分析量分别为 10.1m^3 和 10.15m^3。

垫层拌制工程量 $=6.48\times10.1/10=6.54\text{m}^3$

独立基础拌制工程量 $=33.74\times10.15/10=34.25\text{m}^3$

【案例 5-2】　某房间楼板结构图见图 5-21，板厚 100mm，轴线居柱中，计算有梁板的浇捣工程量。

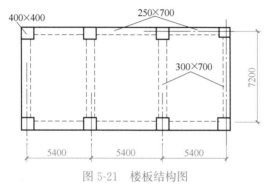

图 5-21　楼板结构图

【解】　有梁板按梁、板体积之和计算；柱与板相连部分，按柱计算。

板的浇捣工程量 $V_1=$ 板长×板宽×板厚－柱所占体积
$$=(5.4\times3+0.2\times2)\times(7.2+0.2\times2)\times0.1-0.4\times0.4\times8\times0.1$$
$$=12.49\text{m}^3$$

梁的浇捣工程量 $V_2=$ 梁断面面积×梁长×根数
$$=0.25\times(0.7-0.1)\times(5.4-0.2\times2)\times3\times2+0.3\times$$
$$(0.7-0.1)\times(7.2-0.2\times2)\times4$$
$$=9.40\text{m}^3$$

有梁板的浇捣工程量 $V=V_1+V_2=12.49+9.40=21.89\text{m}^3$

【案例 5-3】　某 4 层住宅，不上人屋面，计算如图 5-22 所示钢筋混凝土标准层楼梯的浇捣工程量，板厚 100mm，并套定额。

【解】　钢筋混凝土整体楼梯的浇捣按楼梯计算范围的图示尺寸以水平投影面积计算，不扣除宽度小于 500mm 的楼梯井，套用定额子目 A4-49。

现浇混凝土整体楼梯浇捣工程量
$$=(1.23+3+0.2)\times(1.3\times2+0.3)\times(4-1)=38.54\text{m}^2$$

知识点 4　混凝土构件计算中的技巧和难点解析

1. 混凝土构件计算中的技巧：边长公式的应用

下面介绍一个公式，主要用于散水、挑檐、台阶等"回字形""U 字形"构件的长度、面积、体积的计算。

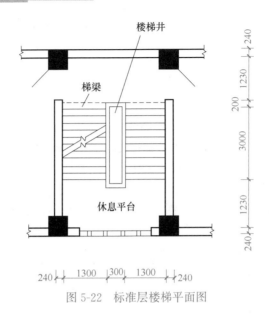

图 5-22　标准层楼梯平面图

以散水为例，假设散水中心线与建筑物外墙边距离为 a，建筑物外墙外边线长为 A，宽为 B，尺寸示意见图 5-23，假设外墙外边线周长为 $L_{\text{基准周长线}}$，散水中心线的长度 $L_{\text{中心线}}$ 为需要求的边线长度 $L_{\text{边长}}$，则：

$$L_{\text{边长}} = L_{\text{基准周长线}} + 8a$$

式中，a 为所求边线与基准周长线的距离；$L_{\text{边长}}$ 即散水中心线的长度 $L_{\text{中心线}}$，则可求出散水的面积：$S_{\text{散水}} = L_{\text{中心线}} \times 2a$。

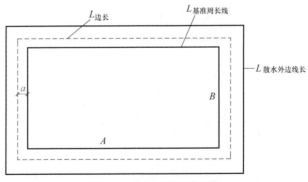

图 5-23　散水平面示意图

【思考】

(1) 为什么"$L_{\text{边长}} = L_{\text{基准周长线}} + 8a$"？写出推导过程。

(2) 练习：①计算图 5-23 中散水外边线长 $L_{\text{散水外边线长}}$。②计算附录 1 的 J-04 图中某办公楼项目屋顶挑檐的 $L_{\text{中心线}}$。

2. 难点解析：楼梯、单梁、有梁板在实际工程项目中的划分

如何区分有梁板、单梁、楼梯的计算范围呢？建议在实际操作中，先确定楼梯的计算范围，然后确定单梁的计算范围，最后确定有梁板的计算范围，本项目以某办公楼项目二层楼面板为例（图 5-24）进行介绍。

（1）楼梯计算范围，按计算规则包含了 TL_1

长　$[4500-1050+250(TL_1)-125(KL_4)]=3575mm$

宽　$[2100-120(KL_2)-125(KL_1)]=1855mm$

（2）单梁计算范围为 KL_2 的局部（楼板没有与此段梁连接）

长　$[4500-1050+250(TL_1)-Z2$ 的 $200(Z_2)]=3500mm$

宽　$370mm$

（3）有梁板计算范围：除楼梯、单梁计算范围以外的全部梁和楼板的体积之和，即楼板（不含楼梯计算范围）$+KL_2$ 除单梁以外的部分 $+KL_1+LL_2+KL_3+LL_3+2$ 根 KL_5+2 根 KL_4。

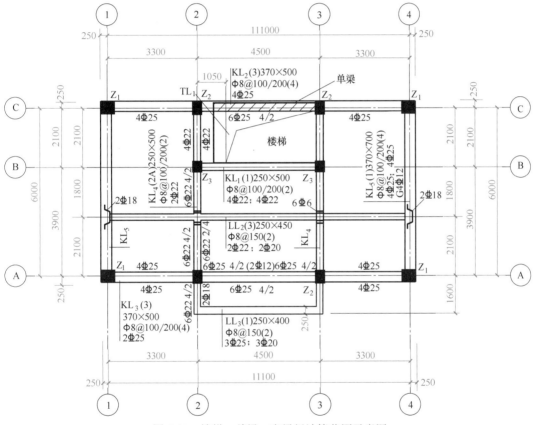

图 5-24　楼梯、单梁、有梁板计算范围示意图

巩固训练

一、单项选择题

1. 广西定额中，现浇混凝土浇捣是按泵送商品混凝土编制的，采用非泵送混凝土施工时，每立方米混凝土增加人工费（　　）元。

A. 20　　　　　　B. 21　　　　　　C. 22　　　　　　D. 23

2. 楼梯的现浇混凝土工程量按规定，以（　　）计量。

A. 水平投影面积　　B. 体积　　　　　C. 长度　　　　　D. 水平投影长度

3. 有梁板的柱高，应自柱基上表面至（　　）之间的高度计算。

A. 上一楼层上表面　　　　　　　　　B. 上一楼层下表面

C. 梁底　　　　　　　　　　　　　　D. 柱顶

4. 凸出墙面的钢筋混凝土窗套，窗上下挑出板套用（　　）定额。

A. 栏板　　　　B. 有梁板　　　　C. 悬挑板　　　　D. 平板

5. 现浇混凝土基础梁工程量计算规则中，梁与柱连接时，梁长算至（　　）。

A. 柱侧面　　　　B. 轴线间距　　　　C. 板边　　　　D. 梁边

6. 混凝土及钢筋混凝土基础与墙（柱）身的划分以施工图规定为准。如图纸未明确表示时，则按基础的（　　）为分界。

A. 垫层底　　　　B. 扩大顶面　　　　C. 垫层顶　　　　D. ±0.000

7. 散水按图示尺寸以（　　）计算。

A. m^2　　　　B. m^3　　　　C. m　　　　D. 10m

8. 板边反檐，高度超出板面 600mm 以内的反檐并入（　　）内计算。

A. 柱　　　　B. 栏板　　　　C. 墙　　　　D. 板

9. 现浇钢筋混凝土构件工程量，除另有规定外，均应按（　　）计算。

A. 构件混凝土质量　　　　　　　　B. 构件混凝土体积

C. 构件的表面积　　　　　　　　　D. 构件混凝土与模板的接触面积

10. 现浇钢筋混凝土楼梯工程量不扣除宽度小于（　　）的楼梯井面积。

A. 500mm　　　　B. 450mm　　　　C. 300mm　　　　D. 350mm

二、多项选择题

1. 依据广西定额，混凝土及钢筋混凝土工程包括的分部有（　　）。

A. 混凝土工程

B. 装配式构件运输和安装

C. 钢筋制作安装工程

D. 拌制工程

E. 混凝土标准化粪池

2. 以下描述混凝土柱的信息，正确的有（　　）。

A. 框架柱的柱高应自柱基上表面至柱顶高度计算

B. 构造柱按全高计算，与砖墙嵌接部分的体积不需计算

C. 按设计图示断面面积以平方米计算

D. 无梁板的柱高应按柱基或楼板上表面至柱帽下表面之间的高度计算

E. 有梁板的柱高应按柱基或楼板上表面至上一层楼板上表面之间的高度计算

3. 卫生间四周坑壁采用素混凝土时，套定额时，下列项目中不正确的是（　　）。

A. 其他构件　　　　B. 圈梁　　　　C. 小型构件

D. 栏板　　　　E. 墙

4. 关于楼梯的混凝土工程量，描述正确的有（　　）。

A. 整体现浇的混凝土楼梯包括休息平台、梁、斜梁及楼梯与楼板的连接梁

B. 按设计图示尺寸以水平投影面积计算

C. 不扣除宽度小于 300mm 的楼梯井

D. 当整体楼梯与现浇楼板无梯梁连接时，以楼梯的最后一个踏步边缘加 300mm 为界

E. 楼梯基础、用以支撑楼梯的柱、墙及楼梯与地面相连的踏步，应另按相应项目计算

5. 以下混凝土其他构件的计算单位正确的有（　　）。

A. 扶手 m^3　　　B. 压顶 m^3　　　C. 散水 m^2

D. 台阶 m^2　　　E. 明沟 m^3

三、判断题

1. 当框架梁没有与楼板相连，而是与一些洞口连接，如与楼梯洞相连的那一段框架梁，要按矩形梁列项。主梁、次梁与楼板相连时，主梁、次梁和楼板一起统一按有梁板列项。（　　）

2. 现浇混凝土矩形柱按设计图示以体积计算，框架柱的柱高，应自柱基下表面至柱顶高度计算。（　　）

3. 挑檐、天沟与梁连接时，以梁外边线为分界线。（　　）

任务 5.2　砌筑工程

任务描述

查看表 5-2，砌筑工程造价占总造价的比例为 5.05%，对工程造价有一定影响。

那么，砌筑工程包括哪些分项内容？各分项工程的工程量计算规则有何规定？如何应用工程量计算规则进行计量计算？

阅读本任务的知识链接，完成任务清单，回答相应问题。

成果形式

完成任务清单中的引导问题和实训。

工作准备

认真学习知识链接中的相关知识点，理解砌筑工程的定额项目及定额编码，熟悉砌筑工程分部的组成，熟悉各分项工程的工程量计算规则。

任务清单

任务实施

引导问题 1：砌筑工程包括哪些内容？说出具体的子分部号和子分部名称。其共有多少个定额子目？

引导问题 2：设计图纸标注标准砖墙的厚度分别是 120mm、180mm、370mm，该墙体计算厚度取值分别为多少？砖基础与墙（柱）身的分界线是如何划分的？阳台栏板墙套什么定额？砂垫层、三合土垫层套什么定额？钢筋混凝土框架间砌体墙工程量如何计算？

引导问题 3：在老师指导下完成下列两项实训：

【实训任务单1】对附录1某办公楼项目的砌筑工程进行列项，将结果填入《分部分项工程量表》。

【实训任务单2】在《工程量计算表》中，计算附录1某办公楼项目的砌筑工程的工程量，计算完一个分项工程的工程量后，将工程量填入《分部分项工程量表》。

实训解析

实训任务工作过程：

1. 项目情况分析

（1）本项目±0.000以上砌体砖隔墙均用M5混合砂浆砌筑，除阳台、女儿墙采用MU10标准砖外，其余均采用MU10烧结多孔砖。

（2）本项目外墙厚度为370mm，轴线偏心，分别为250mm＋120mm；内墙厚度为240mm，轴线居中；二层阳台栏板墙、屋顶女儿墙厚度均为180mm。另外，本项目散水采用了60mm厚的中砂垫层；台阶采用了80mm厚的1：3：6石灰砂碎石三合土垫层。

码5-4 某办公楼砌筑工程量列项

2. 熟悉知识链接的知识点1，进行定额列项。

（1）列项思路（以370外墙为例）

1）采用"定额顺序法"进行列项，避免遗漏或重复。注意先写分部名称，再逐一列项。

2）按照定额的顺序，首先查找到的定额是"砖基础"，因此按照"砖基础与墙（柱）身的划分规定"，判断本"办公楼"项目是否有"砖基础"子目？本项目砖墙从基础梁上方开始砌筑，基础梁的顶面标高为±0.00，为室内地坪面标高，正好是砖基础与砖墙身的分界线，以下为基础，以上为墙身，基础梁顶面起开始砌筑的是砖墙。因此，本项目没有"砖基础"子目。

3）按照定额的顺序应列"砖墙"项目，逐一按顺序给外墙、内墙、女儿墙、阳台栏板墙、中砂垫层、三合土垫层列项。

以外墙为例，外墙为370mm，M5混合砂浆砌筑，采用MU10烧结多孔砖，列出第1项："A3-12 混水砖墙/多孔砖/240×115×90/36.5cm厚"，完善"定额编码、定额名称、定额单位"信息；全部材料都与定额相符，不用换算。

（2）列项演示（表5-8）

分部分项工程量表　　　　　　　　　　表5-8

工程名称：某办公楼

共 页 第 页

序号	定额编码	定额名称	定额单位	工程量
		A.3 砌筑工程		
1	A3-12	混水砖墙/多孔砖/240×115×90/36.5cm厚	10m³	
……		（余下未列的内容由学生完成）		

3. 对列好的项目，逐条对照知识链接的知识点2的工程量计算规则，在《工程量计算表》中按图填列计算式，计算工程量。将结果及时填入《分部分项工程量表》。

计算过程演示见表5-9、表5-10。

工程量计算表　　　　　　　　　　　　　　　　　　表 5-9

工程名称：某办公楼　　　　　　　　　　　　　　　共　页　第　页

项目名称	工程量计算式	工程量	单位
A3-12： 370 外墙	$V=$墙身净长×净高×墙厚$-\sum$（嵌入墙身门窗洞口面积×墙厚）$-\sum$嵌入墙身混凝土过梁等构件体积	4.979	$10m^3$
	//首层		
①、④轴＝2	$(6.5-0.5×2)×(3.6-0.7)×0.365×2=11.64m^3$		
Ⓐ、Ⓒ轴＝2	$(11.6-0.5×2-0.4×2)×(3.6-0.5)×0.365×2=22.18m^3$		
	//二层		
①、④轴＝2	同首层：$11.64m^3$		
Ⓐ、Ⓒ轴＝2	$(11.6-0.5×2-0.4×2)×(3.6-0.7)×0.365×2=20.75m^3$		
	//扣门窗		
	$\{2.4×2.7+1.5×1.8×4×2+1.8×1.8×2+0.9×2.7+1.5×(2.7-0.9)\}×0.365=14.49m^3$		
……	//扣过梁		
	$\{(2.4+0.5)+(1.5+0.5)×4×2+(1.8+0.5)×2+(2.4+0.5)\}×0.2×0.365=1.93m^3$		
	汇总：$11.64×2+22.18+20.75-14.49-1.93=49.79m^3$		
	（余下未计算的内容由学生实训后逐项完成）		

分部分项工程量表　　　　　　　　　　　　　　　　表 5-10

工程名称：某办公楼　　　　　　　　　　　　　　　共　页　第　页

序号	定额编码	定额名称	定额单位	工程量
		A.3 砌筑工程		
1	A3-12	混水砖墙/多孔砖/240×115×90/36.5cm 厚	$10m^3$	4.979

评价反馈

学生进行自我评价，并将结果填入表 5-11 中。

学生自评表　　　　　　　　　　　　　　　　　　　表 5-11

班级：　　　　　　姓名：　　　　　　　　学号：			
学习任务	砌筑工程		
评价项目	评价标准	分值	得分
砌筑工程概况	能说出砌筑工程的内容，说出具体的子分部号和子分部名称	10	
砖基础与墙（柱）身的划分规定	能说出砖基础与墙（柱）身使用同一种材料及使用不同材料时划分的规定	10	

续表

评价项目	评价标准	分值	得分
对砌筑工程进行列项	能按照"定额顺序法"准确进行砌筑工程列项	30	
计算砌筑工程的工程量	能理解砖墙、零星砌筑、除混凝土垫层外的其他垫层的工程量计算规则,准确计算工程量	30	
工作态度	态度端正、认真,无缺勤、迟到、早退现象	10	
工作质量	能够按计划完成工作任务	10	
合计		100	

知识链接

码 5-5 砌筑工程概况

知识点 1 砌筑工程概况

1. 主要内容

A.3 砌筑工程共 5 个子分部(157 个定额子目),包括 A.3.1 砖砌体、A.3.2 砌块砌体、A.3.3 石砌体、A.3.4 垫层、A3.5 砌体构筑物。

(1) A.3.1 混凝土工程包括 7 个子分部共 49 个子目,子分部为:砖基础、砖墙、砖柱、贴砌砖、零星砌砖、砖地坪和散水、砖砌明沟。

(2) A.3.2 砌块砌体内容为 1 个子分部共 23 个子目。

(3) A.3.3 石砌体包括 5 个子分部共 15 个子目,子分部为:石基础和石墙、石挡土墙和石柱、石栏杆、石护坡、石踏步。

(4) A.3.4 垫层内容为 1 个子分部共 16 个子目。

(5) A.3.5 砌体构筑物包括 7 个子分部共 54 个子目,子分部为:砖烟囱、水塔,砖烟道,沟道(槽),砖砌检查井,井盖、沟盖板,砖砌化粪池(非标)、水池,砖砌化粪池(国家标准图集 02S701)。

2. 计算砌筑工程量前应明确的事项

(1) 砌体厚度

1) 标准砖规格为 240mm × 115mm × 53mm、多孔砖规格为 240mm × 115mm × 90mm,240mm × 180mm × 90mm,其砌体计算厚度,均按表 5-12 计算。

标准砖、中砖砌体计算厚度表　　　表 5-12

砖数(厚度)	1/4	1/2	3/4	1	1.5	2	2.5	3
标准砖厚度(mm)	53	115	180	240	365	490	615	740
多孔砖厚度(mm)	90	115	215	240	365	490	615	740

注:不能用设计图纸中的习惯标注厚度计算,如:60mm、120mm、360mm、370mm、500mm、620mm 等。

2) 使用其他砌块时,其砌体厚度应按砌块的规格尺寸计算。

例:混凝土小型空心砌块规格为 390mm × 190mm × 190mm,390mm × 190mm × 90mm,若设计图纸中用习惯方法标注厚度尺寸,如 200mm、100mm,应按砌块的规格尺寸 190mm、90mm 计算。

(2) 砖(石)基础与墙(柱)身的划分

1）基础与墙（柱）身使用同一种材料时，以设计室内地面为界（有地下室者，以地下室室内设计地面为界），以下为基础，以上为墙（柱）身（图 5-25）。

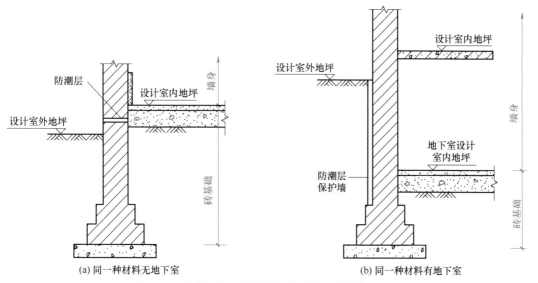

(a) 同一种材料无地下室　　　　　　(b) 同一种材料有地下室

图 5-25　基础与墙身使用同一种材料时的划分示意图

2）基础与墙（柱）身使用不同材料时，位于设计室内地坪±300mm 以内时，以不同材料为界；超过±300mm 时，应以设计室内地坪为界（图 5-26）。

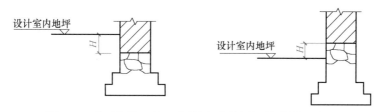

图 5-26　基础与墙（柱）身使用不同材料时的划分示意图

当 $H \leqslant 300mm$ 时，以不同材料为分界线，以下为基础，以上为墙身；

当 $H > 300mm$ 时，以设计室内地面为分界线，以下为基础，以上为墙身。

3）砖石围墙，以设计室外地坪为界线，以下为基础，以上为墙身。

4）独立砖柱大放脚体积应并入砖柱工程量内计算（即独立砖柱不分柱基、柱身，合并按砖柱计算）。

3. 定额说明

（1）定额砌砖、砌块子目按不同规格编制，材料种类不同时可以换算，人工、机械不变。

（2）砌体子目中砌筑砂浆强度等级为 M5.0，设计要求不同时可以换算。

（3）砖墙、砖柱按混水砖墙、砖柱子目编制，单面清水墙、清水柱套用混水砖墙、砖柱子目，人工乘以 1.1 系数。

（4）砌筑圆形（包括弧形）砖墙及砌块墙，半径小于等于 10m 者，套用弧形墙子目，无弧形墙子目的项目，套用直形墙子目，人工乘以系数 1.1，其余不变；半径大于 10m

者，套用直形墙子目。

（5）小型空心砌块墙已包括芯柱等填灌细石混凝土。其余空心砌块墙需填灌混凝土者，套用空心砌块墙填充混凝土子目计算。

知识点2　主要分项工程工程量计算

1.砖（石）基础

（1）计算规则

1）砖（石）基础工程量：按设计图示尺寸以体积计算，应扣除地梁（圈梁）、构造柱所占体积，不扣除基础大放脚T形接头处（图5-27）的重叠部分及嵌入基础内的钢筋、铁件、管道、基础砂浆防潮层和单个面积0.3m²以内的孔洞所占体积。附墙垛基础宽出部分体积，并入其所依附的基础工程量内。

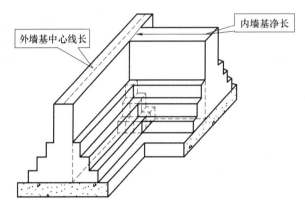

图5-27　基础大放脚T形接头处示意图

2）基础长度：外墙墙基按外墙中心线长度计算，内墙墙基按内墙基净长计算（图5-28）。

图5-28　内墙墙基净长、内墙墙基净长示意图

（2）计算方法

条形砖基础工程量＝基础断面面积×基础长度－∑嵌入基础的混凝土构件体积－∑大于0.3m²孔洞所占体积

（3）有关说明

1）圆形烟囱基础按基础定额执行，人工乘以系数1.2。

2）砖砌挡土墙：墙厚在2砖以内的，按砖墙定额执行；墙厚在2砖以上的，按砖基础定额执行。

3）砌筑半径小于等于 10m 的圆弧形石砌体基础、墙（含砖石混合砌体），按定额项目人工乘以系数 1.1。

2. 一般砖墙

（1）计算规则

墙体工程量按设计图示尺寸以体积计算。扣除门窗、洞口（包括过人洞、空圈）、嵌入墙身的钢筋混凝土柱、梁、圈梁、挑梁、过梁及凹进墙内的壁龛（图 5-29）、管槽、暖气槽、消防栓箱所占体积。不扣除梁头、板头（图 5-30）、檩头、垫木、木楞头、沿椽木、木砖、门窗走头、砖墙内加固钢筋、木筋、铁件、钢管及单个面积 $0.3m^2$ 以下的孔洞所占体积。凸出墙面的腰线、挑檐、压顶（图 5-31）、窗台线、虎头砖（图 5-32）、门窗套（图 5-33）、山墙泛水、烟囱根的体积也不增加。凸出墙面的砖垛并入墙体体积内计算。

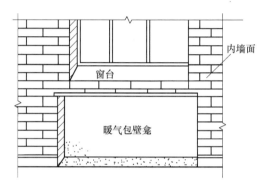

图 5-29　凹进墙内的壁龛示意图

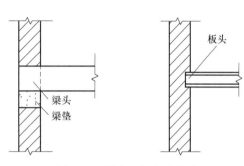

图 5-30　梁头、板头示意图

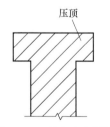

图 5-31　砖压顶示意图

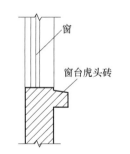

图 5-32　窗台虎头砖示意图

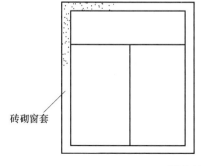

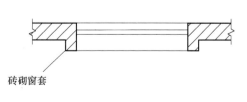

图 5-33　砖砌窗套示意图

（2）计算方法

墙身体积＝（墙身长度×高度－∑嵌入墙身门窗洞口面积）×墙厚－∑嵌入墙身混凝土构件体积 ＋突出的砖垛等体积

其中：

墙身长度：外墙按外墙中心线计算，内墙按内墙净长线长度计算 ·（图 5-28）。

墙厚按表 5-12 规定计算。

墙身高度按图示尺寸计算。如设计图纸无规定时，可按下列规定计算：

1）外墙：平屋面算至钢筋混凝土土板底；斜（坡）屋面无檐口天棚者算至屋面板底；有屋架且室内外均有天棚者算至屋架下弦底另加 200mm，无天棚者算至屋架下弦另加 300mm，出檐宽度超过 600mm 时按实砌高度计算。

2）内墙：有框架梁时算至梁底；有钢筋混凝土楼板隔层者算至楼板顶；位于屋架下弦者，算至屋架下弦底；无屋架者算至天棚底另加 100mm。

3）女儿墙：从屋面板上表面算至女儿墙顶面，如有混凝土压顶时算至压顶下表面（图 5-34）。

4）山墙：按其平均高度计算，如图 5-35 所示，平均高度 $h＝h_2＋h_1/2$。

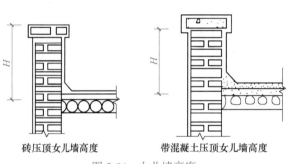

图 5-34　女儿墙高度

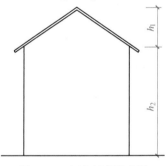

图 5-35　山墙高度示意图

3. 钢筋混凝土框架间砌体墙

（1）计算规则

钢筋混凝土框架间砌体墙，按框架间的净空面积乘以墙厚计算，框架外表镶贴砖部分，按零星砌体列项计算。

（2）计算方法

砌体墙工程量＝墙身净长×净高×墙厚－∑（嵌入墙身门窗洞口面积×墙厚）－∑嵌入墙身混凝土过梁等构件体积

4. 零星砌体

（1）基本概念

厕所蹲台（图 5-36）、池槽、池槽腿（图 5-37）、台阶挡墙（图 5-38）、梯带、砖胎膜、花台、花池、楼梯栏板、阳台栏板（图 5-39）、地垄墙及支撑地楞的砖墩，0.3m² 以内的空洞填塞、小便槽、灯箱、垃圾箱、房上烟囱及毛石墙的门窗立边、窗台虎头砖等部位，套用零星砌体定额子目。

（2）计算规则

按图示实砌体积，以立方米计算。

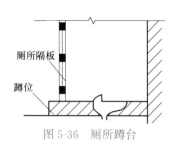

图 5-36　厕所蹲台

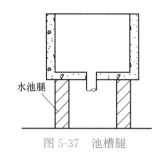

图 5-37　池槽腿

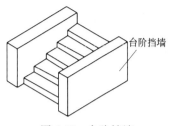

图 5-38　台阶挡墙

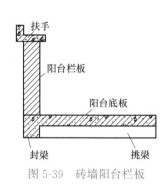

图 5-39　砖墙阳台栏板

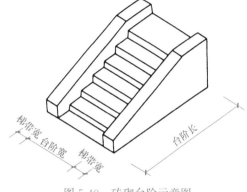

图 5-40　砖砌台阶示意图

5. 砖砌台阶

砖砌台阶（不包括梯带）按水平投影面积以平面计算（图 5-40）。

6. 其他砌体

（1）砖散水、地坪按设计图示尺寸以面积计算。

（2）砖砌明沟按其中心线长度以延长米计算。

7. 垫层

（1）基本概念

垫层是指将荷重传至地基上的构造层，有承重、隔声、防潮等作用。垫层主要包括：灰土、三合土、砂、砂石、毛石、碎砖、砾（碎）石、炉（矿）渣混凝土等。

（2）计算规则

垫层按设计图示面积乘以设计厚度以立方米计算，应扣除凸出地面的构筑物、设备基础、室内管道、地沟等所占体积，不扣除间壁墙和单个 $0.3m^2$ 以内的柱、垛、附墙烟囱及孔洞所占体积。

（3）有关说明

1）垫层均不包括基层下原土打夯。如需打夯者，按定额"A.1 土（石）方工程"相应子目计算。

2）混凝土垫层按定额"A.4 混凝土及钢筋混凝土工程"相应定额子目计算。

码 5-6　砌筑
工程典型案例

知识点 3　典型案例的计算思路

【案例 5-4】图 5-41 为某工程基础平面图与剖面图，墙厚均为 240mm，轴线居墙中。

计算砖基础的工程量。

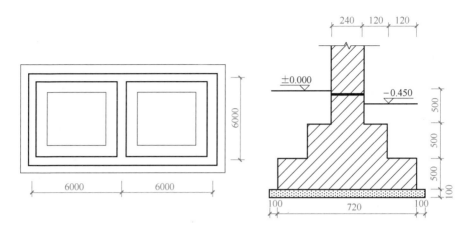

图 5-41 某工程基础平面图与剖面图

【解】 基础与墙身使用同一种材料，以设计室内地面为界（±0.000），以下为基础，以上为墙身。砖基础按设计图示尺寸以体积计算。

砖基础工程量 V＝基础断面面积×（外墙中心线长度＋内墙基净长度）

其中：外墙中心线长度＝（6×2＋6）×2＝36m

内墙基净长度＝6－0.24＝5.76m

长度合计：36＋5.76＝41.76m

因此：V＝[0.72×0.5＋（0.24＋0.12×2）×0.5＋0.24×0.5]×41.76

＝30.07m³

【案例 5-5】 某单层框架结构如图 5-42 所示，墙体采用 M5 水泥石灰砂浆砌小型空心砌块墙，墙厚 190mm，墙下均有基础梁，已知门窗混凝土过梁体积为 0.27m³。计算墙体工程量。

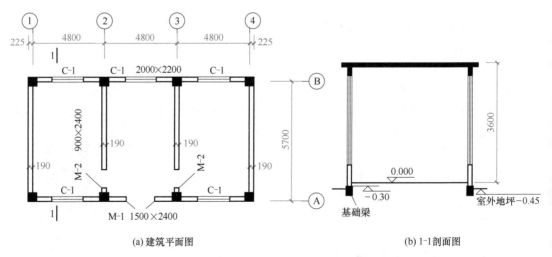

(a) 建筑平面图   (b) 1-1剖面图

图 5-42 某单层框架结构建筑平面图、1-1 剖面图、屋面梁平面图（一）

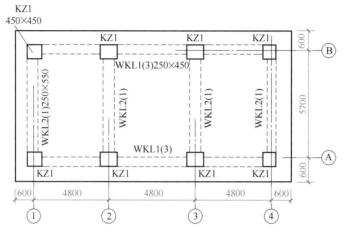

(c)屋面梁平面图(轴线均居中、板厚110mm)

图 5-42　某单层框架结构建筑平面图、1-1 剖面图、屋面梁平面图（二）

【解】 框架间砌体墙，按框架间的净空面积乘以墙厚计算。

墙体工程量 V＝墙身净长×净高×墙厚－$\sum$（嵌入墙身门窗洞口面积×墙厚）－$\sum$嵌入墙身混凝土过梁等构件体积

因此：

①、②、③、④轴墙体：

$$\qquad\qquad\overset{\text{扣柱}}{}\quad\overset{\text{基础梁 WKL2}}{}\quad\overset{\text{墙厚}}{}$$

$$V_1=(5.7-0.45)\times(3.6+0.3-0.55)\times0.19\times4=13.37\text{m}^3$$

Ⓐ、Ⓑ轴墙体：

$$\qquad\qquad\overset{\text{扣柱}}{}\quad\overset{\text{基础梁 WKL1}}{}\quad\overset{\text{墙厚}}{}$$

$$V_2=(4.8\times3-0.45\times3)\times(3.6+0.3-0.45)\times0.19\times2=17.11\text{m}^3$$

扣除门窗洞口所占体积：

$$V_3=(1.5\times2.4+0.9\times2.4\times2+2.0\times2.2\times5)\times0.19=5.68\text{m}^3$$

扣除门窗混凝土过梁体积　$V_{过梁}=0.27\text{m}^3$

汇总：墙体工程量＝$V_1+V_2-V_3-V_{过梁}$

$$=13.37+17.11-5.68-0.27=24.53\text{m}^3$$

【案例 5-6】 如图 5-43 所示某单层建筑物，砖混结构，基础为标准砖带形基础，墙体为 M5 混合砂浆砌标准砖混水砖墙，墙厚均为 240mm，轴线居墙中，墙上均设有圈梁，圈梁高为 300mm，门窗表如表 5-13 所示，构造柱截面尺寸为 240mm×240mm。已知：构造柱体积为 9.41m^3，门混凝土过梁体积为 0.22m^3。计算墙体工程量。

门窗表
表 5-13

门窗名称	代号	洞口尺寸(mm×mm)	数量(樘)
单扇无亮无纱镶板门	M-1	900×2000	4
铝合金推拉窗	C-1	1500×1800	6
铝合金推拉窗	C-2	2100×1800	2

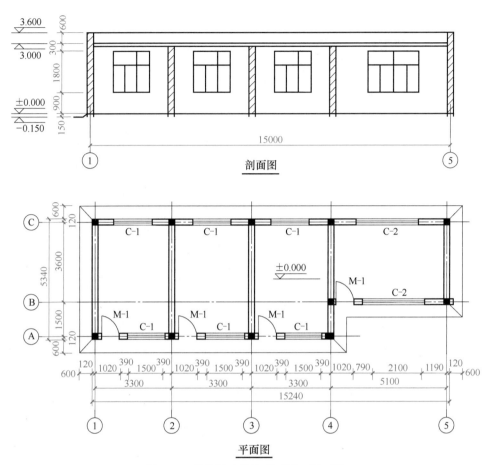

图 5-43 某单层建筑物平面图、剖面图

【解】 砖混结构，按一般砖墙计算规则得：

墙身工程量 $= (L_{中} \times H_{外墙} + L_{净} \times H_{内墙} - S_{门窗}) \times$ 墙厚 $-$ 构造柱体积 $-$ 过梁体积

其中：

外墙中心线长度 $L_{中} = (3.3 \times 3 + 5.1 + 1.5 + 3.6) \times 2 = 40.2\text{m}$

内墙净长线 $L_{净} = (1.5 + 3.6 - 0.12 \times 2) \times 2 + (3.6 - 0.12 \times 2) = 13.08\text{m}$

外墙高（扣圈梁）$H_{外墙} = 3.6 - 0.3 = 3.3\text{m}$

内墙高（扣圈梁）$H_{内墙} = 3.0 - 0.3 = 2.7\text{m}$

门窗洞口面积 $S_{门窗} = 0.9 \times 2 \times 4 + 1.5 \times 1.8 \times 6 + 2.1 \times 1.8 \times 2 = 30.96\text{m}^2$

因此：

$$\text{墙身工程量} = (40.2 \times 3.3 + 13.08 \times 2.7 - 30.96) \times 0.24 - 9.41 - 0.22$$
$$= 23.25\text{m}^3$$

巩固训练

一、单项选择题

1. 根据广西定额，（   ）项目不按体积计算工程量。

A. 独立砖柱　　　　B. 砖砌台阶　　　　C. 砖砌女儿墙　　　D. 砖砌空花墙

2. 根据广西定额，砖砌明沟的工程量计量单位是（　　　）。

A. m³　　　　　　B. 10m³　　　　　C. 100m　　　　　D. 10m²

3. 砖基础和墙身的划分：当基础与墙身使用同一种材料时，以（　　　）为分界线，以下为基础，以上为墙身。基础与墙身使用不同材料时，位于设计室内地面±300mm 以内时，以（　　　）为分界线；超过±300mm 时，以（　　　）为分界线。

A. 设计室内地面　　B. 室外地面　　　　C. 材料分界线　　　D. 基础顶面

4. 根据广西现行消耗量定额，（　　　）的体积应并入砖墙内按砖墙列项计算。

A. 砖过梁　　　　　　　　　　　　B. 凸出墙面三皮砖的腰线

C. 压顶　　　　　　　　　　　　　D. 凸出墙面的窗套线

5. 采用 240×115×53 标准砖砌筑一砖半墙的计算厚度规定是（　　　）mm。

A. 360　　　　　　B. 365　　　　　　C. 370　　　　　　D. 375

6. 根据广西定额，计算砖墙工程量时，不扣除（　　　）体积。

A. 凹进墙内的消防栓箱　　　　　　B. 钢筋混凝土过梁

C. 砖墙内加固钢筋　　　　　　　　D. 空圈

7. 根据广西定额，关于砖墙工程量，下列说法不正确的是（　　　）。

A. 附墙垛的体积应并入墙内计算

B. 挑出墙外大于三皮砖的腰线体积应并入墙内

C. 墙体工程量不用扣除梁头、垫木所占的体积

D. 门窗上砖平拱的体积应扣除

8. 下列项目不属于砌筑工程垫层分部的是（　　　）。

A. 混凝土垫层　　　B. 中砂垫层　　　　C. 三合土垫层　　　D. 灰土垫层

9. 下列项目不属于零星砌体的是（　　　）。

A. 楼梯栏板　　　　B. 阳台栏板　　　　C. 女儿墙　　　　　D. 台阶挡墙

10. 关于钢筋混凝土框架间砌体墙工程量计算规则描述正确的是（　　　）。

A. 外表镶贴砖部分，应并入计算

B. 按框架间的净空面积乘以墙厚计算，扣除门窗洞口和嵌入墙身混凝土过梁等体积

C. 外墙按外墙中心线长度计算

D. 内墙按内墙净长线长度计算

二、多项选择题

1. 根据广西定额，下列砌筑工程项目，工程量按面积以平方米计算的是（　　　）。

A. 砖砌标准化粪池　　B. 标准砖砌筑散水

C. 砖砌台阶　　　D. 独立砖柱

E. 砖砌围墙

2. 根据广西定额，砖墙体的工程量，不用扣除（　　　）所占体积。

A. 消防栓箱　　　　B. 梁头　　　　　C. 砖平拱

D. 圈梁　　　　　　E. 门窗

3. 下列描述正确的是（　　　）。

A. 定额砌砖、砌块子目按不同规格编制，材料种类不同时可以换算，人工、机械

不变

    B. 砌体子目中砌筑砂浆强度等级为 M5.0，设计要求不同时可以换算

    C. 图纸上标注标准砖墙厚度为 120mm，进行砖墙计算时，计算厚度应为 115mm

    D. 图纸上标注多孔砖墙厚度为 370mm，进行砖墙计算时，计算厚度应为 365mm

    E. 图纸上标注混凝土小型砌块墙厚度为 200mm，进行砌块墙计算时，计算厚度应为 190mm

任务 5.3　土（石）方工程

任务描述

由表 5-2 可知，土石方工程造价占总造价的比例为 0.20%。从造价占比看，本项目的土石方工程占造价的比例似乎不大，是不是土石方工程就不重要呢？

如果是桩基础、满堂基础等基础类型，采用大型机械进行土方开挖，土石方工程对造价的影响就会增大。另外，土石方工程受工程的现场条件、运输条件、弃土条件、环境条件、管理条件、资源条件等的影响。这些影响因素不但具有很大的不确定性，而且相互之间的关系较为复杂，都会影响整体的工程造价。

那么，土（石）方工程包括哪些分项内容？各分项工程的工程量计算规则有何规定？应如何应用规则准确进行计量计算？

阅读本任务的知识链接，完成任务清单，回答相应问题。

成果形式

完成任务清单中的引导问题和实训。

工作准备

认真学习知识链接中的相关知识点，理解土（石）方工程的定额项目及定额编码，熟悉土（石）方工程分部的组成，熟悉各分项工程的工程量计算规则。

任务清单

任务实施

引导问题 1：土（石）方工程包括哪些内容？说出具体的子分部号和子分部名称，总共多少个定额子目？

引导问题 2：计算土（石）方工程量前应准备哪些资料？如何区分平整场地、挖土方、挖沟槽、挖基坑？如何区分基础回填土、室内回填土、场地回填土？它们的工程量怎么计算？土石方运输工程量如何计算？

引导问题 3：在老师指导下完成下列两项实训。

【实训任务单 1】对附录 1 某办公楼项目的土（石）方工程进行列项，将结果填入《分

部分项工程量表》。

假设本项目施工组织设计中规定：采用人工挖土。土方运输方案为人工装、2t 自卸车运土方 5km。

【实训任务单 2】在《工程量计算表》中，计算附录 1 某办公楼项目的土（石）方工程的工程量，计算完一个分项工程的工程量后，将工程量填入《分部分项工程量表》。

实训解析

实训任务工作过程：

1. 项目情况分析

（1）了解土壤类别：在结施设计说明中，如说明了土壤类别，即按设计说明，如无说明的，即按常规默认为三类土。本项目未说明土壤类别，默认按三类土。

码 5-7　某办公楼
土方工程列项

（2）阅读建施结施图，了解项目基本情况：本项目独立基础、基础底标高为 −1.500m，基础垫层厚度 100mm；基础梁顶标高为 ±0.000m，基础梁高度分别为 700mm、500mm、400mm。

2. 熟悉知识链接的知识点 1，进行定额列项。

（1）列项思路

1）采用"定额顺序法"进行列项，避免遗漏或重复。注意先写分部名称，再逐一列项。

2）按照定额的顺序，首先查找到的定额是"人工平整场地"，列出第 1 项："A1-1 人工平整场地"，完善"定额编码、定额名称、定额单位"等信息。

3）按照定额的顺序，找到人工挖沟槽、基坑子目，先根据规定"底宽在 7m 以内，且沟槽长大于槽宽 3 倍以上的为沟槽；基坑面积在 150m² 以内的为基坑"判断"办公楼"的独立基础挖土为"挖基坑"；基础梁挖土为"挖沟槽"。

还需根据基础图形判断挖土深度，以独立基础为例，挖土深度为 1.6（垫层底标高）−0.45（室外地面标高）=1.15m，因此选择深 2m 以内的定额编号。

（2）列项演示（表 5-14）

分部分项工程量表

表 5-14

工程名称：某办公楼

共 页 第 页

序号	定额编码	定额名称	定额单位	工程量
		A.1 土石方工程		
1	A1-1	人工平整场地	100m²	
2	A1-9	人工挖基坑三类土深度 2m 以内	100m³	
3	A1-9	人工挖沟槽三类土深度 2m 以内	100m³	
……		（余下未列的内容由学生实训完成）		

3. 对列好的项目，逐条对照知识链接的知识点 2 的工程量计算规则，在《工程量计算表》中按图填列计算式，计算工程量，并将结果及时填入《分部分项工程量表》。

计算过程演示见表 5-15、表 5-16。

工程量计算表 表 5-15

工程名称：某办公楼 共 页 第 页

项目名称	工程量计算式	工程量	单位
平整场地	S＝建筑物首层建筑面积＝11.6×6.5＝75.4m²	0.754	100m²
挖基坑	挖土深度为：H＝1.6－0.45＝1.15m<1.5m,不用放坡。查工作面表,c＝300mm	0.802	100m³
J1(4个)	$V=(a+2c)(b+2c)\times H=(2.2+2\times0.3)(2.2+2\times0.3)\times$ 1.15×4＝36.06m³		
J2(4个)	$V=(a+2c)(b+2c)\times H=(1.8+2\times0.3)(2.2+2\times0.3)\times$ 1.15×4＝30.91m³		
J3(2个)	$V=(a+2c)(b+2c)\times H=(1.8+2\times0.3)(1.8+2\times0.3)\times$ 1.15×2＝13.25m³		
	合计:V＝36.06＋30.91＋13.25＝80.22m³		
挖沟槽	附录1的G-03:计算基础梁的挖沟槽土方,按照从上至下,从左至右的顺序依次计算		
	挖土深度为:H_1＝0.5－0.45＝0.05m<1.5m,H_2＝0.7－0.45＝0.25m<1.5m,不用放坡。查工作面表,c＝300mm		
JKL6(1个)	$V=(11.1-1.4\times2-2.4\times2)\times(0.37+2\times0.3)\times0.25=0.85m³$		
JKL1(1个)	略,由学生实训完成列式计算		
JKL7(1个)	同上		
JKL8(2个)	同上		
JKL9(2个)	同上		
	合计:挖沟槽体积		
	(未计算的挖沟槽体积及以下未演示的"回填土""土方运输"内容由学生实训完成)		

分部分项工程量表 表 5-16

工程名称：某办公楼 共 页 第 页

序号	定额编码	定额名称	定额单位	工程量
		A.1 土石方工程		
1	A1-1	人工平整场地	100m²	0.754
2	A1-9	人工挖基坑三类土深度 2m 以内	100m³	0.802
3	A1-9	人工挖沟槽三类土深度 2m 以内	100m³	
		(余下未列的内容由学生实训完成)		

评价反馈

学生进行自我评价,并将结果填入表 5-17 中。

学生自评表　　　　　　　　　　　　表 5-17

班级:　　　　　姓名:　　　　　学号:

学习任务	土(石)方工程		
评价项目	评价标准	分值	得分
砌筑工程概况	能说出土(石)方工程的内容及具体的子分部号和子分部名称	10	
计算土(石)方工程量前应准备的资料	能说出土壤类别如何确定,说出确定需要放坡、支挡土板、留工作面的方法,能计算挖土深度	20	
对土(石)方工程进行列项	能理解平整场地,挖土方、基坑、沟槽的划分规定,能按照"定额顺序法"准确进行土(石)方工程列项	20	
计算土(石)方工程的工程量	能理解平整场地、挖基坑、挖沟槽、基础回填土、室内回填土、土方运输的工程量计算规则,准确计算工程量	30	
工作态度	态度端正、认真,无缺勤、迟到、早退现象	10	
工作质量	能够按计划完成工作任务	10	
合计		100	

知识链接

知识点 1　土（石）方工程概况

1. 主要内容

码 5-8　土（石）方工程概况

A.1 土（石）方工程共 5 个子分部（224 个定额子目），即 A.1.1 土方工程、A.1.2 石方工程、A.1.3 土方回填、A.1.4 土石方运输、A1.5 其他工程。

（1）A.1.1 土方工程包括 4 个子分部共 22 个子目,子分部为:人工平整场地、挖淤泥、流沙;人工挖土方;人工挖沟槽、基坑;机械挖掘土方。

（2）A.1.2 石方工程包括 7 个子分部共 58 个子目,子分部为:人工凿石;人工打眼爆破石方;机械打眼爆破石方;石方控制爆破;石方静力爆破;履带式液压岩破碎机破碎岩石;挖掘机挖渣。

（3）A.1.3 土方回填包括 4 个子分部共 25 个子目,子分部为:人工回填土、原土打夯;人工回填砂、石、三合土;机械场地平整、原土（填土）碾压;挖掘机回填沟槽（基坑）。

（4）A.1.4 土石方运输包括 2 个子分部共 105 个子目,子分部为:土方运输;石方运输。

（5）A.1.5 其他工程包括 2 个子分部共 14 个子目,子分部为:支挡土板;基础钎插。

2. 计算土（石）方工程量前应准备的资料

（1）土壤类别的确定

根据工程勘察资料,对照表 5-18 确定土壤类别。

土壤分类表

表 5-18

土壤分类	土壤名称	开挖方法
一、二类土	粉土、砂土(粉砂、细砂、中砂、粗砂、砾砂)、粉质黏土、弱中盐渍土、软土(淤泥质土、泥炭、泥炭质土)、软塑红黏土、冲填土	用锹,少许用镐、条锄开挖。机械能全部直接铲挖满载者
三类土	黏土、碎石(圆砾、角砾)混合土、可塑红黏土、硬塑红黏土、强盐渍土、素填土、压实填土	主要用镐、条锄,少许用锹开挖。机械需部分刨松方能铲挖满载者或可直接铲挖但不能满载者
四类土	碎石土(卵石、碎石、漂石、块石)、坚硬红黏土、超盐渍土、杂填土	全部用镐、条锄挖掘,少许用撬棍挖掘。机械须普遍刨松方能铲挖满载者

（2）地下水位标高及降排水方法

应根据工程勘察资料来确定地下水位的标高，从而判定施工挖的是干土，还是湿土。地下水位以上为干土，以下为湿土。

定额中人工挖土方定额是按干土编制的（除挖淤泥、流砂为湿土外），如实际工程情况为挖湿土，人工乘以系数 1.18。

（3）土方、沟槽、基坑挖（填）起始标高、施工方法及运距

确定了挖（填）土起始标高，才能确定挖（填）土的深度，才能正确计算工程量。挖土、运土有人工和机械两种施工方法，不同的施工方法、不同运距，定额不同。因此，应根据施工组织设计文件确定施工方法及运距。

（4）确定是否需要放坡、支挡土板、留工作面等问题

1）放坡的确定：挖土时，当挖土深度超过一定的深度（即放坡起点）时，为防止土壁塌陷，常将沟槽、基坑上口放宽，侧壁修成一个斜坡，即为放坡（图 5-44）。是否放坡或上口放多宽应视挖土深度和土的类别，结合施工组织设计来确定。如无施工组织设计，放坡起点、放坡系数 K 按表 5-19 确定。

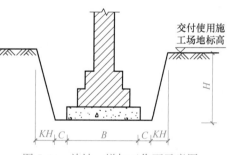

图 5-44 放坡、增加工作面示意图

放坡系数表

表 5-19

土壤类别	深度超过(m)	人工挖土(1∶K)	机械挖土(1∶K)		
			在坑内作业	在坑上作业	顺沟槽在坑上作业
一、二类土	1.20	1∶0.50	1∶0.33	1∶0.75	1∶0.50
三类土	1.50	1∶0.33	1∶0.25	1∶0.67	1∶0.33
四类土	2.00	1∶0.25	1∶0.10	1∶0.33	1∶0.25

沟槽、基坑中土壤类别不同时，分别按其放坡起点、放坡系数，依不同土壤厚度加权平均计算（图 5-45）。

加权平均放坡系数 $K = K_1 h_1 / h + K_2 h_2 / h + K_3 h_3 / h$

$= 0.5 \times 2/7 + 0.33 \times 2/7 + 0.25 \times 3/7 = 0.344$

2）支挡土板：在需要放坡的土方工程中，由于施工组织设计需要或受施工场地限制不能放坡时，需要支挡土板以阻挡土方塌陷。支挡土板时，挖沟槽、基坑的宽度按图示沟槽、基坑底宽，单面增加 100mm，双面增加 200mm 计算（图 5-46）。支挡土板后，不再计算放坡。

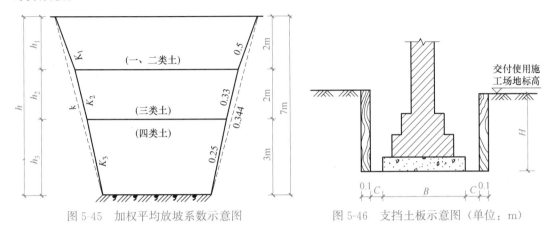

图 5-45　加权平均放坡系数示意图　　　　图 5-46　支挡土板示意图（单位：m）

3）工作面的规定：工作面是指工人施工操作或支模板时所需要增加的开挖断面宽度（图 5-44、图 5-46），用字母 C 表示。工作面宽度，按施工组织设计来确定。如无施工组织设计规定，按表 5-20 的规定计算。

基槽施工所需工作面宽度计算表　　　　　　　　表 5-20

基础材料	每边各增加工作面宽度（mm）	基础材料	每边各增加工作面宽度（mm）
砖基础	200	混凝土基础支模板	300
浆砌毛石、条石基础	150	基础垂直面做防水层	1000（防水层面）
混凝土基础垫层支模板	300		

3. 工程量计算的一般规则

（1）土方体积，均以挖掘前的天然密实体积为准计算。

（2）挖土方平均厚度应按自然地面测量标高至设计地坪标高间的平均厚度确定。基础土方、石方开挖深度应按基础垫层底表面至交付使用施工场地标高确定，无交付使用施工场地标高时，应按自然地面标高确定。

知识点 2　主要分项工程工程量计算

1. 平整场地

（1）基本概念

平整场地是指建筑物场地厚度在 ±300mm 以内的挖、填、运、找平（图 5-47），如±300mm 以内全部是挖方或填方，应套相应挖填及运土子目；挖、填土方厚度超过±300mm 时，按场地土方平衡竖向布置另行计算，套相应挖土方子目。

（2）计算规则

平整场地工程量按图示尺寸以建筑物首层建筑面积计算。

（3）计算方法

计算平整场地工程量时，查找首层平面图，按建筑面积计算规则计算。

（4）有关说明

按竖向布置进行大型挖土或回填土时，不得再计算平整场地的工程量。

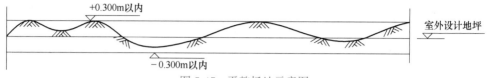

图 5-47　平整场地示意图

2. 挖沟槽、基坑、土方

（1）挖沟槽

1）基本概念

凡图示沟槽底宽在 7m 以内，且槽长大于槽宽 3 倍以上的为沟槽。

2）计算规则

按设计图示尺寸以体积计算。其中，挖沟槽长度：外墙按图示中心线长度；内墙按沟槽槽底净长度计算（图 5-48）；内外突出部分（垛、附墙烟囱等）体积并入沟槽土方工程量内计算。

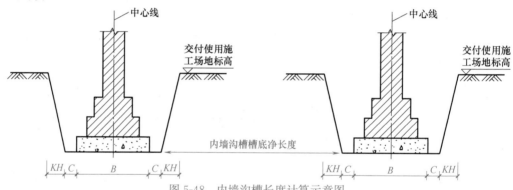

图 5-48　内墙沟槽长度计算示意图

3）计算方法

$$挖沟槽工程量 V = \sum (沟槽截面面积 \times 沟槽长度)$$

根据挖沟槽的施工方法不同，主要有以下几种计算方法。

① 有工作面、不放坡（图 5-49）　$V = (B+2C) \times H \times L$

② 从垫层下表面放坡（图 5-50）　$V = (B+2C+KH) \times H \times L$

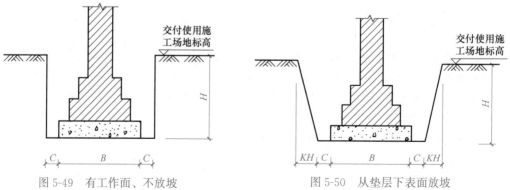

图 5-49　有工作面、不放坡　　　　　图 5-50　从垫层下表面放坡

③ 由垫层上表面放坡（图 5-51）　$V = B \times H_1 \times L + (B_1 + 2C + KH_2) \times H_2 \times L$

④ 有工作面、支挡土板（图 5-52）　$V = (B + 2C + 2 \times 0.1) \times H \times L$

式中　V——挖沟槽工程量（m^3）；

　　　B——垫层底面宽度（m）；

　　　B_1——基础底面宽度（m）；

　　　H——挖土深度（m）；

　　　H_2——垫层上表面至交付使用施工场地标高之间高度（m）；

　　　H_1——垫层高度（m）；

　　　C——工作面宽度（m）；

　　　L——沟槽长度（m），外墙按图示中心线长度计算，内墙按沟槽槽底净长度计算；

　　　K——放坡系数，按表 5-19 计算。

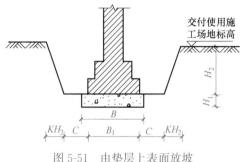
图 5-51　由垫层上表面放坡

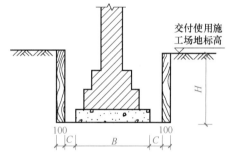
图 5-52　有工作面、支挡土板（单位：mm）

（2）挖基坑

1）基本概念

凡图示基坑底面积在 $150m^2$ 以内的为基坑。

2）计算规则

按设计图示尺寸以体积计算。

3）计算方法

挖基坑的施工方法很多，主要分以下几种：

① 有工作面、不放坡的矩形基坑　$V = (a + 2C) \times (b + 2C) \times H$

② 有工作面、支挡土板的矩形基坑　$V = (a + 2C + 2 \times 0.1) \times (b + 2C + 2 \times 0.1) \times H$

③ 从垫层下表面放坡的矩形基坑（图 5-53）

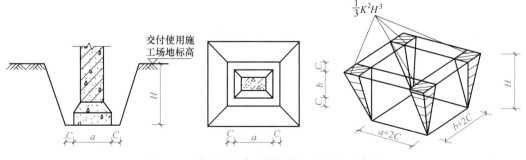
图 5-53　从垫层下表面放坡的矩形基坑示意图

$$V=(a+2C+KH)\times(b+2C+KH)\times H+\frac{1}{3}K^2H^3$$

④ 从垫层上表面放坡的矩形基坑（图 5-54）

$$V=a\times b\times H_2+(a_2+2C+KH_1)\times(b_2+2C+KH_1)\times H_1+\frac{1}{3}K^2H_1^3$$

式中　V——挖基坑工程量（m^3）；

　　a、b——分别为垫层的长和宽（m）；

　　a_2、b_2——分别为基础底面的长和宽（m）；

　　　H——挖土深度（m）；

　　　H_1——垫层上表面至交付使用施工场地标高之间高度（m）；

　　　H_2——垫层高度（m）；

$\frac{1}{3}K^2H_1^3$——基坑四角锥体的土方体积（m^3）；

　　　K——放坡系数；

　　　C——工作面宽度（m）。

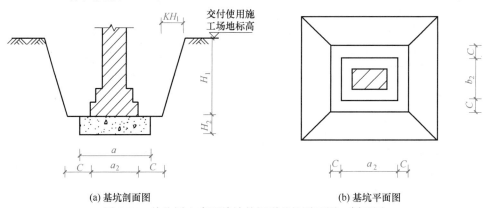

(a) 基坑剖面图　　　　　　　　　　　　　(b) 基坑平面图

图 5-54　从垫层上表面放坡的矩形基坑平面图、剖面图

⑤ 从垫层下表面开始放坡的圆形基坑（图 5-55）计算方法如下：

圆形基坑：
$$V=\frac{\pi}{3}H(r^2+R^2+r\times R)$$

式中　V——挖基坑工程量（m^3）；

　　H——挖土深度（m）；

　　r——基坑底半径（m）；

　　R——基坑上口半径（m）。

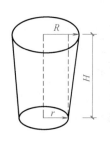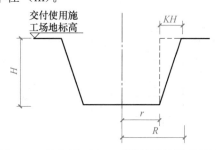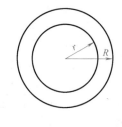

图 5-55　从垫层下表面开始放坡的圆形基坑示意图

（3）挖土方

1）基本概念

凡图示沟槽底宽 7m 以上，坑底面积在 150m² 以上的，均按挖土方计算。

2）计算规则

挖设计图示尺寸以体积计算。

3）计算方法

同沟槽（基坑）的计算方法。

4）有关说明

人工挖土方深度以 1.5m 为准，如超过 1.5m 者，需用人工将土运至地面时，应按相应定额子目人工费乘以表 5-21 所列系数（不扣除 1.5m 以内的深度和工程量）。

系数表（一）　　　　　　　　　　　　　　　表 5-21

深度	2m 以内	4m 以内	6m 以内	8m 以内	10m 以内
系数	1.08	1.24	1.36	1.5	1.64

注：如从坑内用机械向外提土者，按机械提土定额执行。实际使用机械不同时，不得换算。

（4）挖沟槽、基坑、土方常见情况说明

1）计算放坡时，在交接处的重复工程量不予扣除，原槽、坑做基础垫层时，放坡自垫层上表面开始计算。垫层需留工作面时，放坡自垫层下表面开始计算。

2）基础土方大开挖后再挖地槽、地坑，其深度应以大开挖后土面至槽、坑底标高计算；其土方如需外运时，按相应定额规定计算。

3）在有挡土板支撑下挖土方时，按实挖体积，人工费乘以系数 1.2。

4）采用机械施工时，应注意以下几点：

① 机械挖（填）土方，单位工程量小于 2000m² 时，定额乘以系数 1.1。

② 机械挖土人工辅助开挖，按施工组织设计的规定分别计算机械、人工挖土工程量；如施工组织设计无规定时，按表 5-22 规定确定机械和人工挖土比例。

系数表（二）　　　　　　　　　　　　　　　表 5-22

项目	地下室	基槽(坑)	地面以上土方	其他
机械挖土方	0.96	0.90	1.00	0.94
人工挖土方	0.04	0.10	0.00	0.06

注：人工挖土部分按相应定额子目人工费乘以系数 1.5，如需用机械装运时，按机械装（挖）运一、二类土定额计算。

3. 土方回填工程

（1）计算规则

回填土区分夯填、松填按图示回填体积并依据下列规定，以立方米计算：

1）场地回填土，按回填面积乘以平均回填厚度计算。

2）基础回填土，按挖方工程量减去自然地坪以下埋设基础体积（包括基础垫层及其他构筑物）。

3）室内回填土，按主墙（厚度在 120mm 以上的墙）之间的净面积乘以回填土厚度计算，不扣除间隔墙。

（2）计算方法

1）场地回填土 V＝回填面积×平均回填厚度

2）基础回填土 V＝挖方工程量－自然地坪以下埋设的基础、垫层等所占的体积

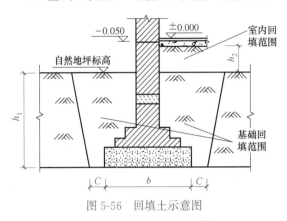

图 5-56 回填土示意图

3）室内（房心）回填土 V＝主墙间净面积 $S_{净}$×回填土厚度 h_2

其中回填土厚度 h_2 为室内地坪与自然地坪的高差减地面结构层厚度，如图 5-56 所示。

4. 土石方运输工程

（1）计算规则

按不同的运输方法和距离分别以天然密实体积计算。

（2）计算方法

运土体积＝挖土总体积－回填土总体积

式中计算结果为正值时为余土外运体积，负值时为需取土体积。

土方的运输应按施工组织设计规定的运输距离及运输方式套用定额。

码 5-9 土石方工程典型案例

知识点 3　典型案例的计算思路

【案例 5-7】　某建筑物基础如图 5-57 所示，已知交付使用施工场地标高为 −0.30m，土壤类别为三类土。施工时采用人工挖土，混凝土垫层支模板，放坡时从垫层下表面放坡。计算挖沟槽工程量。

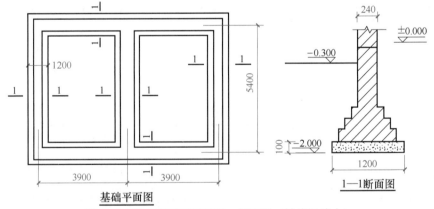

基础平面图

1—1断面图

图 5-57 某工程基础平面图、剖面图（轴线居墙中）

【解】　三类土，先判断是否需要放坡

挖土深度 H＝2.0−0.3＝1.7m＞放坡起点 1.5m

查表 5-19，放坡系数 K＝0.33

查表 5-20，混凝土垫层支模板，工作面宽度 C＝300mm

沟槽长度 L＝外墙沟槽中心线长度＋内墙沟槽槽底净长度

$$＝(3.9×2＋5.4)×2＋[5.4−(0.6＋0.3)×2]＝30m$$

挖沟槽工程量 V＝$(B＋2C＋KH)×H×L$

$$＝(1.2＋2×0.3＋0.33×1.7)×1.7×30＝120.41m^3$$

【案例 5-8】   如图 5-58 所示，自然地坪标高为－0.45m，室内回填土采用人工施工、夯填方式，计算室内回填土工程量。

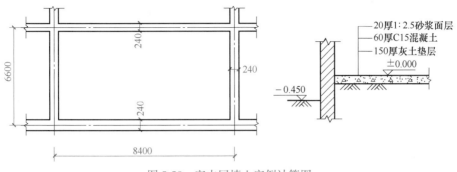

图 5-58   室内回填土实例计算图

【解】   室内回填土工程量 $V=$ 主墙间净面积 $S_净 \times$ 回填土厚度 h_2

主墙间净面积 $S_净 = (8.4-0.24) \times (6.6-0.24) = 51.90 \mathrm{m}^2$

回填土厚度 $h_2 = 0.45-0.02-0.06-0.15 = 0.22 \mathrm{m}$

室内回填土工程量 $V = S_净 \times h_2 = 51.90 \times 0.22 = 11.42 \mathrm{m}^3$

巩固训练

一、单项选择题

1. 三类土的放坡起点是（   ）m。

A. 1.20   B. 1.50   C. 2.0   D. 1.80

2. 混凝土基础支模板，基础施工所需工作面宽度按（   ）mm 计。

A. 200   B. 150   C. 300   D. 1000

3. 平整场地是指建筑物场地厚度在（   ）mm 以内的挖、填、运、找平。

A. ±200   B. ±300   C. ±250   D. ±150

4. 施工图预算中人工挖土深度以（   ）为起点。

A. 设计室内地坪   B. 设计室外标高

C. 实际室内地坪   D. 实际室外标高

5. 根据广西定额，挖沟槽的长度，内墙按（   ）计。

A. 沟槽槽底净长   B. 基底之间净长

C. 垫层底之间净长   D. 外墙内侧之间净长

二、多项选择题

1. 土方回填包含（   ）。

A. 场地回填土   B. 室内回填土   C. 基础回填土

D. 沟槽回填土   E. 基坑回填土

2. 下列描述正确的有（   ）。

A. 平整场地工程量按图示尺寸以建筑物建筑面积计算

B. 凡沟槽底宽在 7m 以内，且槽长大于槽宽 3 倍以上的，为沟槽

C. 凡图示基坑面积在 150m² 以上的为基坑

D. 土石方工程量按不同运输方法和距离分别以天然密实体积计算

E. 支挡土板时，沟槽、基坑的宽度单面增加 100mm，双面增加 200mm

任务 5.4　屋面及防水工程和保温、隔热、防腐工程

任务描述

由表 5-2 可知，屋面及防水工程造价占总造价的比例为 3.13%，保温、隔热、防腐工程占造价的比例为 1.87%，屋面及防水工程和保温、隔热、防腐工程占总造价的 5.00%。

屋面及防水工程和保温、隔热、防腐工程包括哪些分项内容？各分项工程的工程量计算规则有何规定？如何应用规则准确进行计量计算？

阅读本任务的知识链接，完成任务清单，回答相应问题。

成果形式

完成任务清单中的引导问题和实训。

工作准备

认真学习知识链接中的相关知识点，理解屋面及防水工程和保温、隔热、防腐工程的定额项目及定额编码，熟悉屋面及防水工程和保温、隔热、防腐工程分部的组成，熟悉各分项工程的工程量计算规则。

任务清单

任务实施

引导问题 1：屋面及防水工程包括哪些内容？保温、隔热、防腐工程包括哪些内容？说出它们具体的子分部号和子分部名称。

引导问题 2：屋面防水工程主要包括哪些防水屋面？它们的工程量计算有何规定？保温隔热屋面的工程量如何计算？

引导问题 3：在老师指导下完成下列两项实训：

【实训任务单 1】对附录 1 某办公楼项目的屋面及防水工程和保温、隔热、防腐工程进行列项，将结果填入《分部分项工程量表》。

【实训任务单 2】在《工程量计算表》中，计算附录 1 某办公楼项目的屋面及防水工程和保温、隔热、防腐工程的工程量，计算完一个分项工程的工程量后，将工程量填入《分部分项工程量表》。

实训解析

实训任务工作过程：

码 5-10　某办公楼屋面防水及保温、隔热工程列项

1. 项目情况分析

（1）阅读附录 1 的 J-01 建筑设计总说明，了解屋面的做法：屋面做法详 98ZJ001 屋 11。具体做法为：35mm 厚 490mm×490mm；C20 预制钢筋混凝土板 M2.5 砂浆砌巷砖三皮，中距 500mm；4mm 厚 SBS 改性沥青防水卷材；刷基层处理剂一遍；20mm 1：2 水泥砂浆找平层；20mm 厚（最薄处）1：10 水泥珍珠岩找 2％坡；钢筋混凝土屋面板，表面清扫干净。

（2）阅读附录 1 的 J-04（屋顶平面图），J-07（1-1 剖面图），了解屋面基本情况：本项目屋顶面采用 98ZJ001 屋 11，屋顶面四周设有挑檐，挑檐屋面做法为：SBS 改性沥青防水卷材；刷基层处理剂一遍；20mm 1：2 水泥砂浆找平层；C25 钢筋混凝土板。

2. 熟悉知识链接的知识点 1，进行定额列项。

（1）列项思路

1）采用"定额顺序法"进行列项，避免遗漏或重复。注意先写分部名称，再逐一列项。

2）按照定额的顺序，首先查找到的定额是"4mm 厚 SBS 改性沥青防水卷材；刷基层处理剂一遍"，列出第 1 项"A7-47 换　改性沥青防水卷材热贴屋面/一层/满铺（换 4mm 厚改性沥青卷材）"，填写"定额编码、定额名称、定额单位"信息。

3）按照定额的顺序，找到保温、隔热子目，根据图纸信息"20mm 厚（最薄处）1：10 水泥珍珠岩找 2％坡"，初步确定定额可以选"A8-6 100mm 厚现浇水泥珍珠岩 1：8 屋面保温"，注意定额厚度为 100mm，需要计算确定本项目保温层的厚度，按知识链接的知识点 2 的保温、隔热，当保温层兼作找坡层时，平均厚度计算方法，计算过程如下：

根据"办公楼"图纸屋面保温层有 1％、2％两种坡度，按 1.5％估算平均厚度：

$$d=L×\tan\alpha×1/4+d_1=(11600-180×2)×1.5％×1/4+20=62.15mm$$

所以，定额需要进行厚度换算：

"A8-6 换 屋面保温/现浇水泥珍珠岩/1：8｛换 1：10｝/厚度 100mm（实际厚度 62.15mm）100m²"

（2）列项演示（表 5-23）

分部分项工程量表　　　　　　　　　　　　　　　　表 5-23

工程名称：某办公楼　　　　　　　　　　　　　　　　　　共　页　第　页

序号	定额编码	定额名称	定额单位	工程量
		A.7　屋面防水工程		
1	A7-47 换	改性沥青防水卷材热贴屋面/一层/满铺（换 4mm 厚改性沥青卷材）	100m²	
		A.8　屋面保温隔热工程		
1	A8-6 换	屋面保温/现浇水泥珍珠岩/1：8｛换 1：10｝/厚度 100mm（实际厚度 62.15mm）	100m²	
2	A8-29	屋面混凝土隔热板铺设/板式架空/砌三皮标准砖巷砖	100m²	

3. 对列好的项目，逐条对照知识链接的知识点 2 的工程量计算规则，在《工程量计算表》中按图填列计算式，计算工程量，及时将结果填入《分部分项工程量表》。

计算过程演示见表 5-24、表 5-25。

工程量计算表 表 5-24

工程名称：某办公楼　　　　　　　　　　　　　　　　　　　　共 页 第 页

项目名称	工程量计算式	工程量	单位
改性沥青防水屋面	$S=S_{水平投影面积}+S_{上弯面积}$	1.101	$100m^2$
	屋顶面：		
	$S_{水平投影面积}=(11.6-0.18\times2)\times(6.5-0.18\times2)=69.01m^2$		
	$S_{上弯面积}=(11.6-0.18\times2+6.5-0.18\times2)\times2\times$ 上弯高度 $0.25=8.69m^2$		
	合计：69.01+8.69=77.70m²		
	挑檐面(提示：按"任务5.1中知识点4的边长公式"来计算挑檐的面积)		
	$S_{水平投影面积}=L_{中心线}\times$挑檐面净宽$(0.6-0.25-0.06)+$阳台上方挑檐面$(4.56-0.06\times2)\times(1.6-0.6)$		
	其中：$L_{中心线}=(11.6+6.5)\times2+8\times(0.6-0.25-0.06)/2=37.36m$		
	因此：$S_{水平投影面积}=37.36\times(0.6-0.25-0.06)+(4.56-0.06\times2)\times(1.6-0.6)=15.27m^2$		
	上弯高度：女儿墙侧面为250mm，挑檐侧面为200mm		
	$S_{女儿墙侧上弯面积}=(11.6+6.5)\times2\times0.25=9.05m^2$		
	$S_{挑檐侧上弯面积}=[(11.6+6.5)\times2+8\times(0.6-0.25-0.06)]\times0.2+(1.6-0.6)\times0.2\times2$		
	$=8.10m^2$		
	合计：15.27+9.05+8.10=32.42m²		
	汇总：77.70+32.42=110.12m²		
A8-6换 水泥珍珠岩保温层	工程量同屋面防水的 $S_{水平投影面积}=69.01m^2$	0.69	$100m^2$
	"架空隔热板"由学生实训完成		

分部分项工程量表 表 5-25

工程名称：某办公楼　　　　　　　　　　　　　　　　　　　　共 页 第 页

序号	定额编码	定额名称	定额单位	工程量
		A.7　屋面防水工程		
1	A7-47换	改性沥青防水卷材热贴屋面/一层/满铺(换4mm厚改性沥青卷材)	$100m^2$	1.101
		A.8　屋面保温隔热工程		
1	A8-6换	屋面保温/现浇水泥珍珠岩/1:8{换1:10}/厚度100mm(实际厚度62.15mm)	$100m^2$	0.69
2	A8-29	屋面混凝土隔热板铺设/板式架空/砌三皮标准砖巷砖	$100m^2$	

评价反馈

学生进行自我评价，并将结果填入表 5-26 中。

班级：　　　　姓名：　　　　　学号：			
学习任务	屋面及防水工程和保温、隔热、防腐工程		
评价项目	评价标准	分值	得分
屋面及防水工程和保温、隔热、防腐工程概况	能说出屋面及防水工程和保温、隔热、防腐工程的内容，说出具体的子分部号和子分部名称	10	
保温隔热层兼做找坡层时，平均厚度计算方法	能应用公式计算保温隔热层的平均厚度	20	
对屋面及防水工程和保温、隔热、防腐工程进行列项	能区分不同防水屋面的种类，能理解不同保温、隔热屋面的做法，能按照"定额顺序法"准确进行工程列项	20	
计算屋面及防水工程和保温、隔热、防腐工程的工程量	能理解卷材防水屋面、涂料防水屋面、刚性防水屋面、屋面保温隔热层的工程量计算规则，准确计算工程量	30	
工作态度	态度端正、认真，无缺勤、迟到、早退现象	10	
工作质量	能够按计划完成工作任务	10	
合计		100	

知识链接

知识点 1　屋面及防水工程和保温、隔热、防腐工程概况

1. 屋面及防水工程主要内容

A.7 屋面及防水工程共 4 个子分部（219 个定额子目），包括 A.7.1 屋面工程、A.7.2 屋面防水工程、A.7.3 墙和地面防水、防潮工程、A.7.4 变形缝。

码 5-11　屋面及防水工程和保温、隔热、防腐工程概况

（1）A.7.1 屋面工程包括 4 个子分部共 40 个子目，子分部为：瓦屋面；型材屋面；种植屋面；屋面天沟。

（2）A.7.2 屋面防水工程包括 3 个子分部共 61 个子目，子分部为：屋面卷材防水；屋面涂膜防水；屋面刚性防水。

（3）A.7.3 墙和地面防水、防潮工程包括 3 个子分部共 85 个子目，子分部为：卷材防水；涂膜防水；砂浆防水。

（4）A.7.4 变形缝包括 3 个子分部共 33 个子目，子分部为：填缝；止水带；盖缝。

2. 保温、隔热、防腐工程主要内容

A.8 保温隔热防腐工程工程共 3 个子分部（291 个定额子目），包括 A.8.1 保温、隔热；A.8.2 防腐面层；A.8.3 其他防腐。

（1）A.8.1 保温、隔热包括 5 个子分部共 86 个子目，子分部为：屋面保温、隔热；天棚保温；墙体保温；柱、梁保温；楼地面隔热。

（2）A.8.2 防腐面层包括 6 个子分部共 138 个子目，子分部为：防腐混凝土面层；防腐砂浆面层；防腐胶泥面层；玻璃钢防腐面层；聚氯乙烯板面层；块料防腐面层。

（3）A.8.3 其他防腐包括 3 个子分部共 67 个子目，子分部为：隔离层；砌筑沥青浸渍砖；防腐涂料。

知识点 2　主要分项工程工程量计算

1. 屋面工程

屋面工程包括瓦屋面、型材屋面、种植屋面、屋面天沟。

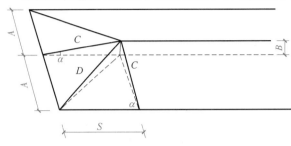

图 5-59　坡度系数各字母含义示意图

注：1. 两坡排水屋面面积＝屋面水平投影面积×延尺系数 C
2. 四坡排水屋面斜脊长度＝A×隔延尺系数 D（当 $S=A$ 时）
3. 沿山墙泛水长度＝A×延尺系数 C

计算规则：

1）瓦屋面、型材屋面（彩钢板、波纹瓦）按图 5-59 中尺寸的水平投影面积乘以屋面坡度系数（表 5-27）的斜面积计算，曲屋面按设计图示尺寸的展开面积计算。不扣除房上烟囱、风帽底座、风道、屋面小气窗、斜沟等所占面积，屋面小气窗的出檐部分也不增加。其余工程略。

2）瓦脊按设计图示尺寸以延长米计算。

屋面坡度系数表　　　　　　　　　　　　　　　　　　　表 5-27

坡度 $B(A=1)$	坡度 $(B/2A)$	坡度角 (α)	延尺系数 $C(A=1)$	隔延尺系数 $D(A=1)$	坡度 $B(A=1)$	坡度 $(B/2A)$	坡度角 (α)	延尺系数 $C(A=1)$	隔延尺系数 $D(A=1)$
1	1/2	45°	1.4142	1.7321	0.4	1/5	21°48′	1.077	1.4697
0.75		36°52′	1.25	1.6008	0.35		19°17′	1.0594	1.4569
0.7		35°	1.2207	1.5779	0.3		16°42′	1.044	1.4457
0.666	1/3	33°40′	1.2015	1.562	0.25		14°02′	1.0308	1.4362
0.65		30°01′	1.1926	1.5564	0.2	1/10	11°19′	1.0198	1.4283
0.6		30°58′	1.1662	1.5362	0.15		8°32′	1.0112	1.4221
0.577		30°	1.1547	1.527	0.125		7°8′	1.0078	1.4191
0.55		28°49′	1.1413	1.517	0.1	1/20	5°42′	1.005	1.4177
0.5	1/4	26°34′	1.118	1.5	0.083		4°45′	1.003	1.4166
0.45		24°14′	1.0966	1.4839	0.066	1/30	3°49′	1.0022	1.4157

2. 屋面防水工程

屋面工程包括卷材防水屋面、涂膜防水屋面、刚性防水屋面。

（1）基本概念

卷材防水屋面：指利用胶结材料粘贴卷材进行防水的屋面。

涂膜防水屋面：指在基层上涂刷防水涂料，经固化后形成具有防水效果的薄膜。

刚性防水屋面：指利用细石混凝土、补偿收缩混凝土等进行防水的屋面。

（2）计算规则

1）卷材屋面按设计图示尺寸的面积计算。平屋顶按水平投影面积计算，斜屋顶（不包括平屋顶找坡）按斜面积计算，曲屋面按展开面积计算。不扣除房上烟囱、风帽底座、风道、屋面小气窗和斜沟所占的面积，屋面的女儿墙、伸缩缝和天窗等处的弯起部分，并入屋面工程量内。如图纸无规定时，伸缩缝、女儿墙的弯起部分可按 250mm 计算（图 5-60），天窗、房上烟囱、屋顶楼间弯起部分可按 300mm 计算（图 5-61）。

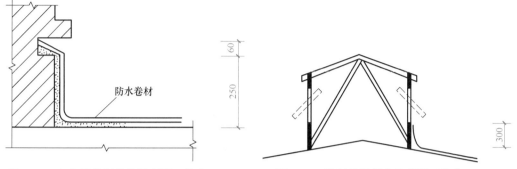

图 5-60 女儿墙弯起部分示意图（单位：mm）   图 5-61 天窗弯起部分示意图（单位：mm）

2）卷材屋面的附加层、接缝、收头已包含在定额内，不另计算；定额中如已含冷底子油的，不得重复计算。

3）涂膜屋面的工程量计算同卷材屋面。涂膜屋面的油膏嵌缝、玻璃布盖缝、屋面分格缝按图示尺寸以延长米计算。

4）屋面刚性防水按设计图示尺寸以平方米计算，不扣除房上烟囱、风帽底座等所占面积。

3. 墙和地面防水、防潮工程

墙和地面防水、防潮工程包括卷材防水、涂膜防水、砂浆防水。

（1）计算规则

1）墙和地面防水、防潮工程按设计图示尺寸以平方米计算。

2）建筑物地面防水、防潮层，按主墙间净空面积计算，扣除凸出地面的构筑物、设备基础等所占的面积，不扣除间壁墙及单个 0.3m² 以内柱、垛、烟囱和孔洞所占面积。与墙面连接处上卷高度在 300mm 以内者按展开面积计算，并入平面工程量内，超过 300mm 时，按立面防水层计算。

3）建筑物墙基防水、防潮层：外墙长度按中心线，内墙按净长乘以宽度以平方米计算。

（2）有关说明

墙和地面防水、防潮工程适用于楼地面、墙基、墙身、构筑物、水池、水塔及室内厕所、浴室及建筑物±0.000 以下的防水、防潮等。

4. 变形缝

变形缝包括填缝、止水带、盖缝。

各种变形缝按设计图示尺寸以延长米计算。

5. 保温、隔热

保温、隔热包括屋面隔热、屋面保温、墙体保温、柱梁保温、楼地面保温。

（1）计算规则

屋面保温、隔热层，按设计图示尺寸以面积计算，扣除 0.3m² 以上的孔洞所占面积

（图 5-62）。

（2）计算方法

保温、隔热层工程量计算式为：

$$S = 图示面积 - \sum 0.3m^2 以上柱、垛、孔洞所占面积$$

当保温层兼作找坡层时，应先计算平均厚度，再套用相应定额子目。平均厚度 d 的计算（图 5-63）：

单坡找坡层 $\qquad d = L \times \tan\alpha \times 1/2 + d_1$

双坡找坡层 $\qquad d = L \times \tan\alpha \times 1/4 + d_1$

式中 L——坡宽；

$\tan\alpha$——坡度系数；

d_1——最薄处厚度。其中 L、d、d_1 均以"mm"为单位。

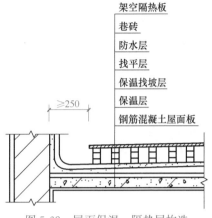

图 5-62 屋面保温、隔热层构造示意图（单位：mm）

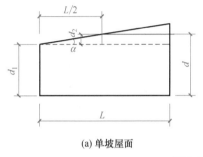

(a) 单坡屋面

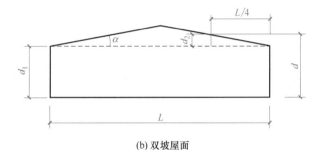

(b) 双坡屋面

图 5-63 屋面找坡层平均厚度示意图

知识点 3　典型案例的计算思路

【**案例 5-9**】　某别墅四坡屋面如图 5-64 所示，设计规定屋面坡度为 1/4，屋面做法为：英红水泥彩瓦屋面，1.5mm 厚聚氨酯涂膜防水，20mm 厚 1:2.5 水泥砂浆找平，现浇钢筋混凝土屋面板。计算屋面工程量、屋面正脊和四条斜脊的长度、屋面防水工程量，并按 2013"广西定额"套用定额。

码 5-12 案例 5-9 中使用的屋面及防水定额

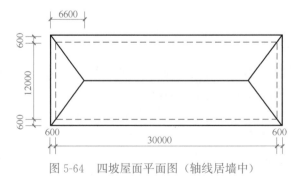

图 5-64 四坡屋面平面图（轴线居墙中）

码 5-13 屋面及防水工程和保温、隔热、防腐工程典型案例

【**解**】　（1）该屋面为瓦屋面，屋面工程量按屋面斜面积计算。

查表 5-27：延尺系数 C 为 1.118，隔延尺系数 D 为 1.5

因此：屋面工程量 $S =$ 屋面水平投影面积 $\times$ 延尺系数 C

$$=(30+2\times0.6)\times(12+2\times0.6)\times1.118$$
$$=460.44\mathrm{m}^2$$

套用定额子目：A7-22 在混凝土板面盖水泥彩瓦/盖屋面　100m² 　4.60

（2）屋面正脊长度＝30＋2×0.6－2×6.6＝18m

屋面四条斜脊长度＝A×隅延尺系数 D×4 条
$$=(12+2\times0.6)/2\times1.5\times4$$
$$=39.6\mathrm{m}$$

正脊、斜脊合计长度＝18＋39.6＝57.6m

套用定额子目：A7-23 在混凝土板面盖水泥彩瓦/盖正、斜脊　100m 　0.58

（3）屋面防水为卷材防水，工程量按屋面斜面积计算，同瓦屋面工程量
$$S=460.44\mathrm{m}^2$$

套用定额子目：A7-80 屋面聚氨酯涂膜防水/1.5mm 厚　100m² 　4.60

【案例 5-10】 如图 5-65 所示某工程屋面采用 3mm SBS 改性沥青防水卷材，女儿墙厚 240mm，计算其屋面防水工程量。

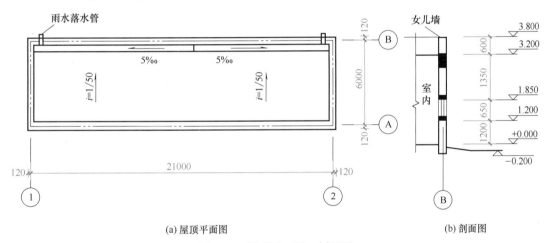

(a) 屋顶平面图　　　　　　　　　　(b) 剖面图

图 5-65　屋顶平面图、剖面图

【解】 屋面为卷材防水屋面，按水平投影面积计算

图纸无规定时女儿墙的弯起部分按 250mm 计算

$$S=S_{水平投影面积}+S_{上弯}$$
$$=(21-2\times0.12)\times(6-2\times0.12)+[(21-2\times0.12)\times2+(6-2\times0.12)\times2]\times0.25$$
$$=132.84\mathrm{m}^2$$

巩固训练

一、单项选择题

1. 根据广西定额规定，下列项目不是按面积计算的是（　　）。

A. 变形缝　　　　　　　　　　　　　B. 屋面水泥珍珠岩找平层

C. 屋面混凝土架空隔热层　　　　　　D. 屋面 SBS 改性沥青防水卷材

2. 卷材屋面的女儿墙、伸缩缝和天窗等处的弯起部分，并入屋面工程量内。如图纸

无规定时，伸缩缝、女儿墙的弯起部分可按（　　）计算，天窗、房上烟囱、屋顶楼间弯起部分可按（　　）计算。

A. 200mm　　　　　B. 250mm　　　　C. 300mm　　　　D. 500mm

二、多项选择题

关于涂膜防水屋面，下列描述正确的是（　　）。

A. 平屋顶按水平投影面积计算

B. 斜屋顶按斜面积计算

C. 曲屋面按展开面积计算

D. 屋面的女儿墙、伸缩缝和天窗等处的弯起部分，并入屋面工程量内

E. 如图纸无规定时，女儿墙的弯起部分可按 200mm 计算，屋顶楼间弯起部分可按 250mm 计算

项目6

Chapter 06

装饰工程工程量计算

▶▶

【学习情境】

我们已经完成建筑工程工程量计算的学习，大家对如何列项，如何开展工程量计算有了初步认识，也逐步养成认真阅读施工图，正确使用规范和标准的习惯，从本项目开始，将把这些方法应用到装饰工程的列项和工程量计算中，循序渐进，不断提高我们工程计量的能力。

【学习目标】

码 6-1　某办公楼装饰装修工程列项

知识目标

1. 熟悉"2013 广西定额"装饰工程各分部号及分部名称；

2. 理解楼地面工程、墙（柱）面工程、天棚工程、门窗工程、油漆、涂料、裱糊工程和其他装饰工程的定额说明；

3. 掌握楼地面工程、墙（柱）面工程、天棚工程、门窗工程、油漆、涂料、裱糊工程和其他装饰工程常见项目工程量计算规则和计算方法。

能力目标

1. 能依据图纸信息，正确选用恰当定额，进行定额列项；

2. 能较熟练根据块料面层、楼梯面层、踢脚线、一般抹灰、镶贴块料面层、天棚抹灰、门窗工程、楼梯栏杆等工程量计算规则和说明计算工程量。

素质目标

1. 养成自主学习、举一反三的良好习惯；

2. 勤于实践，在实践中锻炼和提高；

3. 培养善于发现问题、提出问题和解决问题的能力。

思政目标

1. 理解不同装饰材料对于工程造价的影响，培养学生成本控制意识和职业素质；

2. 从建筑装饰材料的飞速发展，引导学生主动关心和了解行业新材料、新工艺，与时俱进。

任务 6.1　楼地面工程

任务描述

查看表 5-2 可知，楼地面工程造价占总造价的比例为 9.32%，属于对造价影响较大的分部工程。

那么，楼地面工程包括哪些分项内容？各分项工程的工程量计算规则有何规定？应如何应用规则准确进行计量计算？

请大家阅读本任务的知识链接，完成任务清单，回答相应问题。

成果形式

完成任务清单中的引导问题和实训。

工作准备

认真学习知识链接中的相关知识点，理解楼地面工程的定额项目及定额编码，熟悉楼地面工程分部的组成，熟悉各分项工程的工程量计算规则。

任务清单

任务实施

引导问题 1：楼地面工程包括哪些内容？说出它们具体的子分部号和子分部名称。

引导问题 2：找平层、整体面层、块料面层、楼梯面层、台阶面层、踢脚线的工程量计算有何规定？如何计算工程量？

引导问题 3：在老师指导下完成下列两项实训：

【实训任务单 1】　对附录 1 某办公楼项目的楼地面工程进行列项，将结果填入《分部分项工程量表》。

【实训任务单 2】　在《工程量计算表》中，计算附录 1 某办公楼项目的楼地面工程的工程量，完成一个分项工程的工程量计算后，将工程量填入《分部分项工程量表》。

实训解析

实训任务工作过程：

1. 项目情况分析。

了解楼地面的构造做法，本项目楼地面做法如表 6-1 所示。

楼地面做法汇总　　　　　　　　　　　　　　　表 6-1

序号	位置	构造做法
1	一层地面	地 19,陶瓷地砖地面(600mm×600mm)
2	二层楼面	楼 10,陶瓷地砖楼面(600mm×600mm)
3	楼梯面层	同地面做法,陶瓷地砖楼梯
4	台阶面层	20mm 厚水泥砂浆面层(J-07)
5	踢脚	陶瓷地砖踢脚高 150mm

注:本项目假设"本工程 600×600 抛光砖因档次未定采用暂估价 52 元/m²"。

2. 熟悉知识链接的知识点 1,进行定额列项。

(1) 在教师指导下,熟悉知识链接的知识点 1,结合附录 6 的"2013 广西定额"部分定额表,对某办公楼楼地面工程进行列项。

学生完成列项任务后,进行自检和学生间互评,最后教师结合学生完成情况讲评,训练学生"A.9 楼地面工程"列项能力。

(2) 列项演示见表 6-2。

分部分项工程量表　　　　　　　　　　　　　　表 6-2

工程名称:某办公楼　　　　　　　　　　　　　　　　　共　页　第　页

序号	定额编码	定额名称	定额单位	工程量
		A.9 楼地面工程		
1	A9-83 换	陶瓷地砖楼地面/每块周长 2400mm 以内(首层地面):600×600 抛光砖为甲供暂估	100m²	
2	A9-83 换	陶瓷地砖楼地面/每块周长 2400mm 以内(楼面):600×600 抛光砖为甲供暂估	100m²	
3	A9-96 换	陶瓷地砖/楼梯	100m²	
……		(余下未列的内容由学生实训完成)		

3. 对列好的项目,逐条对照知识链接的知识点 2 的工程量计算规则,在《工程量计算表》中按图填列计算式,计算工程量,并将结果及时填入《分部分项工程量表》。

计算过程演示见表 6-3、表 6-4。

工程量计算表　　　　　　　　　　　　　　　　表 6-3

工程名称:某办公楼　　　　　　　　　　　　　　　　　共　页　第　页

项目名称	工程量计算式	工程量	单位
首层陶瓷地砖楼地面	办公室 $S=[(3.3-0.24)\times(6-0.24)+0.9\times0.24]\times2=35.68\text{m}^2$	0.603	100m²
	接待室 $S=(4.5-0.24)\times(3.9-0.24)+0.9\times0.24+2.4\times0.37=16.70\text{m}^2$		
	楼梯间 $S=(4.5-0.24)\times(2.1-0.24)=7.92\text{m}^2$		
	合计:$35.68+16.70+7.92=60.30\text{m}^2$		

续表

项目名称	工程量计算式	工程量	单位
二层陶瓷地砖楼地面	办公室 $S=[3.6-0.24)\times(6-0.24)+0.9\times0.24]\times2=35.68m^2$	0.5881	$100m^2$
	会客厅 $S=(4.5-0.24)\times(3.9-0.24)+0.9\times0.24+0.9\times0.37=16.14m^2$		
	楼梯间 $S=(0.925-0.25)\times(0.99\times2+0.12-0.24)=1.26m^2$		
	阳台 $S=(4.5-0.055\times2)\times(1.6-0.25-0.18)=5.14m^2$		
	合计:$35.68+16.14+1.26+5.14=58.81m^2$		
楼梯陶瓷地砖	$S=(2.43+0.9+0.25)\times(0.99\times2+0.12-0.24)\times(2-1)=6.66m^2$	0.067	$100m^2$
	(余下未列内容由学生实训完成)		

分部分项工程量表　　　　　　　　　　　　　表 6-4

工程名称:某办公楼　　　　　　　　　　　　　　　　　　　　共　页　第　页

序号	定额编码	定额名称	定额单位	工程量
		A.9 楼地面工程		
1	A9-83 换	陶瓷地砖楼地面/每块周长 2400mm 以内(首层地面):600×600 抛光砖为甲供暂估	$100m^2$	0.603
2	A9-83 换	陶瓷地砖楼地面/每块周长 2400mm 以内(楼面):600×600 抛光砖为甲供暂估	$100m^2$	0.588
3	A9-96 换	陶瓷地砖/楼梯	$100m^2$	0.067
……		(余下未列的内容由学生实训完成)		

评价反馈

学生进行自我评价,并将结果填入表 6-5 中。

学生自评表　　　　　　　　　　　　　　　　表 6-5

班级:	姓名:	学号:		
学习任务		楼地面工程		
评价项目	评价标准		分值	得分
楼地面工程概况	能说出楼地面工程的内容及具体的子分部号和子分部名称		10	
整体面层、块料面层主要包含的内容	能说出整体面层、块料面层主要包含的面层		10	
对楼地面工程进行列项	能按照"定额顺序法"准确进行工程列项		30	
计算楼地面工程的工程量	能理解楼地面工程主要的工程量计算规则,准确计算工程量		30	
工作态度	态度端正、认真,无缺勤、迟到、早退现象		10	
工作质量	能够按计划完成工作任务		10	
合计			100	

知识链接

码 6-2　楼地面工程概况

知识点 1　楼地面工程概况

1. 楼地面工程主要内容

A.9 楼地面工程共 4 个子分部（174 个定额子目），包括 A.9.1 找平层、A.9.2 整体面层、A.9.3 块料面层、A.9.4 其他。

（1）A.9.1 找平层共 9 个子目。

（2）A.9.2 整体面层包括 3 个子分部共 18 个子目，子分部为：水泥砂浆面层、水磨石、其他整体面层。

（3）A.9.3 块料面层包括 17 个子分部共 137 个子目，常用的子分部有：大理石、花岗岩、方整石、预制水磨石块、陶瓷地砖、陶瓷锦砖（马赛克）等。

（4）A.9.4 其他包括 2 个子分部共 10 个子目，子分部为：分隔嵌条、防滑条，酸洗打蜡。

楼地面分底层地面和楼层地面。底层地面自下而上一般由素土夯实、垫层、地面防水（潮）层、找平层、结合层、面层等构成，楼层地面自下而上一般由钢筋混凝土板、找平层、结合层、面层等构成。

2. 定额说明

（1）砂浆和水泥砂浆的配合比及厚度、混凝土的强度等级、饰面材料的型号规格，如设计与定额规定不同时，可以换算，其他不变。

（2）零星子目适用于台阶侧面装饰、小便池、蹲位、池槽以及单个面积在 $0.5m^2$ 以内且定额未列的少量分散的楼地面工程。

知识点 2　主要分项工程工程量计算

1. 找平层、整体面层

找平层包括水泥砂浆找平层、细石混凝土找平层、沥青砂浆找平层、找平层分格缝/塑料油膏嵌缝、普通水泥自流平地面等。

整体面层包括水泥砂浆整体面层、水磨石整体面层、楼地面铺砌卵石整体面层、环氧自流平地面等。

计算规则：找平层、整体面层均按设计图示尺寸以平方米计算，扣除凸出地面的构筑物、设备基础、室内管道、地沟等所占面积，不扣除间壁墙、单个 $0.3m^2$ 以内的柱、垛、附墙烟囱及孔洞所占面积，门洞、暖气包槽、壁龛的开口部分不增加面积。

2. 块料面层

块料面层包括大理石、花岗岩、方整石、预制水磨石块、广场砖、陶瓷地砖、陶瓷锦砖（马赛克）、缸砖、玻璃地面、塑料板及橡胶板、PVC 塑胶地面、聚氨酯弹性安全地砖、球场面层、地毯及附件、竹地板及木地板、防静电地板等块料面层。

计算规则：

1）块料面层按设计图示尺寸以平方米计算。门洞、空圈、暖气包槽、壁龛的开口部分面积并入相应的工程量内。

2）块料面层拼花按拼花部分实贴面积以平方米计算。

3）橡胶、塑料、地毯、竹木地板、防静电活动地板、金属复合地板面层、地面（地台）龙骨按设计图示尺寸以平方米计算。门洞、暖气包槽、壁龛的开口部分并入相应的工程量内。

3. 楼梯面层

楼梯面层与楼地面面层做法相同，也包括整体面层和块料面层。

（1）计算规则

1）楼梯面层按楼梯（包括踏步、休息平台以及小于 500mm 宽的楼梯井）水平投影面积以平方米计算。楼梯与楼地面相连时，算至梯口梁外侧边沿；无梯口梁者，算至最上一层踏步边沿加 300mm。

2）楼梯不满铺地毯子目按实铺面积以平方米计算。

3）楼梯踏步防滑条按设计图示尺寸（无设计图示尺寸者按楼梯踏步两端距离减 300mm）以延长米计算。

（2）有关说明

楼梯面层不包括防滑条、踢脚线及板底抹灰，防滑条、踢脚线、板底抹灰另按相应定额子目计算。

4. 台阶面层

（1）计算规则

台阶面层（包括踏步及最上一层踏步边沿加 300mm）按水平投影面积以平方米计算。

图 6-1 台阶示意图

（2）有关说明

1）台阶面层分整体面层及块料面层，查找定额时按具体做法进行查找。

2）台阶面层子目不包括牵边、侧面装饰及防滑条（牵边为台阶两侧用砖砌的矮墙，也称为梯带，见图 6-1）。

5. 踢脚线

（1）计算规则

踢脚线按设计图示尺寸以平方米计算（即踢脚线长度乘以高度）。

（2）有关说明

1）楼梯踢脚线套用相应踢脚线子目乘以系数 1.15，楼梯踢脚线中的三角形面积（锯齿形）并入楼梯踢脚线工程量内。

2）弧形踢脚线子目仅适用于使用弧形块料的踢脚线。

知识点 3　典型案例的计算思路

【案例 6-1】　如图 6-2 所示为某单层建筑物平面图，墙厚均为 240mm，轴线居墙中，M 的尺寸为 900mm×2100mm，门框厚 90mm，门居墙中安装，请按下面两种地面做法，计算地面工程量。

（1）地面做法 1：素土夯实；60mm

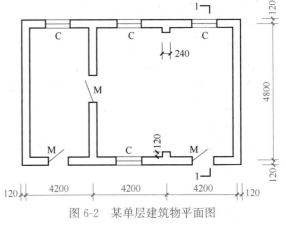

图 6-2　某单层建筑物平面图

厚 C15 混凝土；素水泥浆结合层一遍；20mm 厚 1：2 水泥砂浆抹面压光。计算水泥砂浆整体面层的工程量。

（2）地面做法 2：素土夯实；80mm 厚 C15 混凝土；素水泥浆结合层一遍；20mm 厚 1：4 干硬性水泥砂浆；600mm×600mm 陶瓷地砖铺实拍平，水泥浆擦缝。室内陶瓷踢脚线 150mm 高。计算陶瓷地砖面层的工程量和陶瓷踢脚线工程量。

（3）室内陶瓷踢脚线 150mm 高，计算陶瓷踢脚线工程量。

【解】（1）整体面层均按设计图示尺寸以平方米计算，不扣除间壁墙、单个 0.3m² 以内的柱、垛所占面积，门洞开口部分不增加面积。

水泥砂浆整体面层的工程量

$$=(4.2-0.24)\times(4.8-0.24)+(8.4-0.24)\times(4.8-0.24)$$
$$=55.27m^2$$

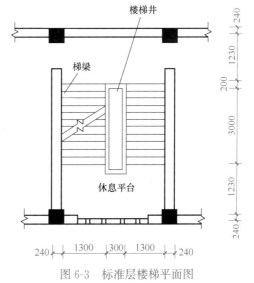

码 6-3 楼地面工程典型案例

（2）块料面层按设计图示尺寸以平方米计算。门洞、空圈、暖气包槽、壁龛的开口部分面积并入相应的工程量内。

陶瓷地砖房间地面面积

$$S_1=(4.2-0.24)\times(4.8-0.24)+(8.4-0.24)\times(4.8-0.24)=55.27m^2$$

门洞开口部分面积 $S_2=0.9\times0.24\times3=0.65m^2$

墙垛所占面积 $S_3=0.24\times0.12\times2=0.06m^2$

陶瓷地砖楼地面面层工程量合计

$$S=S_1+S_2-S_3=55.27+0.65-0.06=55.86m^2$$

（3）踢脚线按设计图示尺寸以平方米计算（即踢脚线长度乘以高度）

陶瓷踢脚工程量

$$=[(4.2-0.24+4.8-0.24)\times2-门0.9\times2$$
$$+(4.2\times2-0.24+4.8-0.24)\times2-门0.9$$
$$\times2+墙垛侧面0.12\times4+内墙的门侧$$
$$(0.24-门框厚度0.09)\times2+外墙的门$$
$$侧(0.24-门框厚度0.09)\div2\times4]\times0.15$$
$$=5.99m^2$$

【案例 6-2】 如图 6-3 所示，某 4 层住宅，不上人屋面，楼梯铺贴陶瓷地砖面层，计算陶瓷地砖楼梯面层的工程量。

【解】 楼梯面层按楼梯（包括踏步、休息平台以及小于 500mm 宽的楼梯井）水平投影面积以平方米计算

陶瓷地砖楼梯面层工程量

$$=(1.23+3+0.2)\times(1.3\times2+0.3)\times(4-1)$$
$$=38.54m^2$$

图 6-3 标准层楼梯平面图

巩固训练

一、单项选择题

1. 根据广西定额的规定,楼地面工程中( )项目不按面积计算工程量。

A. 踢脚线　　　　B. 找平层　　　　C. 楼梯防滑条　　　　D. 块料面层嵌边

2. 根据广西定额的规定,楼梯踢脚线套用踢脚线子目,乘以系数( )。

A. 1.1　　　　B. 1.15　　　　C. 1.2　　　　D. 1.25

3. 根据广西定额的规定,楼梯面层工程量按水平投影面积计算,楼梯井宽在( )以内不扣除。

A. 200mm　　　　B. 300mm　　　　C. 400mm　　　　D. 500mm

4. 根据广西定额的规定,计算装饰工程楼地面整体面层工程量时,应扣除( )。

A. 凸出地面的设备基础　　　　　　B. 间壁墙

C. 0.3m² 以内附墙烟囱　　　　　　D. 0.3m² 以内的柱子

二、多项选择题

关于楼地面工程,下列描述正确的是( )。

A. 找平层、整体面层均按设计图示尺寸以平方米计算,门洞、暖气包槽、壁龛的开口部分应并入相应的工程量内

B. 块料面层按设计图示尺寸以平方米计算,门洞、空圈、暖气包槽、壁龛的开口部分面积并入相应的工程量内

C. 楼梯面层按楼梯水平投影面积以平方米计算,楼梯与楼地面相连时,无梯口梁者,算至最上一层踏步边沿加 300mm

D. 台阶面层(包括踏步及最上一层踏步边沿加 300mm)按水平投影面积以平方米计算

E. 踢脚线按设计图示尺寸以平方米计算

任务 6.2　墙、柱面工程

任务描述

查看表 5-2 可知,墙柱面工程造价占总造价的比例为 9.26%,属于对造价影响较大的分部。

那么,墙柱面工程包括哪些分项内容?各分项工程的工程量计算规则有何规定?应如何应用规则进行准确的计量计算?

请阅读本任务的知识链接,完成任务清单,回答相应问题。

成果形式

完成任务清单中的引导问题和实训。

工作准备

认真学习知识链接中的相关知识点，理解墙柱面工程的定额项目及定额编码，熟悉墙柱面工程分部的组成，熟悉各分项工程的工程量计算规则。

任务清单

任务实施

引导问题 1：墙柱面工程包括哪些内容？说出它们的子分部号和子分部名称。

引导问题 2：一般抹灰、装饰抹灰、镶贴块料面层的工程量计算有什么规定？如何计算工程量？

引导问题 3：在老师指导下完成下列两项实训：

【实训任务单 1】对附录 1 某办公楼项目的墙柱面工程进行列项，将结果填入《分部分项工程量表》。

【实训任务单 2】在《工程量计算表》中，计算附录 1 某办公楼项目的墙柱面工程的工程量，完成一个分项工程的工程量计算后，将工程量填入《分部分项工程量表》。

实训解析

实训任务工作过程：

1. 项目情况分析。

阅读附录 1 的 J-01，了解内外墙构造做法：本项目内外墙面做法如表 6-6 所示。

内外墙面做法汇总

表 6-6

图集编号	编号	名称	用料做法
98ZJ001 内墙 4	内墙 4	混合砂浆墙面	15mm 厚 1∶1∶6 水泥石灰砂浆 5mm 厚 1∶0.5∶3 水泥石灰砂浆
98ZJ001 外墙 22	外墙 22	水泥砂浆墙面	12mm 厚 1∶3 水泥砂浆 8mm 厚 1∶2 水泥砂浆木抹搓平 喷或滚刷涂料两遍

2. 熟悉知识链接的知识点 1，进行定额列项。

（1）在教师指导下，熟悉知识链接的知识点 1，结合附录 6 的"2013 广西定额"部分定额表，对某办公楼墙柱面工程进行列项。

学生完成列项任务后，进行自检和学生间互评，最后结合学生完成情况讲评，训练学生"A.10 墙柱面工程"列项能力。

（2）列项演示见表 6-7。

分部分项工程量表   表 6-7

工程名称：办公楼   共 页 第 页

序号	定额编码	定额名称	定额单位	工程量
		A. 10 墙、柱面工程		
1	A10-7	内墙/砖墙/(15+5)mm	100m²	
2	A10-24	外墙/水泥砂浆/砖墙/(12+8)mm	100m²	

3. 对列好的项目，逐条对照知识链接的知识点 2 的工程量计算规则，在《工程量计算表》中按图填列计算式，计算工程量，并将结果及时填入《分部分项工程量表》。

计算过程详见附录 3 某办公楼工程量计算表。

评价反馈

学生进行自我评价，并将结果填入表 6-8 中。

学生自评表   表 6-8

班级：   姓名：   学号：

学习任务	墙、柱面工程		
评价项目	评价标准	分值	得分
墙柱面工程概况	能说出墙柱面工程的内容,及具体的子分部号和子分部名称	10	
一般抹灰、装饰抹灰、镶贴块料面层主要包含内容	能说出一般抹灰、装饰抹灰、镶贴块料面层主要包含的内容	10	
对墙柱面工程进行列项	能按照"定额顺序法"准确进行工程列项	30	
计算墙柱面工程的工程量	能理解墙柱面工程主要的工程量计算规则,准确计算工程量	30	
工作态度	态度端正、认真,无缺勤、迟到、早退现象	10	
工作质量	能够按计划完成工作任务	10	
合计		100	

知识链接

知识点 1　墙、柱面工程概况

码 6-4　墙、柱面工程概况及典型案例

1. 墙、柱面工程主要内容

A. 10 墙、柱面工程共 5 个子分部（353 个定额子目），包括 A. 10.1 一般抹灰、A. 10.2 装饰抹灰、A. 10.3 镶贴块料面层、A. 10.4 墙（柱）面装饰、A. 10.5 幕墙。

（1）A. 10.1 一般抹灰包括 6 个子分部共 69 个子目，子分部为：石灰砂浆，混合砂浆，水泥砂浆，其他砂浆，砂浆厚度调整，墙面勾缝、假面砖、钉（挂）网。

（2）A. 10.2 装饰抹灰包括 6 个子分部共 26 个子目，子分部为：水刷石、干粘石、斩假石、普通水磨石、分格嵌缝、基层界面处理。

（3）A.10.3 镶贴块料面层包括 9 个子分部共 124 个子目，子分部为：大理石、花岗岩、钢骨架干挂石板、预制水磨石、陶瓷锦砖（马赛克）、陶瓷面砖、文化石、丰包石、河卵石。

（4）A.4.4 墙（柱）面装饰包括 6 个子分部共 118 个子目，子分部为：龙骨、板基层、卷材隔离层、面层、隔断、隔墙、柱龙骨基层及饰面、罗马柱。

（5）A.10.5 幕墙包括 5 个子分部共 16 个子目，子分部为：铝合金玻璃幕墙、铝板、铝塑复合板幕墙、全玻璃幕墙、幕墙封顶、封边、幕墙骨架调整。

2. 定额说明

（1）定额凡注明的砂浆种类、强度等级，如设计与定额不同时，可按设计规定调整，但人工、其他材料、机械消耗量不变。

（2）抹灰厚度，同类砂浆列总厚度，不同砂浆分别列出厚度，如定额子目中 15＋5mm 即表示两种不同砂浆的各自厚度。抹灰砂浆厚度如设计与定额不同时，定额注明有厚度的子目可按抹灰厚度每增减 1mm 子目进行调整，定额未注明抹灰厚度的子目不得调整。

（3）圆弧形、锯齿形、不规则墙面抹灰、镶贴块料、饰面，按相应定额子目人工费乘以系数 1.15，材料乘以系数 1.05。

知识点 2 主要分项工程工程量计算

1. 墙面抹灰

墙面抹灰包括墙面一般抹灰、装饰抹灰、墙面勾缝等分项工程。

计算规则：墙面抹灰、勾缝按设计图示尺寸以平方米计算。扣除墙裙、门窗洞口、单个 0.3m² 以外的孔洞及装饰线条、零星抹灰所占面积，不扣除踢脚线、挂镜线和墙与构件交接的面积，门窗洞口和孔洞的侧壁及顶面不增加面积。附墙柱、梁、垛、烟囱侧壁并入相应的墙面面积内。

1）外墙抹灰、勾缝面积按外墙垂直投影面积计算。飘窗凸出外墙面增加的抹灰并入外墙工程量内。

2）外墙裙抹灰面积按其长度乘以高度计算。

3）内墙抹灰、勾缝面积按主墙间的净长乘以高度计算。其高度确定如下：

① 无墙裙的，其高度按室内地面或楼面至天棚底面之间距离计算。

② 有墙裙的，其高度按墙裙顶至天棚底面之间距离计算。

③ 有吊顶天棚的，其高度按室内地面、楼面或墙裙顶面至天棚底面计算。

4）内墙裙抹灰面积按内墙净长乘以高度计算。

2. 柱面抹灰

柱面抹灰包括柱面一般抹灰、柱面装饰抹灰等分项工程。

计算规则：独立柱、梁面抹灰、勾缝按设计图示柱、梁的结构断面周长乘以高度（长度）以平方米计算。其高度确定同内墙抹灰高度规定相同。

3. 零星项目、装饰线条抹灰

零星项目抹灰包括零星项目一般抹灰、零星项目装饰抹灰等分项工程。

装饰线条抹灰包括一般抹灰分项工程。

（1）计算规则

1）零星项目按设计图示结构尺寸以平方米计算。

2）装饰线条按设计图示尺寸以延长米计算。

（2）有关说明

1）一般抹灰的"零星项目"适用于各种壁柜、碗柜、暖气壁龛、空调搁板、池槽、小型花台以及0.5m²以内少量分散的其他抹灰。

2）一般抹灰的"装饰线条"适用于窗台线、门窗套、挑檐、腰线、扶手、压顶、遮阳板、宣传栏边框等凸出墙面或抹灰面展开宽度小于300mm以内的竖、横线条抹灰。超过300mm的线条抹灰按"零星项目"执行。

3）装饰抹灰的"零星项目"适用于壁柜、碗柜、暖气壁龛、空调搁板、池槽、小型花台、挑檐、天沟、腰线、窗台线、窗台板、门窗套、压顶、扶手、栏杆、遮阳板、雨篷周边及0.5m²以内少量分散的装饰抹灰。

4．墙、柱面镶贴块料

计算规则：

1）墙面按设计图示尺寸以平方米计算。

① 镶贴块料面层高度在1500mm以下为墙裙。

② 镶贴块料面层高度在300mm以下为踢脚线。

2）独立柱、梁面。

① 柱、梁面粘贴、干挂、挂贴子目，按设计图示结构尺寸以平方米计算。

② 柱、梁面钢骨架干挂子目，按设计图示外围饰面尺寸以平方米计算。

③ 花岗岩、大理石柱帽、柱墩按最大外径周长以延长米计算。

3）干挂石材钢骨架按设计图示尺寸以吨计算。

5．零星镶贴块料

（1）计算规则

零星项目按设计图示结构尺寸以平方米计算。

（2）有关说明

块料镶贴的"零星项目"适用壁柜、碗柜、暖气壁龛、空调搁板、池槽、小型花台、挑檐、天沟、腰线、窗台线、窗台板、门窗套、压顶、扶手、栏杆、遮阳板、雨篷周边及0.5m²以内少量分散的块料面层。

6．墙柱饰面

计算规则：

1）墙面装饰（包括龙骨、基层、面层）按设计图示饰面外围尺寸以平方米计算，扣除门窗洞口及单个0.3m²以外的孔洞所占面积。

2）柱、梁面装饰按设计图示饰面外围尺寸以平方米计算。柱帽、柱墩并入相应柱饰面工程量内。

7．隔断

计算规则：隔断按设计图示尺寸以平方米计算，扣除单个0.3m²以外的孔洞所占面积。

1）塑钢隔断、浴厕木隔断上门的材质与隔断相同时，门的面积并入隔断面积内。

2）玻璃隔断如有玻璃加强肋者，肋玻璃面积并入隔断工程量内。

3）全玻璃隔断的不锈钢边框工程量按边框饰面表面积以平方米计算。

4）成品浴厕隔断（包括同材质的门及五金配件），按脚底面至隔断顶面高度乘以设计长度以平方米计算。

8. 幕墙

计算规则：

1）带骨架幕墙按设计图示框外围尺寸以平方米计算。

2）全玻璃幕墙按设计图示尺寸以平方米计算（不扣除胶缝，但要扣除吊夹以上钢结构部分的面积）。带肋全玻幕墙，肋玻璃面积并入幕墙工程量内。如肋玻璃的厚度与幕墙面层玻璃不同时，允许换算。

3）幕墙封顶、封边按设计图示尺寸以平方米计算。

4）幕墙骨架调整按质量以吨计算。

知识点 3　典型案例的计算思路

【案例 6-3】　如图 6-4 所示，内墙面为 1∶2 水泥砂浆，外墙面为水刷石，门窗尺寸分别为：M-1：900mm×2000mm；M-2：1200mm×2000mm；M-3：1000mm×2000mm；C-1：1500mm×1500mm；C-2：1800mm×1500mm；C-3：3000mm×1500mm。试计算外墙面抹灰工程量。

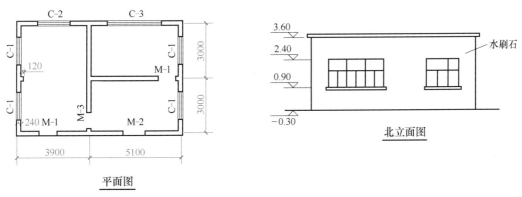

图 6-4　某工程的平面图、立面图

【解】　水刷石外墙面为装饰抹灰，墙面抹灰按设计图示尺寸以平方米计算，扣除门窗洞口所占面积，外墙按外墙垂直投影面积计算。

外墙抹灰工程量＝外墙垂直投影面积－门窗洞口面积

$$= (3.9+5.1+0.24+3\times2+0.24)\times2\times(3.6+0.3)-扣门窗(1.5\times1.5\times4+1.8\times1.5+3\times1.5+0.9\times2+1.2\times2)$$

$$= 15.48\times2\times3.9-(9+2.7+4.5+1.8+2.4)$$

$$= 100.34m^2$$

【案例 6-4】　某单层砖混结构建筑物平面图如图 6-5 所示，层高 3m，

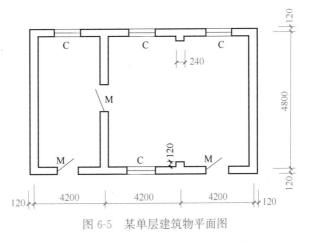

图 6-5　某单层建筑物平面图

墙厚240mm，轴线居墙中，板厚100mm。内墙面做法为：15mm厚1：1：6水泥石灰砂浆；5mm厚1：0.5：3水泥石灰砂浆，面刮成品腻子。陶瓷面砖踢脚高150mm。木门M尺寸为900mm×2100mm，门框厚90mm，90系列铝合金推拉窗C尺寸为1500mm×1800mm，门、窗均居墙中安装。计算该工程的内墙面抹灰工程量。

【解】 墙面抹灰按设计图示尺寸以平方米计算，扣除门窗洞口所占面积，不扣除踢脚线面积，门窗洞口侧壁及顶面不增加面积，附墙垛侧壁并入相应的墙面面积内。

内墙面抹灰工程量

$$=[(4.2-0.24+4.8-0.24)\times2+(4.2\times2-0.24+4.8-0.24)\times2+墙垛侧面0.12\times4]\times(3-板厚0.1)-扣门窗(0.9\times2.1\times4+1.5\times1.8\times4)$$

$$=106.22m^2$$

巩固训练

一、单项选择题

1. 某房间层高3.6m，吊顶高3m，楼板厚100mm，其内墙抹灰高度按（ ）计算。

A. 3m   B. 3.1m   C. 3.3m   D. 3.5m

2. 根据广西定额的规定，墙面块料面层高度在（ ）mm以下为墙裙。

A. 900   B. 1000   C. 1200   D. 1500

3. 根据广西定额的规定，下列装饰工程项目中（ ）不按面积计算工程量。

A. 外墙宽度在300mm以内的水泥砂浆腰线   B. 水泥砂浆踢脚线

C. 外墙宽度在300mm以内的挑檐贴面砖   D. 池槽水泥砂浆抹面

二、多项选择题

关于内墙抹灰，下列描述正确的是（ ）。

A. 内墙抹灰、勾缝面积按主墙间的净长乘以高度计算

B. 无墙裙的，其高度按室内地面或楼面至天棚底面之间距离计算

C. 有墙裙的，其高度按墙裙顶至天棚底面之间距离计算

D. 有吊顶天棚的，其高度按室内地面、楼面或墙裙顶面至天棚底面计算

E. 门窗洞口和孔洞的侧壁及顶面应并入内墙抹灰工程量

任务 6.3 天棚工程

任务描述

查看表5-2可知，天棚工程造价占总造价的比例为0.03%。

天棚工程包括哪些分项内容？各分项工程的工程量计算规则是什么？应如何应用规则进行计量计算？

请大家阅读本任务的知识链接，完成任务清单，回答相应问题。

成果形式

完成任务清单中的引导问题和实训。

工作准备

认真学习知识链接中的相关知识点，理解天棚工程的定额项目及定额编码，熟悉天棚工程分部的组成及各分项工程的工程量计算规则。

任务清单

任务实施

引导问题 1：天棚工程包括哪些内容？说出它们具体的子分部号和子分部名称。

引导问题 2：各种天棚抹灰工程量计算有何规定？带梁天棚抹灰工程量如何计算工程量？

引导问题 3：在老师指导下完成下列两项实训：

【实训任务单 1】对附录 1 某办公楼项目的天棚工程进行列项，将结果填入《分部分项工程量表》。

【实训任务单 2】在《工程量计算表》中，计算附录 1 某办公楼项目的天棚工程的工程量，完成一个分项工程的工程量计算后，将工程量填入《分部分项工程量表》。

实训解析

实训任务工作过程：

1. 项目情况分析。

了解天棚构造做法：本项目天棚做法如表 6-9 所示。

天棚做法 表 6-9

图集编号	编号	名称	用料做法
98ZJ001 顶 3	顶 3	混合砂浆顶棚	钢筋混凝土地面清理干净 7mm 厚 1：1：4 水泥石灰砂浆 5mm 厚 1：0.5：3 水泥石灰砂浆 表面喷刷涂料另选

2. 熟悉知识链接的知识点 1，进行定额列项。

（1）在教师指导下，熟悉知识链接的知识点 1，结合附录 6 的"2013 广西定额"部分定额表，对某办公楼天棚工程进行列项。

完成列项任务后，进行自检和学生间互评，最后结合完成情况讲评，训练学生"A.11 天棚工程"列项能力。

（2）列项演示见表 6-10。

3. 对列好的项目，逐条对照知识链接的知识点 2 的工程量计算规则，在《工程量计算表》中按图填列计算式，计算工程量，并将结果及时填入《分部分项工程量表》。

计算过程详见附录 3 某办公楼工程量计算表。

分部分项工程量表　　　　　　　　　　　　表 6-10

工程名称：办公楼　　　　　　　　　　　　　　　共　页　第　页

序号	定额编码	定额名称	定额单位	工程量
		A.11 天棚工程		
1	A11-5 换	混凝土面天棚/混合砂浆/现浇(5+5)mm 换(7+5)mm	100m²	

评价反馈

学生进行自我评价，并将结果填入表 6-11 中。

学生自评表　　　　　　　　　　　　　　表 6-11

班级：　　　　　姓名：　　　　　　学号：			
学习任务	天棚工程		
评价项目	评价标准	分值	得分
天棚工程概况	能说出天棚工程的内容，及具体的子分部号和子分部名称	10	
天棚抹灰砂浆种类、配合比、厚度设计与定额不同时，换算规定	能说出天棚抹灰砂浆种类、配合比、厚度的换算规定	10	
对天棚工程进行列项	能按照"定额顺序法"准确进行工程列项	30	
计算天棚工程的工程量	能理解天棚工程主要的工程量计算规则，准确计算工程量，能理解带梁天棚抹灰的计算规定	30	
工作态度	态度端正、认真，无缺勤、迟到、早退现象	10	
工作质量	能够按计划完成工作任务	10	
合计		100	

知识链接

知识点 1　天棚工程概况

1. 天棚工程主要内容

A.11 天棚工程共 3 个子分部（179 个定额子目），包括 A.11.1 天棚抹灰、A.11.2 天棚吊顶、A.11.3 天棚其他装饰。

码 6-5　天棚工程概况及典型案例

（1）A.11.1 天棚抹灰包括 1 个子分部共 14 个子目。

（2）A.11.2 天棚吊顶包括 2 个子分部共 156 个子目，子分部为：平面、跌级天棚，其他天棚（龙骨及面层）。

（3）A.11.3 天棚其他装饰包括 3 个子分部共 9 个子目，子分部为：天棚灯槽，送（回）风口安装，嵌缝。

2. 定额说明

（1）定额所注明的砂浆种类、配合比，如设计规定与定额不同时，可按设计换算，但人工、其他材料和机械用量不变。

（2）抹灰厚度，同类砂浆列总厚度，不同砂浆分别列出厚度，如定额子目中 5+5mm

即表示两种不同砂浆的各自厚度。如设计抹灰砂浆厚度与定额不同时，除定额有注明厚度的子目可以换算砂浆消耗量外，其他不作调整。

（3）装饰天棚项目已包括 3.6m 以下简易脚手架的搭设及拆除。当高度超过 3.6m 需搭设脚手架时，可按定额"A.15 脚手架工程"相应子目计算，但 $100m^2$ 天棚应扣除周转板枋材 $0.016m^3$。

知识点 2　主要分项工程工程量计算

1. 天棚抹灰

天棚抹灰包括石灰砂浆、石膏砂浆、混合砂浆、水泥砂浆等项目，适用于各种基层（混凝土板面、吊顶面）上的抹灰工程。

（1）计算规则

1）各种天棚抹灰面积，按设计图示尺寸以水平投影面积计算。不扣除间壁墙、垛、柱、附墙烟囱、检查口和管道所占的面积，带梁天棚的梁两侧抹灰面积并入天棚面积内，如图 6-6 所示。圆弧形、拱形等天棚的抹灰面积按展开面积计算。板式楼梯底面抹灰按斜面积计算，锯齿形楼梯底板抹灰按展开面积计算。

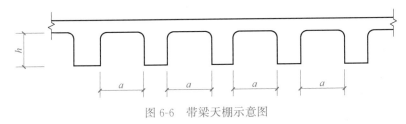

图 6-6　带梁天棚示意图

2）天棚抹灰如带有装饰线时，区别按三道线以内或五道线以内按延长米计算，线角的道数以一个突出的棱角为一道线，如图 6-7 所示。

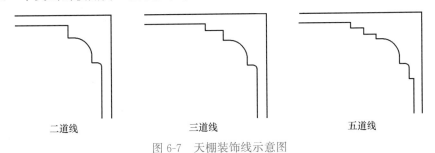

二道线　　　　　　三道线　　　　　　五道线

图 6-7　天棚装饰线示意图

3）天棚中的折线、灯槽线、圆弧形线等艺术形式的抹灰，按展开面积计算。

4）檐口、天沟天棚的抹灰面积，并入相同的天棚抹灰工程量内计算。

（2）有关说明

计算天棚抹灰时，带梁的天棚，梁的两侧抹灰面积并入天棚面积内；但当梁下砌有到梁底的墙时，梁的两侧抹灰面积并入墙面抹灰面积计算。

2. 天棚吊顶

天棚吊顶包括平面、跌级天棚和其他天棚。

计算规则：

1）各种天棚吊顶龙骨，按设计图示尺寸以水平投影面积计算。不扣除间壁墙、检查口、附墙烟囱、柱、垛和管道所占面积。

2）天棚基层及装饰面层按实钉（胶）面积以平方米计算，不扣除间壁墙、检查口、附墙烟囱、垛和管道所占面积，应扣除单个 0.3m^2 以上的独立柱、灯槽与天棚相连的窗帘盒及孔洞所占的面积。

3）定额中，龙骨、基层、面层合并列项的子目，工程量按设计图示尺寸以水平投影面积计算。不扣除间壁墙、检查口、附墙烟囱、柱、垛和管道所占面积。

4）不锈钢钢管网架按水平投影面积计算。

5）采光天棚按设计图示尺寸以平方米计算。

3.天棚其他装饰

（1）灯光槽按设计图示尺寸以框外围（展开）面积计算。

（2）送（回）风口，按设计图示数量以个计算。

（3）天棚面层嵌缝按延长米计算。

知识点 3　典型案例的计算思路

【案例 6-5】　某单层建筑物平面图、屋面结构布置图如图 6-8 所示，板厚 100mm，轴

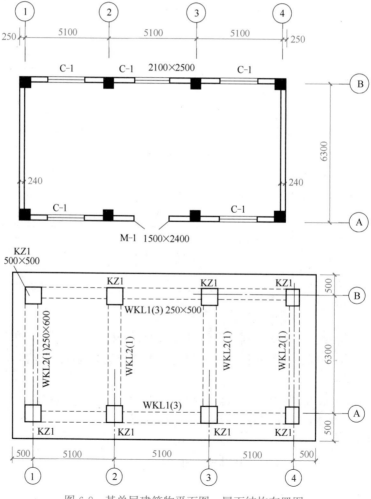

图 6-8　某单层建筑物平面图、屋面结构布置图

线居柱中。室内、挑檐天棚面做法：5mm 厚 1∶3 水泥砂浆，5mm 厚 1∶2 水泥砂浆，表面刮成品腻子两遍。计算该工程的天棚面抹灰工程量。

【解】 各种天棚抹灰面积，按设计图示尺寸以水平投影面积计算；带梁天棚的梁两侧抹灰面积并入天棚面积内；檐口、天沟天棚的抹灰面积，并入相同的天棚抹灰工程量内计算。

室内天棚抹灰工程量
$$S_1=(5.1\times3+0.25\times2-0.24\times2)\times(6.3+0.25\times2-0.24\times2)=96.82\text{m}^2$$

梁侧面抹灰工程量
$$S_2=(6.3-0.25\times2)\times(0.6-0.1)\times2\times2=11.6\text{m}^2$$

挑檐天棚抹灰工程量
$$S_3=(5.1\times3+0.5\times2)\times(6.3+0.5\times2)-(5.1\times3+0.25\times2)\times(6.3+0.25\times2)=11.55\text{m}^2$$

天棚面抹灰工程量合计 $S=S_1+S_2+S_3=96.82+11.6+11.55=119.97\text{m}^2$

【案例 6-6】 某单层建筑平面布置如图 6-9 所示，墙厚均为 240mm，轴线居墙中，会议室天棚采用不上人装配式 U 型轻钢龙骨石膏板面层（600mm×600mm），吊顶底标高3.900m。计算会议室的天棚吊顶工程量。

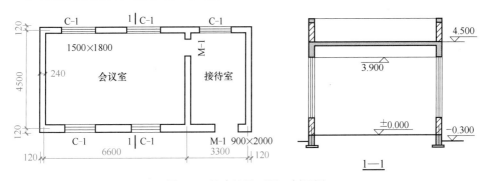

图 6-9 某建筑平面图、剖面图

【解】 天棚基层及装饰面层按实际面积以平方米计算。

（1）不上人装配式 U 型轻钢龙骨基层
$$S=(6.6-0.24)\times(4.5-0.24)=27.09\text{m}^2$$

（2）石膏板面层 $S=27.09\text{m}^2$

巩固训练

一、单项选择题

1. 天棚吊顶工程量的单位是（   ）。

A. m   B. m^2 C. m^3 D. 个

2. 根据广西定额的规定，墙面块料面层高度在（   ）mm 以下为墙裙。

A. 900   B. 1000   C. 1200   D. 1500

3. 根据广西定额的规定，下列装饰工程项目中（   ）不按面积计算工程量。

A. 外墙宽度在 300mm 以内的水泥砂浆腰线   B. 水泥砂浆踢脚线

C. 外墙宽度在 300mm 以内的挑檐贴面砖　　　　D. 池槽水泥砂浆抹面

二、多项选择题

下列描述正确的是（　　　）。

A. 各种天棚抹灰面积，按设计图示尺寸以水平投影面积计算

B. 带梁天棚的梁两侧抹灰面积并入天棚面积内

C. 带梁的天棚，梁下砌有到梁底的墙时，梁的两侧抹灰面积并入天棚抹灰面积计算

D. 檐口、天沟天棚的抹灰面积，并入相同的天棚抹灰工程量内计算

E. 天棚抹灰面积不扣除间壁墙、垛、柱、附墙烟囱、检查口和管道所占的面积

任务 6.4　门窗工程和税前项目

任务描述

查看表 5-2 可知，门窗工程造价占总造价的比例为 5.91%，对总造价有一定的影响。

那么门窗工程包括哪些分项内容？各分项工程的工程量计算规则是什么？应如何应用规则进行计量计算？

阅读本任务的知识链接，完成任务清单，回答相应问题。

成果形式

完成任务清单中的引导问题和实训。

工作准备

认真学习知识链接中的相关知识点，理解门窗工程的定额项目及定额编码，熟悉门窗工程分部的组成及各分项工程的工程量计算规则。理解税前项目的含义和工程量计算方法。

任务实施

引导问题 1：门窗工程包括哪些内容？说出它们具体的子分部号和子分部名称。税前项目的含义是什么？其与门窗工程有何关系？

引导问题 2：门窗制作、门窗运输、木门窗的五金配件等分项工程的工程量计算有何规定？如何计算工程量？

引导问题 3：在老师指导下完成下列两项实训：

【实训任务单 1】对附录 1 某办公楼项目的门窗工程和税前项目进行列项，将结果填入《分部分项工程量表》。

假设施工组织设计规定：门窗运输的运距在 10km 以内。

【实训任务单 2】在《工程量计算表》中，计算附录 1 某办公楼项目的门窗工程和税前项目的工程量，完成一个分项工程的工程量计算后，将工程量填入《分部分项工程

量表》。

实训解析

实训任务工作过程：

1. 项目情况分析。

阅读门窗表，了解门窗详细信息：本项目门窗信息见表 6-12。

门窗表　　　　　　　　表 6-12

门窗编号	门窗类型	洞口尺寸(mm)		数量	备注
		宽	高		
M-1	铝合金地弹门	2400	2700	1	46 系列(2.0mm 厚)
M-2	镶板门	900	2400	4	
M-3	镶板门	900	2100	2	
MC-1	塑钢门联窗	2400	2700	1	窗台高 900mm，80 系列 5mm 厚白玻
C-1	铝合金窗	1500	1800	8	窗台高 900mm，96 系列带纱推拉窗
C-2	铝合金窗	1800	1800	2	窗台高 900mm，96 系列带纱推拉窗

2. 熟悉知识链接的知识点 1，进行定额列项。

（1）在教师指导下，熟悉知识链接的知识点 1，结合附录 6 的“2013 广西定额”部分定额表，对“办公楼”门窗工程和税前项目进行列项。

完成列项任务后，进行自检和学生间互评，最后结合完成情况进行讲评，培养“A.12门窗工程和税前项目”列项能力。

（2）列项思路

1）对镶板门 M-2 和 M-3 需要进行列项和工程量的计算，包括门窗制作、门窗运输、木门五金配件。另外根据它们的洞口尺寸 M-2（900mm×2400mm）、M-3（900mm×2100mm），可以分析出：M-2 为不带纱有亮子的单扇镶板门，M-3 为无亮子的单扇镶板门。

2）M-1、MC-1、C-1、C-2 为铝合金门窗或塑钢门联窗，按照广西计价常见做法，铝合金门窗和塑钢门窗，一般不按定额和清单规定程序组价，而是直接按市场规则报价，其单价包含了除税金以外的全部费用，按税前项目进行列项。

列项演示见表 6-13。

计算过程详见附录 3 某办公楼工程量计算表。

分部分项工程量表　　　　　　　　表 6-13

工程名称：办公楼　　　　　　　　　　　　　　　　　共　页　第　页

序号	定额编码	定额名称	定额单位	工程量
		A.12 门窗工程		
1	A12-1	镶板木门/有亮/单扇，M-2	100m²	0.086
2	A12-168 换	门窗运输/运距/1km 以内[实际值 10km]	100m²	0.086

续表

序号	定额编码	定额名称	定额单位	工程量
3	A12-170	不带纱木门五金配件/有亮/单扇	樘	4
4	A12-3	镶板木门/无亮/单扇，M-3	100m²	0.038
5	A12-168 换	门窗运输/运距/1km 以内［实际值 10km］	100m²	0.038
6	A12-172	不带纱木门五金配件/无亮/单扇	樘	2
		税前项目		
1	B-	46 系列铝合金地弹门：M-1	m²	6.480
2	B-	96 系列带纱推拉窗：C-1、C-2	m²	28.080
3	B-	80 系列塑钢推拉窗：MC-1 的窗	m²	2.430
4	B-	80 系列塑钢平开门：MC-1 的门	m²	2.700

评价反馈

学生进行自我评价，并将结果填入表 6-14 中。

学生自评表　　　　　　　　　　　　表 6-14

班级：　　　　　　姓名：　　　　　　　学号：

学习任务	门窗工程和税前项目		
评价项目	评价标准	分值	得分
门窗工程概况	能说出门窗工程的内容及具体的子分部号和子分部名称	10	
税前项目的概念	能理解税前项目的含义	10	
对门窗工程和税前项目进行列项	能按照"定额顺序法"准确进行工程列项	30	
计算门窗工程和税前项目的工程量	能理解门窗工程主要的工程量计算规则，准确计算工程量	30	
工作态度	态度端正、认真，无缺勤、迟到、早退现象	10	
工作质量	能够按计划完成工作任务	10	
合计		100	

知识链接

知识点 1　门窗工程概况和税前项目概念

1. 门窗工程主要内容

A.12 门窗工程共 12 个子分部（190 个定额子目），包括 A.12.1 木门，
A.12.2 金属门，A.12.3 金属卷帘门，A.12.4 厂库房大门、特种门，
A.12.5 其他门，A12.6 木窗，A12.7 金属窗，A12.8 门窗套、窗台板，
A.12.9 窗帘盒、窗帘轨，A.12.10 门窗周边塞缝，A.12.11 门窗运输，A.12.12 木门
窗普通五金配件。以下主要介绍木门、木窗等 4 项。

码 6-6　门窗工
程和税前工程概
况及典型案例

（1）A.12.1 木门包括 4 个子分部共 18 个子目，子分部为：普通镶板木门、普通胶合板木、半截玻璃门木连窗、其他木门。

（2）A.12.6 木窗包括 4 个子分部共 18 个子目，子分部为：木质平开窗，木质推拉窗、矩形木百叶窗、木纱窗，木天窗，异形木固定窗。

（3）A.12.11 门窗运输为 1 个子分部共 2 个子目。

（4）A.12.12 木门窗普通五金配件为 1 个子分部共 21 个子目。

2. 定额说明

（1）定额是按机械和手工操作综合编制的，不论实际采用何种操作方法，均按定额执行。

（2）定额中木门窗框、扇断面是综合取定的，如与实际不符时，不得换算。

（3）普通木门窗定额中已包括框、扇、亮子的制作、安装和玻璃安装以及安装普通五金配件的人工，但不包括普通五金配件材料、贴脸、压缝条、门锁，如发生时可按相应子目计算。普通五金配件规格、数量设计与定额不同时，可以换算。门窗贴脸按定额"A.14 其他装饰工程"相应子目计算。

3. 税前项目

税前项目是指在费用计价程序的税金项目前，根据交易习惯按市场价格进行计价的项目。税前项目的综合单价不按定额和清单规定程序组价，而按市场规则组价，其内容为包含了除税金以外的全部费用。

在广西，常见的税前项目如铝合金门窗、塑钢门窗、涂料项目等，是可直接按市场报价的项目。

知识点 2　主要分项工程工程量计算

1. 门窗制作安装

木门制作安装工程包括普通镶板木门、普通胶合板门、半截玻璃门及门连窗、其他木门等分项工程；木窗制作安装工程包括木质平开窗、木质推拉窗、矩形木百叶窗、木纱窗扇、木天窗、异形木固定窗等分项工程。

（1）计算规则

1）各类门、窗制作安装工程量，除注明者外，均按设计门、窗洞口面积以平方米计算。

2）各类木门框、门扇、窗扇、纱扇制作安装工程量，均按设计门、窗洞口面积以平方米计算。

3）特殊五金按定额规定单位以数量计算。

4）无框全玻门五金配件按扇计算；木门窗普通五金配件按樘计算。

（2）有关说明

1）普通胶合板门均按三合板计算，设计板材规格与定额不同时，可以换算，其他不变。

2）木门窗不论现场或加工厂制作，均按定额执行；纱扇等安装以成品门窗编制。供应地至现场的运输费按门窗运输子目计算。

3）定额中木门窗子目均不含纱扇，若为带纱门窗应另套纱扇子目。

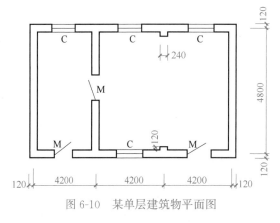

图 6-10　某单层建筑物平面图

2. 门窗运输

门窗运输工程以门窗制作安装工程量合并后按运距分子目计算。

门窗运输按设计洞口面积以平方米计算。

知识点 3　典型案例的计算思路

【案例 6-7】　如图 6-10 所示某单层建筑物平面图，M：900mm×2100mm，普通胶合板门，C：1500mm×1800mm，平开普通木窗，均从 10km 处构件厂购买。试计算门窗工程量。

【解】（1）胶合板门制作安装工程量按设计门洞面积以平方米计算

胶合板门制作安装工程量　$S=0.9×2.1×3=5.67m^2$

（2）木门五金配件按樘计算　工程量＝3 樘

（3）木窗制作安装工程量按设计门洞面积以平方米计算

木窗制作安装工程量　$S=1.5×1.8×4=10.8m^2$

（4）木窗五金配件按樘计算　工程量＝4 樘

（5）门窗运输工程量按设计洞口面积以平方米计算，以门窗制作安装工程量合并后按运距分子目计算。

门窗运输（实际运距 10km）工程量　$S=5.67+10.8=16.47m^2$

巩固训练

一、单项选择题

1. 根据广西定额的规定，普通木门窗定额中已包括（　　）。

A. 框扇、亮子的制作、安装

B. 框扇、亮子的制作、安装和运输

C. 框扇、亮子的制作

D. 框扇、亮子的制作、安装、普通五金配件和人工

2. 各类门窗制作安装工程量以（　　）计算。

A. 门窗数量　　　B. 门窗洞口面积　　　C. 门窗面积乘系数　　　D. 门窗体积

二、多项选择题

下列描述正确的是（　　）。

A. 木门窗普通五金配件按樘计算

B. 定额中木门窗子目均含纱扇

C. 门窗运输按设计洞口面积以平方米计算

D. 各类门窗制作安装工程量，除注明者外，均按设计门窗洞口面积以平方米计算

E. 在广西，常见的税前项目如铝合金门窗、塑钢门窗、涂料项目等，可直接按市场报价的项目

任务 6.5　油漆、涂料、裱糊工程

任务描述

查看表 5-2 可知，油漆、涂料、裱糊工程造价占总造价的比例为 4.21%。

那么油漆、涂料、裱糊工程包括哪些分项内容？各分项工程的工程量计算规则是什么？应如何应用规则进行计量计算？

阅读本任务的知识链接，完成任务清单，回答相应问题。

成果形式

完成任务清单中的引导问题和实训。

工作准备

认真学习知识链接中的相关知识点，理解油漆、涂料、裱糊工程的定额项目及定额编码，熟悉油漆、涂料、裱糊工程分部的组成，及各分项工程的工程量计算规则。

任务清单

任务实施

引导问题 1：油漆、涂料、裱糊工程包括哪些内容？说出它们具体的子分部号和子分部名称。

引导问题 2：木材面油漆，抹灰面油漆、涂料、裱糊工程量计算有何规定？天棚面刮腻子如何套定额？

引导问题 3：在老师指导下完成下列两项实训：

【实训任务单 1】对附录 1 某办公楼项目的油漆、涂料、裱糊工程进行列项，将结果填入《分部分项工程量表》。

【实训任务单 2】在《工程量计算表》中，计算附录 1 某办公楼项目的油漆、涂料、裱糊工程的工程量，完成一个分项工程的工程量计算后，将工程量填入《分部分项工程量表》。

实训解析

实训任务工作过程：

1. 项目情况分析。

了解油漆、涂料、裱糊做法。

根据建筑设计总说明可知，木门需要进行刷油漆，内墙需要面刮双飞粉腻子，顶棚也需要面刮双飞粉腻子，除此之外，外墙需要喷刷涂料两遍。

假设本项目外墙涂料按税前项目计。

2. 熟悉知识链接的知识点 1，进行定额列项。

（1）在教师指导下，熟悉知识链接的知识点 1，结合附录 6 的 "2013 广西定额" 部分定额表，对某办公楼项目的油漆、涂料、裱糊工程进行列项。

完成列项任务后，进行自检和学生间互评，最后结合学生完成情况讲评，训练学生 "A.13 油漆、涂料、裱糊工程" 列项能力。

（2）列项演示见表 6-15。

分部分项工程量表 　　表 6-15

工程名称：办公楼 　　共 页 第 页

序号	定额编码	定额名称	定额单位	工程量
		A.13 油漆、涂料、裱糊工程		
1	A13-1	底油一遍、调和漆二遍/单层木门	100m²	
2	A13-206	刮成品腻子粉　内墙面 两遍（内墙）	100m²	
3	A13-206 换	刮成品腻子粉　内墙面 两遍（天棚）[人工费×1.18]	100m²	

3. 对列好的项目，逐条对照知识链接的知识点 2 的工程量计算规则，在《工程量计算表》中按图填列计算式，计算工程量，并将结果及时填入《分部分项工程量表》。

计算过程详见附录 3 某办公楼工程量计算表。

评价反馈

学生进行自我评价，并将结果填入表 6-16 中。

学生自评表 　　表 6-16

班级： 　　姓名： 　　学号：

学习任务	油漆、涂料、裱糊工程		
评价项目	评价标准	分值	得分
油漆、涂料、裱糊工程概况	能说出油漆、涂料、裱糊工程的内容，及具体的子分部号和子分部名称	10	
油漆、涂料、裱糊工程换算规定	能说出油漆、涂料子目的换算规定，天棚刮腻子的换算系数	10	
对油漆、涂料、裱糊工程进行列项	能按照"定额顺序法"准确进行工程列项	30	
计算油漆、涂料、裱糊工程的工程量	能理解油漆、涂料、裱糊工程主要的工程量计算规则，准确计算工程量	30	
工作态度	态度端正、认真，无缺勤、迟到、早退现象	10	
工作质量	能够按计划完成工作任务	10	
合计		100	

知识链接

知识点 1　油漆、涂料、裱糊工程概况

1. 油漆、涂料、裱糊工程主要内容

A.13 油漆、涂料、裱糊工程共 5 个子分部（274 个定额子目），包括 A.13.1 木材面油漆、A.13.2 金属面油漆、A.13.3 抹灰面油漆、A.13.4

码 6-7　油漆、涂料、裱糊工程概况及典型案例

涂料、A.13.5 裱糊。

（1）A.13.1 木材面油漆包括 9 个子分部共 135 个子目，子分部为：木材面调和漆，木材面聚氨酯漆，木材面清漆，木材面过氯乙烯漆，木材面亚光面漆，木材面熟桐油、广（生）漆，木材面防火涂料，木地板漆，木材面防腐油。

（2）A.13.2 金属面油漆包括 13 个子分部共 68 个子目，子分部为：金属面除锈，金属面除锈漆，金属面调和漆，金属面耐酸漆、耐碱漆、耐热漆，金属面防火涂料等。

（3）A.13.3 抹灰面油漆包括 5 个子分部共 34 个子目，子分部为：抹灰面刮腻子，抹灰面乳胶漆，抹灰面氟碳漆，抹灰面调和漆，抹灰面油其他漆。

（4）A.13.4 涂料包括 7 个子分部共 25 个子目，子分部为：喷塑，喷彩砂、砂胶涂料，外墙喷复层涂料，刷白水泥，刷石灰浆、大白浆，刷水泥浆、水性水泥漆，地坪刷防火涂料。

（5）A.13.5 裱糊包括 1 个子分部共 12 个子目。

2. 定额说明

（1）定额中油漆、涂料子目采用常用的操作方法编制，如实际操作方法不同时，不得调整。

（2）定额油漆子目的浅、中、深各种颜色已综合在定额内，颜色不同，不得调整。

（3）定额在同一平面上的分色及门窗内外分色已综合考虑，如需做美术图案者另行计算。

（4）油漆、涂料的喷、涂、刷遍数，设计与定额规定不同时，按相应每增加一遍定额子目进行调整。

（5）定额中的单层门刷油是按双面刷油考虑的，如采用单面刷油，其定额消耗量乘以系数 0.49。

知识点 2　主要分项工程工程量计算

1. 木材面油漆

木材面油漆工程包括各类木门油漆、木窗油漆、木扶手油漆、其他木材面油漆、木龙骨及基层面防火涂料、木地板油漆等项目。本任务主要介绍木门窗油漆。

木门窗油漆的工程量按表 6-17 的工程量系数表计算。

单层木门窗油漆定额工程量系数表　　　　　　　　　　　　　　　表 6-17

项目名称	系数	工程量计算方法
单层木门	1	
双层（一玻一纱）木门	1.36	
单层全玻门	0.83	
木百叶门	1.25	
厂库大门	1.1	单面洞口面积×系数
单层玻璃窗	1	
双层（一玻一纱）窗	1.36	
木百叶窗	1.5	

2. 金属面油漆

金属面油漆工程包括各类钢门窗油漆、其他金属面油漆等分项工程。本任务以钢门窗为例进行介绍。

钢门窗油漆的工程量按表 6-18 的工程量系数表计算。

单层钢门窗油漆定额工程量系数表 　　表 6-18

项目名称	系数	工程量计算方法
单层钢门窗	1	单面洞口面积×系数
双层(一玻一纱)钢门窗	1.48	
钢百叶钢门	2.74	
半截百叶钢门	2.22	
满钢门或包铁皮门	1.63	
钢折叠门	2.3	
射线防护门	2.96	框(扇)外围面积×系数
厂库房平开、推拉门	1.7	
铁丝网大门	0.81	
间壁	1.85	长×宽×系数
平板屋面	0.74	斜长×宽×系数
排水、伸缩缝盖板	0.78	展开面积×系数
吸气罩	1.63	水平投影面积×系数

3. 抹灰面油漆、涂料、裱糊

抹灰面油漆、涂料、裱糊工程包括抹灰面刮腻子、乳胶漆、氟碳漆、调和漆等分项工程。

（1）计算规则

抹灰面油漆、涂料、裱糊的工程量按表 6-19 的工程量系数表计算。

抹灰面油漆、涂料、裱糊的工程量系数表 　　表 6-19

项目名称	系数	工程量计算方法
楼地面、墙面、天棚面、柱、梁面	1	展开面积
混凝土栏杆、花饰、花格	1.82	单面外围面积×系数
线条	1	延长米
其他零星项目、小面积	1	展开面积

（2）有关说明

梁、柱、天棚面刮腻子按相应墙面子目，人工费乘以系数 1.18。

知识点 3 典型案例的计算思路

【案例 6-8】 查看天棚工程的案例 6-5，计算天棚面刮腻子工程量。

【解】 抹灰面油漆工程量按展开面积计算。

天棚刮腻子工程量

$S=$天棚面抹灰工程量 119.97—扣除突出柱面积 S_1

突出柱面积 $S_1=(0.5-0.24)\times(0.5-0.24)\times4-0.5\times(0.5-0.24)\times4=0.79\text{m}^2$

因此天棚刮腻子工程量 $S=119.97-0.79=119.18\text{m}^2$

天棚面刮腻子套墙面刮腻子定额，同时人工费乘以系数 1.18：$R\times1.18$

【案例 6-9】　查看门窗工程和税前项目的案例 6-7 的图 6-10，假设木门木窗刷底油一遍，调和漆两遍，计算木门木窗油漆工程量。

【解】　木门、木窗油漆工程量为单面洞口面积。

木门油漆工程量 $S=5.67\text{m}^2$（胶合板门制作安装工程量）

木窗油漆工程量 $S=10.8\text{m}^2$（木窗制作安装工程量）

巩固训练

一、单项选择题

1. 根据广西定额的规定，天棚面刮腻子套墙面刮腻子定额，人工费乘以系数（　　）。

A. 1.1　　　　　　B. 1.15　　　　　　C. 1.18　　　　　　D. 1.28

2. 木门、木窗油漆工程量以（　　）计算。

A. 门窗数量　　　　　　　　　　B. 门窗单面洞口面积

C. 门窗面积乘系数　　　　　　　D. 门窗两面洞口面积

二、多项选择题

关于内墙面抹灰面刮腻子工程量，下列描述正确的是（　　）。

A. 按展开面积计算

B. 门窗洞口的侧壁及顶面不增加

C. 不扣除踢脚线所占的面积

D. 扣除门窗洞口所占面积

E. 扣除墙裙所占面积

任务 6.6　其他装饰工程

任务描述

查看表 5-2 可知，其他装饰工程造价占总造价的比例为 1.12%。

那么其他装饰工程包括哪些分项内容？各分项工程的工程量计算规则是什么？应如何应用规则进行计量计算？

阅读本任务的知识链接，完成任务清单，回答相应问题。

成果形式

完成任务清单中的引导问题和实训。

工作准备

认真学习知识链接中的相关知识点，理解其他装饰工程的定额项目及定额编码，熟悉其他装饰工程分部的组成，及各分项工程的工程量计算规则。

理解税前项目的含义和工程量计算方法。

任务实施

引导问题1：其他装饰工程包括哪些内容？说出它们具体的子分部号和子分部名称。

引导问题2：栏杆、栏板、扶手、弯头的工程量计算有何规定？如何计算工程量？

引导问题3：在老师指导下完成下列两项实训：

【实训任务单1】对附录1某办公楼项目的其他装饰工程进行列项，结果填入《分部分项工程量表》。

【实训任务单2】在《工程量计算表》中，计算附录1某办公楼项目的其他装饰工程的工程量，完成一个分项工程的工程量计算后，将工程量填入《分部分项工程量表》。

实训解析

实训任务工作过程：

1. 项目情况分析。

了解栏杆、扶手、弯头的做法：本项目楼梯扶手栏杆为钢管扶手型栏杆。扶手和弯头为圆管，直径为 $\phi50$。

2. 熟悉知识链接的知识点1，进行定额列项。

（1）在教师指导下，熟悉知识链接的知识点1，结合附录6的"2013广西定额"部分定额表，对某办公楼的其他装饰工程进行列项。

完成列项任务后，进行自检和学生间互评，最后结合学生完成情况讲评，训练学生"A.14 其他装饰工程"列项能力。

（2）列项演示见表6-20。

分部分项工程量表　　　　　　　　　　　　　　表6-20

工程名称：办公楼　　　　　　　　　　　　　　　　　　共　页　第　页

序号	定额编码	定额名称	定额单位	工程量
		A.14 其他装饰工程		
1	A14-140	普通型钢栏杆/钢管	10m	
2	A14-145	钢管扶手 $\phi50$ 圆管	10m	
3	A14-147	钢管弯头 $\phi50$ 圆管	10个	

3. 对列好的项目，逐条对照知识链接的知识点2的工程量计算规则，在《工程量计算表》中按图填列计算式，计算工程量，并将结果及时填入《分部分项工程量表》。

计算过程详见附录3某办公楼工程量计算表。

评价反馈

学生进行自我评价，并将结果填入表6-21中。

学生自评表　　　　　　　　　　　　　　　　表 6-21

班级：　　　　　　姓名：　　　　　　　　学号：

学习任务	其他装饰工程		
评价项目	评价标准	分值	得分
其他装饰工程概况	能说出其他装饰工程的内容，及具体的子分部号和子分部名称	10	
栏杆、栏板、扶手主要做法	能说出定额中栏杆、栏板、扶手主要做法	10	
对其他装饰工程进行列项	能按照"定额顺序法"准确进行栏杆、栏板、扶手列项	30	
计算其他装饰工程的工程量	能理解栏杆、栏板、扶手主要的工程量计算规则，准确计算工程量	30	
工作态度	态度端正、认真，无缺勤、迟到、早退现象	10	
工作质量	能够按计划完成工作任务	10	
合计		100	

知识链接

知识点 1　其他装饰工程概况

A.14 其他装饰工程共 8 个子分部（228 个定额子目），包括 A.14.1 柜类、货架，A.14.2 浴厕配件，A.14.3 压条、装饰线，A.14.4 旗杆，A.14.5 栏杆、栏板、扶手、弯头，A.14.6 招牌、灯箱，A.14.7 美术字，A.14.8 车库配件。

码 6-8　其他装饰工程概况及典型案例

（1）A.14.1 柜类、货架包括 1 个子分部共 30 个子目。

（2）A.14.2 浴厕配件包括 1 个子分部共 14 个子目。

（3）A.14.3 压条、装饰线包括 4 个子分部共 45 个子目，子分部为：金属装饰线，木质装饰线，石材装饰线，其他装饰线。

（4）A.14.4 旗杆共 1 个子目。

（5）A.14.5 栏杆、栏板、扶手、弯头包括 6 个子分部共 76 个子目，子分部为：铝合金栏杆、栏板、扶手，不锈钢栏杆、栏板、扶手、弯头，钢管栏杆、栏板、扶手、弯头，型钢及铸铁栏杆、栏板、扶手、弯头，木栏杆、扶手，靠墙扶手。

（6）A.14.6 招牌、灯箱包括 4 个子分部共 18 个子目，子分部为：平面招牌基层，箱式招牌基层，竖式标箱基层，招牌、灯箱面层。

（7）A.14.7 美术字包括 3 个子分部共 40 个子目，子分部为：泡沫塑料、有机玻璃字，木质字，金属字。

（8）A.14.8 车库配件共 4 个子目。

以下主要介绍 A.14.5 栏杆、栏板、扶手、弯头分部的工程量计算。

知识点 2　主要分项工程工程量计算

栏杆或栏板是楼梯及平台临空一侧所设的安全设施，扶手设在栏杆或栏板的上面，作为行走时依附之用，如图 6-11 所示。定额中栏杆、栏板、扶手工程包括铝合金、不锈钢、铜管、型钢及铸铁、硬木等材质的做法。

（1）计算规则

1）栏杆、栏板、扶手按设计图示中心线长度以延长米计算（不扣除弯头所占长度）。

2）弯头按设计数量以个计算。

3）铸铁栏杆按设计图示安装铸铁栏杆尺寸以延长米计算。

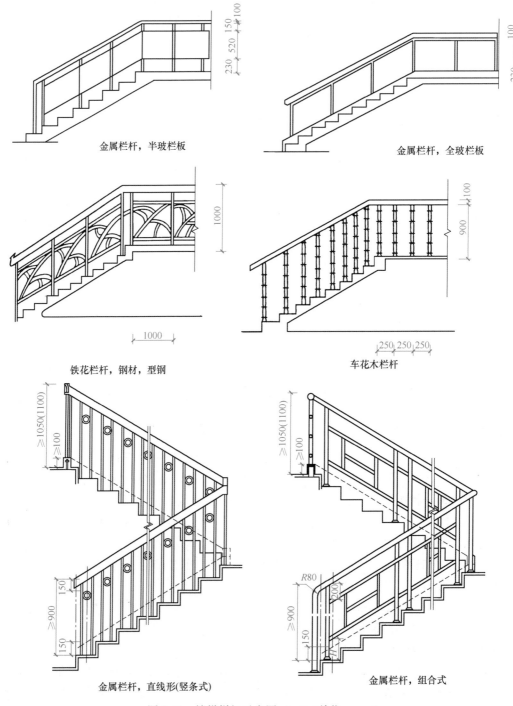

金属栏杆，半玻栏板

金属栏杆，全玻栏板

铁花栏杆，钢材，型钢

车花木栏杆

金属栏杆，直线形（竖条式）

金属栏杆，组合式

图 6-11　楼梯栏杆示意图（一）（单位：mm）

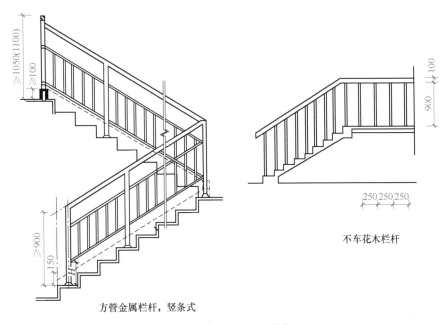

方管金属栏杆，竖条式

图 6-11　楼梯栏杆示意图（二）（单位：mm）

（2）有关说明

1）适用于楼梯、走廊、回廊及其他装饰性栏杆、栏板。

2）栏杆、栏板子目不包括扶手及弯头制作安装，扶手及弯头分别列项计算。

3）未列弧形、螺旋形子目的栏杆、扶手子目，如用于弧形、螺旋形栏杆、扶手，按直形栏杆、扶手子目人工乘以系数 1.3，其余不变。

4）栏杆、栏板、扶手、弯头子目的材料规格、用量，如设计规定与定额不同时，可以换算，其他材料及人工、机械不变。

5）铸铁围墙栏杆不包括栏杆的面漆及压脚混凝土梁捣制，栏杆面漆及压脚混凝土梁按设计另列项目计算。

知识点 3　典型案例的计算思路

【案例 6-10】　某二层不上人屋面的住宅楼，楼梯栏杆采用不锈钢栏杆全玻栏板，玻璃为 10mm 厚有机玻璃，栏杆为 Φ50mm 不锈钢管，栏杆扶手为 Φ60mm 不锈钢管，楼梯平面图及剖面图如图 6-12 所示，墙厚为 240mm。试计算栏杆、扶手、弯头工程量。

【解】　（1）栏杆、栏板、扶手按设计图示中心线长度以延长米计算（不扣除弯头所占长度），因此：

不锈钢栏杆全玻栏板工程量＝斜栏杆 $\sqrt{2.7^2+1.7^2}\times2$＋休息井 0.2×2＋直段栏杆 $1.55-0.12=8.21$m

（2）Φ60 不锈钢管扶手工程量＝8.21m

（3）Φ60 不锈钢弯头工程量＝3 个

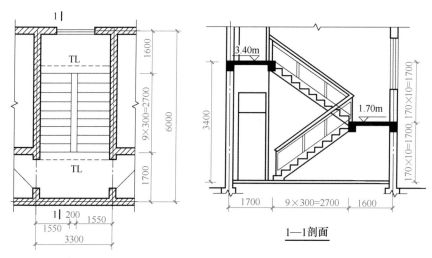

图 6-12　楼梯平面图及剖面图

巩固训练

一、单项选择题

弧形、螺旋形栏杆、扶手，按直形栏杆、扶手子目人工乘以系数（　　）。

A. 1.2　　　　　B. 1.3　　　　　C. 1.1　　　　　D. 1.0

二、多项选择题

关于栏杆、栏板、扶手，下列描述正确的是（　　）。

A. 栏杆、栏板按设计图示中心线长度以延长米计算（不扣除弯头所占长度）

B. 扶手按设计图示中心线长度以延长米计算（不扣除弯头所占长度）

C. 弯头按设计数量以个计算

D. 栏杆、栏板子目不包括扶手及弯头制作安装

E. 栏杆、栏板、扶手、弯头子目的材料规格、用量，如设计规定与定额不同时，可以换算，其他材料及人工、机械不变

项目7

Chapter 07

单价措施工程工程量计算

【学习情境】

从本项目开始学习单价措施工程的列项和工程量计算，需要认真阅读施工图，正确使用规范和标准，循序渐进，不断提高工程计量的能力。

【学习目标】

知识目标

1. 熟悉"2013 广西定额"单价措施工程主要分部号及分部名称；

2. 理解脚手架工程、垂直运输工程、模板工程、混凝土运输及泵送工程的定额说明；

3. 掌握脚手架工程、垂直运输工程、模板工程、混凝土运输及泵送工程等常见项目工程量计算规则和计算方法。

码 7-1　某办公楼单价措施工程列项

能力目标

1. 能依据图纸信息，正确选用恰当定额，进行定额列项；

2. 能较熟练根据脚手架工程、垂直运输工程、模板工程、混凝土运输及泵送工程等工程量计算规则和说明计算工程量。

素质目标

1. 养成自主学习、善于观察与探索的良好习惯；

2. 培养严谨的工作作风；

3. 形成善于发现问题、提出问题和解决问题的工作思路。

思政目标

1. 脚手架搭设、模板支设都关乎生命安全，强调安全意识，培养学生安全生产职业精神；

2. 从模板与混凝土的关系，引导学生做人踏踏实实，不能有一丝疏漏，要做一个负责任的人；

3. 施工技术发展永无止境，培养学生创新精神、创新意识；

4. 向学生传递学无止境，终身学习的理念。

任务 7.1 脚手架工程

任务描述

查看表 5-2 可知，脚手架工程造价占总造价的比例为 2.22%，对造价有一定的影响。

那么，脚手架工程包括哪些分项内容？各分项工程的工程量计算规则是什么？应如何应用规则准确进行计量计算？

阅读本任务的知识链接，完成任务清单，回答相应问题。

成果形式

完成任务清单中的引导问题和实训。

工作准备

认真学习知识链接中的相关知识点，理解脚手架工程的定额项目及定额编码，熟悉脚手架工程分部的组成，及各分项工程的工程量计算规则。

任务清单

任务实施

引导问题 1：脚手架工程包括哪些内容？说出它们具体的子分部号和子分部名称。单排外脚手架、双排外脚手架适用哪些情况？现浇混凝土楼板运输道，采用泵送混凝土时有何规定？

引导问题 2：外脚手架、里脚手架的工程量计算有何规定？同一栋建筑物内有不同高度，如何计算脚手架？现浇混凝土楼板运输道如何计算工程量？

引导问题 3：在老师指导下完成下列两项实训：

【实训任务单 1】对附录 1 某办公楼项目的脚手架工程进行列项，将结果填入《分部分项工程量表》。

【实训任务单 2】在《工程量计算表》中，计算附录 1 某办公楼项目的脚手架工程的工程量，完成一个分项工程的工程量计算后，即将工程量填入《分部分项工程量表》。

实训解析

实训任务工作过程：

1. 项目情况分析。

了解办公楼项目的结构：本项目是框架结构，墙为砌体墙，层高为 3.6m，室外地坪标高为 −0.45m，屋顶面标高为 7.2m，框架柱、梁、板为整体浇捣。

2. 熟悉知识链接的知识点 1，进行定额列项。

（1）在教师指导下，熟悉知识链接的知识点 1，结合附录 6 的"2013 广西定额"部分定额表，对某办公楼脚手架工程进行列项。

完成列项任务后，进行自检和学生间互评，最后结合学生完成情况讲评，培养"A.15 脚手架工程"列项能力。

（2）列项演示见表 7-1。

分部分项工程量表　　　　　　　　　　　　表 7-1

工程名称：某办公楼　　　　　　　　　　　　　　　　　　　共　页　第　页

序号	定额编码	定额名称	定额单位	工程量
		A.15 脚手架工程		
1	A15-1	扣件式钢管里脚手架/3.6m 以内	100m²	
2	A15-5	扣件式钢管外脚手架/双排/10m 以内	100m²	
3	A15-28 换	钢管现浇混凝土运输道/楼板钢管架 泵送	100m²	

3. 对列好的项目，逐条对照知识链接的知识点 2 的工程量计算规则，在《工程量计算表》中按图填列计算式，计算工程量，并将结果及时填入《分部分项工程量表》。

计算过程详见附录 3 某办公楼工程量计算表。

评价反馈

学生进行自我评价，并将结果填入表 7-2 中。

学生自评表　　　　　　　　　　　　　表 7-2

班级：　　　　　　姓名：　　　　　　　学号：

学习任务	脚手架工程		
评价项目	评价标准	分值	得分
脚手架工程概况	能说出脚手架工程的内容,及具体的子分部号和子分部名称	10	
不同脚手架适用情况	能说出单排外脚手架、双排外脚手架适用情况,现浇混凝土楼板运输道,采用泵送混凝土时的处理方法	10	
对脚手架工程进行列项	能按照"定额顺序法"准确进行单、双排外脚手架,里脚手架,混凝土楼板运输道列项	30	
计算脚手架工程的工程量	能理解外脚手架、里脚手架、混凝土楼板运输道主要的工程量计算规则,准确计算工程量	30	
工作态度	态度端正、认真,无缺勤、迟到、早退现象	10	
工作质量	能够按计划完成工作任务	10	
合计		100	

知识链接

知识点 1　脚手架工程概况

1. 脚手架工程主要内容

A.15 脚手架工程包括砌筑脚手架、现浇混凝土脚手架、装修脚手架、

码 7-2　脚手架
工程概况

构筑物脚手架等分项工程。

A.15 脚手架工程有 10 个子分部（106 个定额子目），包括 A.15.1 扣件式钢管里脚手架，A.15.2 扣件式钢管外脚手架，A.15.3 现浇混凝土运输道，A.15.4 电梯井脚手架，A.15.5 烟囱、水塔、独立筒体脚手架，A.15.6 安全通道，A.15.7 外装修专用脚手架，A.15.8 电动吊篮，A.15.9 悬空及内装修脚手架，A.15.10 竹制脚手架。

（1）A.15.1 扣件式钢管里脚手架共 2 个子目。

（2）A.15.2 扣件式钢管外脚手架共 22 个子目。

（3）A.15.3 现浇混凝土运输道共 12 个子目。

（4）A.15.4 电梯井脚手架共 12 个子目。

（5）A.15.5 烟囱、水塔、独立筒体脚手架共 12 个子目。

（6）A.15.6 安全通道共 8 个子目。

（7）A.15.7 外装修专用脚手架共 20 个子目。

（8）A.15.8 电动吊篮共 1 个子目。

（9）A.15.9 悬空及内装修脚手架共 4 个子目。

（10）A.15.10 竹制脚手架共 13 个子目。

2. 定额说明

（1）外脚手架适用于建筑、装饰装修同时施工的工程；外脚手架如仅用于砌筑者，按外脚手架相应子目，材料乘以系数 0.625，人工、机械不变；装饰装修脚手架适用于工作面高度在 1.6m 以上需要重新搭设脚手架的装饰装修工程。

（2）外脚手架定额内，已综合考虑了卸料平台、缓冲台、附着式脚手架内的斜道。

（3）钢管脚手架的管件维护及牵拉点费用等已包含在其他材料费中。

（4）定额脚手架子目中不含支撑地面的硬化处理、水平垂直安全维护网、外脚手架安全挡板等费用，其费用已含在安全文明施工费中，不另计算。

（5）凡净高超过 3.6m 的室内墙面、天棚粉刷或其他装饰工程，均可计算满堂脚手架，斜面尺寸按平均高度计算，计算满堂脚手架后，墙面装饰工程不得再计算脚手架。

知识点 2　主要分项工程工程量计算

1. 砌筑脚手架

计算规则

1）不论何种砌体，凡砌筑高度超过 1.2m 以上者，均需计算脚手架。

2）砌筑脚手架的计算按墙面（单面）垂直投影面积以平方米计算。

3）外墙脚手架按外墙外围长度（应计凸阳台两侧的长度，不计凹阳台两侧的长度）乘以外墙高度再乘以 1.05 系数计算其工程量。门窗洞口及穿过建筑物的车辆通道空洞面积等，均不扣除。

外墙脚手架的计算高度按室外地坪至以下情形分别确定（图 7-1）：

① 有女儿墙者，高度算至女儿墙顶面（含压顶）。

② 平屋面或屋面有栏杆者，高度算至楼板顶面。

③ 有山墙者，高度按山墙平均高度计。

因此，外墙脚手架工程量计算公式为：

$$S = (外墙外围长度 \times 外墙脚手架计算高度) \times 1.05$$

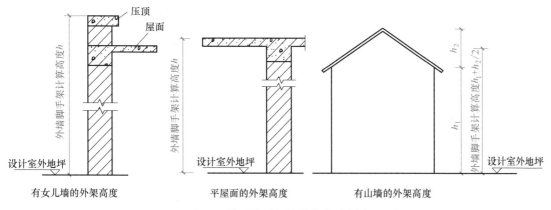

图 7-1 外墙脚手架计算高度示意图

其中：外墙外围长度应计凸阳台两侧的长度，凹阳台两侧的长度不计。

4）同一栋建筑物内：有不同高度时，应分别按不同高度计算外脚手架；不同高度间的分隔墙，按相应高度的建筑物计算外脚手架；如从楼面或天面搭起的，应从楼面或天面起计算。

5）独立砖柱、突出屋面的烟囱脚手架按其外围周长加 3.6m 后乘以高度计算。

6）如遇下列情况者，按单排外脚手架计算：

① 外墙檐口高度（图 7-2）在 16m 以内，并无施工组织设计规定时；

② 独立砖柱与突出屋面的烟囱；

③ 砖砌围墙。

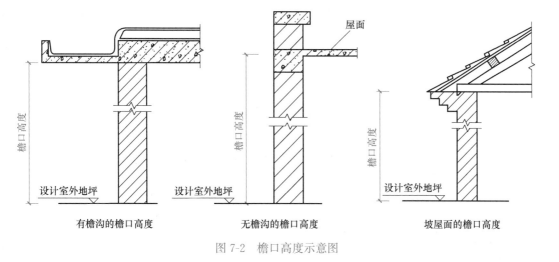

图 7-2 檐口高度示意图

7）如遇下列情况者，按双排外脚手架计算。

① 外墙檐口高度超过 16m 者；

② 框架结构间砌外墙；

③ 外墙面带有复杂艺术形式者（艺术形式部分的面积占外墙总面积 30% 以上），或外墙勒脚以上抹灰面积（包括门窗洞口面积在内）占外墙总面积 25% 以上，或门窗洞口面积

占外墙总面积 40% 以上者；

④ 片石墙（含挡土墙、片石围墙）、大孔混凝土砌块墙，墙高超过 1.2m 者；

⑤ 施工组织设计有明确规定者。

8）凡厚度在两砖（490mm）以上的砖墙，均按双面搭设脚手架计算，如无施工组织设计规定时：高度在 3.6m 以内的外墙，一面按单排外脚手架计算，另一面按里脚手架计算；高度在 3.6m 以上的外墙，外面按双排外脚手架计算，内面按里脚手架计算；内墙按双面计算相应高度的里脚手架。

9）在旧有的建筑物上加层：加二层以内时，其外墙脚手架按上述计算规则第 3）点的规定乘以 0.5 系数计算；加层在二层以上时，按上述办法计算，不乘以系数。

10）内墙按内墙净长乘以实砌高度计算里脚手架工程量。

内墙里脚手架工程量计算式为：

$$S = 内墙净长 \times 实砌高度$$

下列情况者，也按相应高度计算里脚手架工程量：

① 砖砌基础深度超过 3m 时（室外地坪以下），或四周无土砌筑基础，高度超过 1.2m 时；

② 高度超过 1.2m 的凹阳台的两侧墙及正面墙、凸阳台的正面墙及双阳台的隔墙。

2. 现浇混凝土脚手架

计算规则：

1）现浇混凝土需用脚手架时，应与砌筑脚手架综合考虑。如确实不能利用砌筑脚手架者，可按施工组织设计规定或按实际搭设的脚手架计算。

2）单层地下室的外墙脚手架按单排外脚手架计算，两层及两层以上地下室的外墙脚手架按双排外脚手架计算。

3）现浇混凝土基础运输道：

① 深度大于 3m（3m 以内不得计算）的带形基础按基槽底面积计算。

② 满堂基础运输道适用于满堂式基础、箱形基础、基础底短边大于 3m 的柱基础、设备基础，其工程量按基础底面积计算。

4）现浇混凝土框架运输道，适用于楼层为预制板的框架柱、梁，其工程量按框架部分的建筑面积计算。

5）现浇混凝土楼板运输道，适用于框架柱、梁、墙、板整体浇捣工程，工程量按浇捣部分的建筑面积计算。

下列情况者，按相应规定计算：

① 层高不到 2.2m 的，按外墙外围面积计算混凝土楼板运输道。

② 底层架空层不计算建筑面积或计算一半面积时，按顶板水平投影面积计算混凝土楼板运输道。

③ 坡屋面不计算建筑面积时，按其水平投影面积计算混凝土楼板运输道。

④ 砖混结构工程的现浇楼板按相应定额子目乘以系数 0.5。

6）计算现浇混凝土运输道，采用泵送混凝土时应按如下规定计算。

① 基础混凝土不予计算。

② 框架结构、框架-剪力墙结构、筒体结构的工程，定额乘以系数 0.5。

③ 砖混结构工程，定额乘以系数 0.25。

7）装配式构件安装，两端搭在柱上，需搭设脚手架时，其工程量按柱周长加 3.6m 乘以柱高度计算，并按相应高度的单排外脚手架定额乘以系数 0.5 计算。

8）现浇钢筋混凝土独立柱，如无脚手架利用时，以（柱外围周长＋3.6m）×柱高度按相应外脚手架计算。

9）单独浇捣的梁，如无脚手架利用时，应按（梁宽＋2.4m）×梁的跨度套相应高度（梁底高度）的满堂脚手架计算。

10）电梯井脚手架按井底板面至顶板面高度，套用相应定额子目以座计算。

11）设备基础高度超过 1.2m 时

① 实体式结构：按其外形周长乘以地坪至外形顶面高度以平方米计算单排脚手架。

② 框架式结构：按其外形周长乘以地坪至外形顶面高度以平方米计算双排脚手架。

3. 装饰脚手架

计算规则：

1）满堂脚手架按需要搭设的室内水平投影面积计算。

2）定额规定满堂脚手架基本层实高按 3.6m 计算，增加层实高按 1.2m 计算，基本层操作高度按 5.2m 计算（基本层操作高度为基本层高 3.6m 加上人的高度 1.6m）。室内天棚净高超过 5.2m 时，计算了基本层后，增加层的层数＝（天棚室内净高－5.2）÷1.2，按四舍五入取整数。如建筑物天棚室内净高为 9.2m，其增加层的层数为：（9.2－5.2）÷1.2 ≈3.3，则按 3 个增加层计算。

3）高度超过 3.6m 以上者，有屋架的屋面板底喷浆、勾缝及屋架等油漆，按装饰部分的水平投影面积套悬空脚手架计算，无屋架或其他构件可利用搭设悬空脚手架者，按满堂脚手架计算。

4）凡墙面高度超过 3.6m，而无搭设满堂脚手架条件者，则墙面装饰脚手架按 3.6m 以上的装饰脚手架计算。工程量按装饰面投影面积（不扣除门窗洞口面积）计算。

5）外墙装饰脚手架工程量按砌筑脚手架等有关规定计算。

6）铝合金门窗工程，如需搭设脚手架时，可按内墙装饰脚手架计算，其工程量按门窗洞口宽度每边加 500mm 乘以楼地面至门窗顶高度计算。

7）外墙电动吊篮，按外墙装饰面尺寸以垂直投影面积计算，不扣除门窗洞口面积。

知识点 3　典型案例的计算思路

【案例 7-1】　如图 7-3 所示，某建筑和装饰装修工程一起承包的工程，建筑物从室外地坪至女儿墙顶面的高度分别为 15m、51m、24m，天面距女儿墙顶面高度均为 1.0m，外墙为抹灰面上刷涂料，施工采用扣件式钢管脚手架，按"2013 广西定额"，正确选套定额并计算建筑物外墙脚手架工程量。

码 7-3　案例 7-1 中使用的外墙脚手架定额

码 7-4　脚手架工程典型案例

【解】　外墙脚手架按外墙外围长度乘室外地坪至女儿墙顶面高度，再乘以 1.05 系数计算其工程量。外墙抹灰面积占外墙总面积 25％以上的，按双排外脚手架计算。

（1）高度 15m 的外墙：套 A15-6，双排脚手架（20m 以内）

工程量＝（26＋12×2＋8）×15×1.05＝913.5m²

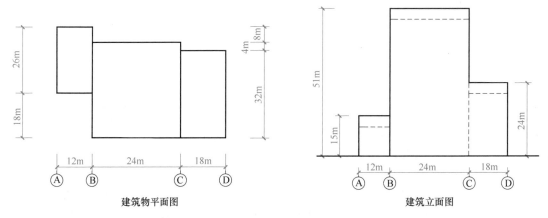

图 7-3 某建筑物平面图及立面图

（2）高度 24m 和(51−24＋1)＝28m 的外墙：套 A15-7，双排脚手架（30m 以内）

工程量＝[(18×2＋32)×24＋32×(51−24＋1)]×1.05＝2654.4m²

（3）高度 37m(＝51−15＋1)的外墙：套 A15-8，双排脚手架（40m 以内）

工程量＝(26−8)×(51−15＋1)×1.05＝699.3m²

（4）高度 51m 的外墙：套 A15-10，双排脚手架（60m 以内）

工程量＝(18＋24×2＋4)×51×1.05＝3748.5m²

【案例 7-2】 如图 7-4 所示为某建筑物标准层平面图，轴线居墙中，板厚 100mm，层高 3.3m。外墙墙厚 240mm，内墙墙厚 180mm；墙上均有框架梁（300mm×600mm）；柱截面尺寸均为 400mm×400mm，计算该层建筑物里脚手架的工程量。

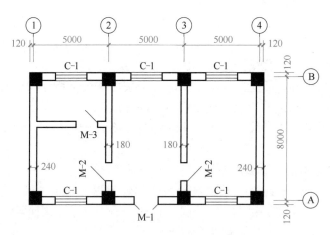

图 7-4 某建筑物标准层平面图

【解】 内墙按内墙净长乘以实砌高度计算里脚手架工程量，不扣除门窗洞口面积。
里脚手架工程量
＝[(8＋0.24−柱 0.4×2)×2＋5−0.12−0.09]×(3.3−梁高 0.6)
＝53.11m²

【案例 7-3】 某框架结构建筑物的平面图及剖面图如 7-5 所示，墙厚 240mm，轴线居墙中。雨篷板挑出外墙 2500mm，宽 7500mm。楼板浇筑采用泵送混凝土，计算现浇混凝土楼板运输道的工程量。

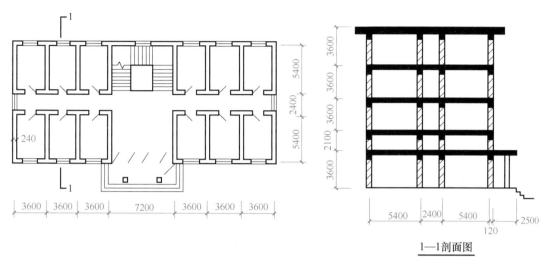

图 7-5　某框架结构建筑物平面图和剖面图

【解】　（1）现浇混凝土楼板运输道，工程量按浇捣部分的建筑面积计算。若层高不到 2.2m 的，按外墙外围面积计算混凝土楼板运输道。

本项目第 2 层层高不到 2.2m，按建筑面积计算规则规定应计算 1/2 面积。但现浇混凝土楼板运输道计算规则规定，层高不到 2.2m 的按外墙外围面积计算混凝土楼板运输道。

因此，该工程楼板运输道工程量按 5 层建筑面积计算

$= (3.6 \times 6 + 7.2 + 0.24) \times (5.4 \times 2 + 2.4 + 0.24) \times 5 + 雨篷 2.5 \times 7.5 / 2$

$= 1960.86 \text{m}^2$

（2）该框架结构建筑物的楼板浇筑采用泵送混凝土，因此套用定额时，定额需乘以系数 0.5。

【案例 7-4】　如图 7-6 所示，某单层建筑物天棚面进行二次装修，层高 8.1m，墙厚 240mm，板厚 100mm。计算该工程满堂脚手架的工程量及增加层层数，按"2013 广西定额"确定定额子目编号。

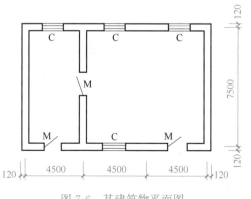

图 7-6　某建筑物平面图

码 7-5　案例 7-4
中使用的满堂
脚手架定额

【解】 满堂脚手架按需要搭设的室内水平投影面积计算。

满堂脚手架工程量

$=(4.5-0.24)\times(7.5-0.24)+(4.5\times2-0.24)\times(7.5-0.24)$

$=94.53m^2$

室内净高＝8.1－0.1＝8m＞5.2m，需计算增加层。

其增加层的层数：

$(8-5.2)\div1.2\approx2.3$ 个，按 2 个增加层计算。

套用定额子目 A15-84 和 A15-85 换（定额乘以系数 2）。

巩固训练

一、单项选择题

1. 不论何种砌体，凡砌筑高度超过（　　）m 以上者，均需计算脚手架。

A. 1.1　　　　B. 1.2　　　　C. 1.3　　　　D. 1.5

2. 外墙脚手架按外墙外围长度乘以外墙高度再乘以（　　）系数计算其工程量。门窗洞口及穿过建筑物的车辆通道空洞面积等，均不扣除。

A. 1.05　　　　B. 1.15　　　　C. 1.25　　　　D. 1.35

3. 框架结构间砌外墙，应按（　　）计算。

A. 里脚手架　　　　　　　　B. 单排外脚手架

C. 双排外脚手架　　　　　　D. 现浇混凝土脚手架

二、多项选择题

关于现浇混凝土运输道，下列描述正确的是（　　）。

A. 现浇混凝土楼板运输道，工程量按浇捣部分的建筑面积计算

B. 层高不到 2.2m 的，按外墙外围面积计算混凝土楼板运输道

C. 底层架空层不计算建筑面积或计算一半面积时，按一半面积计算混凝土楼板运输道

D. 采用泵送混凝土时，框架结构，现浇混凝土楼运输道定额乘以系数 0.5

E. 采用泵送混凝土时，框架-剪力墙结构，现浇混凝土运输道定额乘以系数 0.25

任务 7.2　垂直运输工程

任务描述

查看表 5-2 可知，垂直运输工程占总造价的比例为 1.06％。

那么，垂直运输工程包括哪些分项内容？各分项工程的工程量计算规则是什么？应如何应用规则进行计量计算？

阅读本任务的知识链接，完成任务清单，回答相应问题。

成果形式

完成任务清单中的引导问题和实训。

工作准备

认真学习知识链接中的相关知识点，理解垂直运输工程的定额项目及定额编码，熟悉垂直运输工程分部的组成，及各分项工程的工程量计算规则。

任务清单

任务实施

引导问题 1：垂直运输工程包括哪些内容？说出它们具体的子分部号和子分部名称。垂直运输高度划分有何规定？如果采用泵送混凝土时，定额如何换算？

引导问题 2：垂直运输的工程量计算有何规定？如何计算工程量？

引导问题 3：在老师指导下完成下列两项实训：

【实训任务单 1】对附录 1 某办公楼项目的垂直运输工程进行列项，将结果填入《分部分项工程量表》。

【实训任务单 2】在《工程量计算表》中，计算附录 1 某办公楼项目的垂直运输工程的工程量，完成一个分项工程的工程量计算后，将工程量填入《分部分项工程量表》。

实训解析

实训任务工作过程：

1. 项目情况分析。

了解某办公楼项目的结构：本项目是框架结构，室外地坪标高为 $-0.45m$，屋顶面标高为 $7.2m$，檐口高度为 $7.2+0.45=7.65m$。

2. 熟悉知识链接的知识点 1，进行定额列项。

（1）在教师指导下，熟悉知识链接的知识点 1，结合附录 6 的"2013 广西定额"部分定额表，对某办公楼垂直运输工程进行列项。

完成列项任务后，进行自检和学生间互评，最后教师结合完成情况讲评，培养"A.16 垂直运输工程"列项能力。

（2）列项演示见表 7-3。

分部分项工程量表　　　　　　　　　　　　　表 7-3

工程名称：某办公楼　　　　　　　　　　　　　　　　　　　共　页　第　页

序号	定额编码	定额名称	定额单位	工程量
		A.16 垂直运输工程		
1	A16-2	建筑物垂直运输高度/20m 以内/框架结构/卷扬机	100m²	

3. 对列好的项目，逐条对照知识链接的知识点 2 的工程量计算规则，在《工程量计算表》中按图填列计算式，计算工程量，并将结果及时填入《分部分项工程量表》。

计算过程详见附录 3 某办公楼工程量计算表。

评价反馈

学生进行自我评价，并将结果填入表 7-4 中。

学生自评表
表 7-4

班级：	姓名：	学号：		
学习任务	垂直运输工程			
评价项目	评价标准		分值	得分
垂直运输工程概况	能说出垂直运输工程的内容，及具体的子分部号和子分部名称		10	
垂直运输高度	能说出各种垂直运输高度的划分情况，及采用泵送混凝土时的定额换算方法		10	
对垂直运输工程进行列项	能按照"定额顺序法"进行准确列项		30	
计算垂直运输的工程量	能理解垂直运输的工程量计算规则，准确计算工程量		30	
工作态度	态度端正、认真，无缺勤、迟到、早退现象		10	
工作质量	能够按计划完成工作任务		10	
合计			100	

知识链接

知识点 1　垂直运输工程概况

1. 垂直运输工程主要内容

码 7-6　垂直运输工程概况及典型案例

A.16 垂直运输工程共 3 个子分部（36 个定额子目），包括 A.16.1 建筑物垂直运输，A.16.2 构筑物垂直运输，A.16.3 局部装饰装修垂直运输。

（1）A.16.1 建筑物垂直运输共 19 个子目。

（2）A.16.2 构筑物垂直运输共 10 个子目。

（3）A.16.3 局部装饰装修垂直运输共 7 个子目。

2. 定额说明

（1）建筑物、构筑物垂直运输适用于单位工程在合理工期内完成建筑、装饰装修工程所需的垂直运输机械台班。建筑工程和装饰装修工程分开发包时，建筑工程套用建筑物垂直运输子目乘以系数 0.77；装饰装修工程套用建筑物垂直运输子目乘以系数 0.33。

（2）建筑物、构筑物工程垂直运输高度划分：

1）室外地坪以上高度，是指设计室外地坪至檐口滴水的高度，没有檐口的建筑物，算至屋顶板面，坡屋面算至起坡处（图 7-2）。女儿墙不计高度，突出主体建筑物屋面的梯间、电梯机房、设备间、水箱间、塔楼、望台等（图 7-7），其水平投影面积小于主体顶层投影面积 30% 的不计其高度。

2）室外地坪以下高度，是指设计室外地坪至相应地下层底板底面的高度。带地下室的建筑物，地下层垂直运输高度由设计室外地坪标高算至地下室底板底面，套用相应高度的定额子目。

3）构筑物的高度是指设计室外地坪至结构最高顶面的高度。

（3）地下层、单层建筑物、围墙垂直运输高度小于 3.6m 时，不得计算垂直运输费用。

（4）同一建筑物中有不同檐高时，按建筑物不同檐高做纵向分割，分别计算建筑面积，以不同檐高分别套用相应高度的定额子目（图 7-8）。

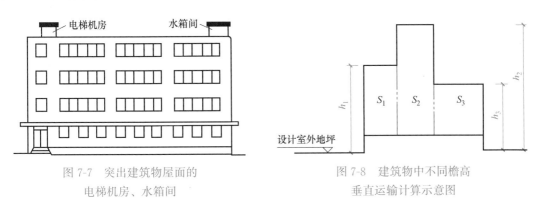

图 7-7　突出建筑物屋面的
电梯机房、水箱间

图 7-8　建筑物中不同檐高
垂直运输计算示意图

（5）如采用泵送混凝土时，定额子目中的塔式起重机机械台班应乘以系数 0.8。

（6）建筑物局部装饰装修工程垂直运输高度划分：

1）室外地坪以上高度：指设计室外地坪至装饰装修工程楼层顶板的高度。

2）室外地坪以下高度：指设计室外地坪至相应地下层地（楼）面的高度。带地下室的建筑物，地下层垂直运输高度由设计室外地坪标高算至地下室地（楼）面，套用相应高度的定额子目。

知识点 2　主要分项工程工程量计算

1. 建筑物、构筑物垂直运输

（1）建筑物垂直运输区分不同建筑物的结构类型和檐口高度，按建筑物设计室外地坪以上的建筑面积以平方米计算。高度超过 120m 时，超过部分按每增加 10m 定额子目（高度不足 10m 时，按比例）计算。

（2）地下室的垂直运输按地下层的建筑面积以平方米计算。

（3）构筑物的垂直运输以座计算。超过规定高度时，超过部分按每增加 1m 定额子目计算，高度不足 1m 时，按 1m 计算。

2. 建筑物局部装饰装修垂直运输

区别不同的垂直运输高度，按各楼层装饰装修部分的建筑面积分别计算。

知识点 3　典型案例的计算思路

【案例 7-5】　如图 7-9 为某框架结构建筑物平面图及立面图，主楼二十层，屋顶楼梯间、电梯机房一层，裙楼五层，天面距女儿墙顶面高度为 1.2m。若该工程建筑与装饰装修由一个施工单位承包，采用商品泵送混凝土施工。计算此建筑物垂直运输的工程量，并按"2013 广西定额"确定定额子目编号。

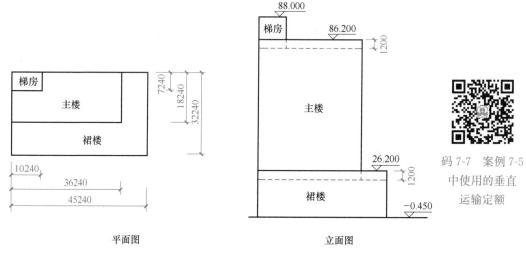

平面图   立面图

图 7-9 某框架结构建筑物平面图及立面图

码 7-7 案例 7-5 中使用的垂直运输定额

【解】 同一建筑物中有不同檐高时，按建筑物不同檐高做纵向分割，分别计算建筑面积，以不同檐高分别套用相应高度的定额子目。

（1）确定垂直运输高度。

1）女儿墙不计高度。

2）判断屋顶楼梯、电梯机房是否计算高度：

屋顶楼梯间、电梯机房面积=10.24×7.24=74.14m²

主楼顶层面积=36.24×18.24=661.02m²

74.14/661.02=11.22%<30%，屋顶楼梯间、电梯机房不计高度。

因此，该建筑物需考虑 2 个不同的垂直运输高度。

（2）根据垂直运输高度确定定额子目。

1）建筑物垂直运输高度=26.2+0.45-1.2=25.45m

定额：A16-7 换（泵送混凝土，定额中的塔式起重机机械台班乘以系数 0.8）

定额名称：建筑物垂直运输高度/30m 以内

      垂直运输工程量=(45.24×32.24-36.24×18.24)×5=3987.6m²

2）建筑物垂直运输高度=86.2+0.45-1.2=85.45m

套定额：A16-13 换（泵送混凝土，定额中的塔式起重机机械台班乘以系数 0.8）

定额名称：建筑物垂直运输高度/90m 以内

      垂直运输工程量=36.24×18.24×(20+5)+10.24×7.24×1=16599.58m²

巩固训练

一、单项选择题

1. 根据广西定额的规定，如采用泵送混凝土，建筑物垂直运输定额子目中的塔式起重机机械台班应乘以系数（   ）。

A. 0.5　　　　　　B. 0.6　　　　　　C. 0.8　　　　　　D. 0.75

2. 根据广西定额的规定，建筑物垂直运输按建筑物设计室外地坪以上的（　　）计算。

A. 建筑面积　　　　　　　　　　B. 建筑物外围长度

C. 建筑物檐口高度　　　　　　　D. 建筑物层数

3. 建筑物垂直运输高度，突出主体建筑物屋面的梯间、电梯机房、设备间、水箱间、塔楼、望台等，其水平投影面积小于主体顶层投影面积（　　）的不计其高度。

A. 10%　　　　　　B. 15%　　　　　　C. 20%　　　　　　D. 30%

二、多项选择题

关于垂直运输工程，下列描述正确的是（　　）。

A. 建筑工程和装饰装修工程分开发包时，建筑工程套用建筑物垂直运输子目乘以系数 0.67

B. 建筑物垂直运输高度，女儿墙是不计高度的

C. 同一建筑物中有不同檐高时，以不同檐高分别套用相应高度的垂直运输定额子目

D. 建筑物垂直运输区分不同建筑物的结构类型和檐口高度，按建筑物设计室外地坪以上的建筑面积以平方米计算

E. 如采用泵送混凝土，建筑物垂直运输定额子目中的塔式起重机机械台班应乘以系数 0.8

任务 7.3　模板工程

任务描述

查看表 5-2 可知，模板工程造价占总造价的比例为 9.73%，在全部的分部分项和单价措施项目中，本项目的模板工程对造价的影响排在第 2 位，对造价的影响比较大。

那么，模板工程包括哪些分项内容？各分项工程的工程量计算规则是什么？应如何应用规则进行计量计算？

阅读本任务的知识链接，完成任务清单，回答相应问题。

成果形式

完成任务清单中的引导问题和实训。

工作准备

认真学习知识链接中的相关知识点，理解模板工程的定额项目及定额编码，熟悉模板工程分部的组成，及各分项工程的工程量计算规则。

任务清单

任务实施

引导问题1：模板工程包括哪些内容？说出它们具体的子分部号和子分部名称。套用模板定额，实际使用支撑、模板与定额不同时，如何换算？

引导问题2：基础、柱、梁、板、楼梯、其他构件的模板工程，它们工程量计算有何规定？如何计算工程量？

引导问题3：在老师指导下完成下列两项实训：

【实训任务单1】 对附录1某办公楼项目的模板工程进行列项，将结果填入《分部分项工程量表》。

假设本项目施工组织设计规定：模板采用胶合板模板，钢支撑。

【实训任务单2】 在《工程量计算表》中，计算附录1某办公楼项目的模板工程的工程量，完成一个分项工程的工程量计算后，将工程量填入《分部分项工程量表》。

实训解析

实训任务工作过程

1. 项目情况分析

了解办公楼项目的结构：本项目是框架结构，混凝土构件有C15混凝土垫层，C20独立基础，C25柱、梁、板、挑檐板、楼梯、过梁、构造柱，还有压顶、台阶、散水等其他构件。

2. 熟悉知识链接的知识点1，进行定额列项。

（1）在教师指导下，熟悉知识链接的知识点1，结合附录6的"2013广西定额"部分定额表，对某办公楼模板工程进行列项。

完成列项任务后，进行自检和学生间互评，最后结合学生完成情况讲评，训练学生"A.17模板工程"列项能力。

（2）列项演示见表7-5。

分部分项工程量表　　　　　　　表7-5

工程名称：某办公楼　　　　　　　　　　　　　　　　　　共　页　第　页

序号	定额编码	定额名称	定额单位	工程量
		A.17模板工程		
1	A17-1	混凝土基础垫层/木模板木支撑	100m²	
2	A17-14	独立基础/胶合板模板/木支撑	100m²	
3	A17-50	矩形柱/胶合板模板/钢支撑	100m²	
……		（余下未列的内容由学生实训完成）		

3. 对列好的项目，逐条对照知识链接的知识点2的工程量计算规则，在《工程量计算表》中按图填列计算式，计算工程量，并将结果及时填入《分部分项工程量表》。

计算过程详见附录3某办公楼工程量计算表。

评价反馈

学生进行自我评价，并将结果填入表7-6中。

学生自评表   表 7-6

班级：	姓名：	学号：		
学习任务	模板工程			
评价项目	评价标准		分值	得分
模板工程概况	能说出模板工程的内容，及具体的子分部号和子分部名称		10	
模板材料换算规定	能说出模板 3 种材料配制，及实际材料与定额不同时定额换算方法		10	
对模板工程进行列项	能按照"定额顺序法"准确进行列项		30	
计算模板工程的工程量	能理解基础、柱、梁、板、楼梯、其他构件模板的工程量计算规则，准确计算工程量		30	
工作态度	态度端正、认真，无缺勤、迟到、早退现象		10	
工作质量	能够按计划完成工作任务		10	
合计			100	

知识链接

知识点 1　模板工程概况

1. 模板工程主要内容

A.17 模板工程共 3 个子分部（248 个定额子目），包括 A.17.1 现浇建筑物混凝土模板制作安装，A.17.2 构筑物混凝土模板制作安装，A.17.3 预制混凝土模板制作安装。

码 7-8　模板工程概况

（1）A.17.1 现浇建筑物混凝土模板制作安装包括 8 个子分部共 131 个子目，子分部为：基础模板制作安装，柱模板制作安装，梁模板制作安装，墙模板制作安装，板模板制作安装，楼梯模板制作安装，其他模板制作安装，后绕带模板增加费。

（2）A.17.2 构筑物混凝土模板制作安装包括 6 个子分部共 52 个子目，子分部为：贮水（油）池模板制作安装，贮仓模板制作安装，筒仓液压滑升钢模板制作安装，水塔模板制作安装，倒锥壳水塔水箱模板制作安装，烟囱模板制作安装。

（3）A.17.3 预制混凝土模板制作安装包括 7 个子分部共 65 个子目，子分部为：桩模板制作安装，柱模板制作安装，梁模板制作安装，屋架模板制作安装，板模板制作安装，楼梯模板制作安装，其他预制构件模板制作安装。

2. 定额说明

（1）现浇构件模板分三种材料配制：钢模板、胶合板模板、木模板。其中钢模板配钢支撑，木模板配木支撑，胶合板模板配钢支撑或木支撑。

（2）现浇构筑物模板，除另有规定外，按现浇构件模板规定计算。

（3）预制混凝土模板，区分不同构件按组合钢模板、木模板、定型钢模、长线台钢拉模编制，定额中已综合考虑需配制的砖地模、砖胎模、长线台混凝土地模。

（4）应根据模板种类套用子目，实际使用支撑与定额不同时不得换算。如实际使用模板与定额不同时，按相近材质套用；如定额只有一种模板的子目，均套用该子目执行，不得换算。

知识点 2 主要分项工程工程量计算

现浇混凝土模板制作安装包括基础、柱、梁、墙、板、楼梯、后浇带及其他现浇混凝土构件模板的制作安装。

现浇混凝土模板工程量，除另有规定外，应区分不同材质，按混凝土与模板接触面积（图 7-10）以平方米计算。

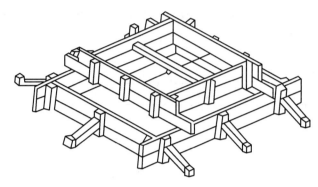

图 7-10 阶梯形独立基础的木模板示意图

1. 基础模板

计算规则：

1）杯形基础杯口高度大于外杯口大边长度的（图 7-11），套用高杯基础定额。

2）有肋式带形基础（图 7-12），肋高/肋宽≤4 的按有肋式带形基础计算；肋高/肋宽＞4 的，其底板按板式带形基础计算，以上部分按墙计算。

3）桩承台按独立式桩承台编制，带形桩承台按带形基础定额执行。

4）箱式满堂基础应分别按满堂基础、柱、墙、梁、地下室顶板有关规定计算。

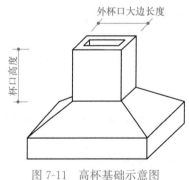

图 7-11 高杯基础示意图

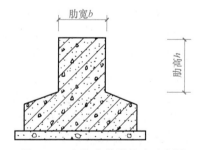

图 7-12 有肋式带形基础示意图

2. 柱、梁、墙、板模板

（1）计算规则

1）柱模板

① 柱高按下列规定确定（图 7-13）：有梁板的柱高，应自柱基或楼板的上表面至上层楼板底面计算；无梁板的柱高，应自柱基或楼板的上表面至柱帽下表面计算。

② 计算柱模板时，不扣除梁与柱交接处（图7-14）的模板面积。

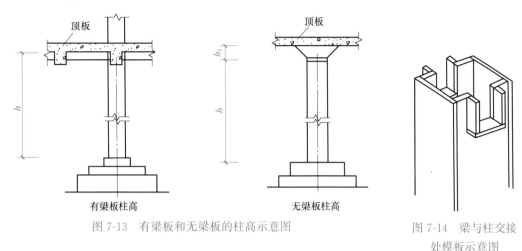

图 7-13　有梁板和无梁板的柱高示意图

图 7-14　梁与柱交接
处模板示意图

③ 构造柱按外露部分计算模板面积，留马牙槎的按最宽面计算模板宽度，如图7-15所示。

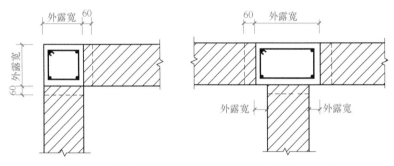

图 7-15　构造柱外露宽需支模板示意图（单位：mm）

2）梁模板

① 梁长按下列规定确定：梁与柱连接时，梁长算至柱侧面；柱梁与次梁连接时，次梁长算至主梁侧面。

② 计算梁模板时，不扣除梁与梁交接处的模板面积。

③ 高大梁模板的钢支撑工程量按经评审的施工专项方案搭设面积乘以支模高度（楼地面至板底高度）以立方米计算，如无经评审的施工专项方案，搭设面积则按梁宽加600mm乘以梁长度计算。

3）墙、板模板

① 墙高应自墙基或楼板的上表面至上层楼板底面计算。

② 计算墙模板时，不扣除梁与墙交接处的模板面积。

③ 墙、板上单孔面积在 $0.3m^2$ 以内的孔洞不扣除，洞侧模板也不增加，单孔面积在 $0.3m^2$ 以上的孔洞应扣除，洞侧模板并入墙、板模板工程量计算。

④ 计算板模板时，不扣除柱、墙所占的面积。

⑤ 梁、板、墙模板均不扣除后浇带所占的面积。

⑥ 现浇悬挑板按外挑部分的水平投影面积计算，伸出墙外的牛腿、挑梁及板边的模板不另计算。

⑦ 有梁板高大模板的钢支撑工程量按搭设面积乘以支模高度（楼地面至板底高度）以立方米计算，不扣除梁柱所占的体积。

（2）有关说明

1）现浇构件梁、板、柱、墙模板定额是按支模高度（地面至板底）3.6m 编制的。超过 3.6m 时，按超高子目（不足 1m 按比例）套用定额，支撑超高子目的工程量按整个构件的模板面积计算。

2）现浇挑檐天沟、悬挑板、水平遮阳板等以外墙外边线为分界线，与梁连接时，以梁外边线为分界线。

3. 楼梯模板

计算规则：楼梯包括休息平台、梁、斜梁及楼梯与楼板的连接梁，按设计图示尺寸以水平投影面积计算，不扣除宽度小于 500mm 的楼梯井所占面积，楼梯的踏步板、平台梁等侧面模板不另计算，伸入墙内部分也不增加（楼梯计算范围见图 5-18）。

4. 其他构件模板

现浇混凝土其他构件模板包括现场支模浇筑压顶、扶手、小型构件、小型池槽、台阶、散水、明沟、装饰线条、后浇带的模板。

（1）计算规则

1）混凝土压顶、扶手按延长米计算。

2）屋顶水池，分别按柱、梁、墙、板项目计算。

3）小型池槽模板按构件外围体积计算，池槽内、外侧及底部的模板不另计算。

4）台阶模板按水平投影面积计算，台阶两侧模板面积不另计算。架空式混凝土台阶，按现浇楼梯计算。

5）现浇混凝土散水按水平投影面积以平方米计算，现浇混凝土明沟按延长米计算。

6）小立柱、装饰线条、二次浇灌模板套用小型构件定额子目，按模板接触面积以平方米计算。

7）后浇带分结构后浇带、温度后浇带。结构后浇带分墙、板后浇带。后浇带模板工程量按后浇部分混凝土体积以立方米计算。

（2）有关说明

1）混凝土小型构件是指单个体积在 0.05m³ 以内的未列出定额项目的构件。

2）外形体积在 2m³ 以内的池槽为小型池槽。

3）装饰线条是指窗台线、门窗套、挑檐、腰线、扶手、压顶、遮阳板、宣传栏边框等凸出墙面 150mm 以内、竖向高度 150mm 以内的横、竖混凝土线条。

4）后浇带支模时为了防止混凝土溢出，使用钢丝网等阻隔、安拆钢丝网等的工、料不得另计，已含在后浇带模板子目中。

知识点 3　典型案例的计算思路

【案例 7-6】　某单层框架结构柱基、楼板结构平面图如图 7-16 所示，轴线居柱中，板厚 100mm，柱基顶面至楼板板面高度为 3.5m，计算现浇混凝土基础、柱、有梁板的模板

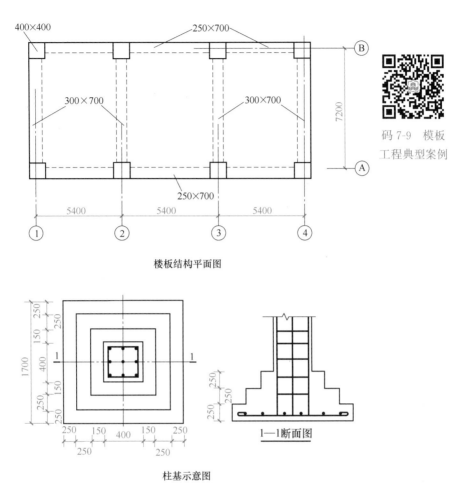

楼板结构平面图

柱基示意图

1—1断面图

图 7-16   某单层框架结构柱基、楼板结构平面图

工程量。

【解】 现浇混凝土模板工程量，除另有规定外，应区分不同材质，按混凝土与模板接触面积以平方米计算。

（1）基础模板工程量＝周长（1.7×4＋1.2×4＋0.7×4）×高 0.25×8＝28.8m^2

（2）有梁板的柱高，应自柱基的上表面至上层楼板底面计算。

柱模板工程量＝0.4×4×（3.5－板厚 0.1）×8＝43.52m^2

（3）梁与柱连接时，梁长算至柱侧面；计算板模板时，不扣除柱所占的面积。

底模板（梁、板）工程量

$$S_1=(5.4×3＋0.4)×(7.2＋0.4)=126.16m^2$$

侧模板（梁、板）工程量

250mm×700mm 梁：

$$S_2=(5.4×3－柱 0.4×3)×(梁高 0.7－板厚 0.1)×2×2＋最外侧的板侧模$$

$$(5.4×3＋0.4)×0.1×2=39.32m^2$$

同理，300mm×700mm 梁：

$$S_3 = (7.2 - 柱0.4) \times (0.7 - 板厚0.1) \times 2 \times 4 + 最外侧的板侧模$$

$$(7.2 + 0.4) \times 0.1 \times 2 = 34.16m^2$$

有梁板模板工程量 $S = S_1 + S_2 + S_3 = 126.16 + 39.32 + 34.16 = 199.64m^2$

巩固训练

一、单项选择题

1. 现浇悬挑板模板工程量按（ ）计算。

A. 外挑部分的水平投影面积 　　B. 混凝土与模板接触面积

C. 悬挑长度 　　D. 有梁板模板

2. 台阶模板按（ ）计算。

A. 建筑面积 　　B. 水平投影面积

C. 按混凝土与模板接触面积 　　D. 台阶体积

3. 楼梯模板按（ ）计算。

A. 建筑面积 　　B. 楼梯层数

C. 混凝土与模板接触面积 　　D. 水平投影面积

4. 根据广西定额的规定，下列关于模板工程量描述错误的是（ ）。

A. 梁、板、墙模板应扣除后浇带所占的面积

B. 构造柱按外露部分计算模板面积，留马牙槎的按最宽面计算模板宽度

C. 后浇带模板工程量按后浇带部分混凝土体积以立方米计算

D. 梁高大模板的钢支撑工程量按经评审的施工专项方案搭设面积乘以支模高度（楼地面至板底高度）以立方米计算

二、多项选择题

关于模板工程，下列描述正确的是（ ）。

A. 现浇混凝土模板工程量，除另有规定外，应区分不同材质，按混凝土与模板接触面积以平方米计算

B. 现浇构件模板分三种材料配制：钢模板、胶合板模板、木模板，其中钢模板配钢支撑，木模板配木支撑，胶合板模板配钢支撑或木支撑

C. 应根据模板种类套用子目，实际使用支撑与定额不同时不得换算

D. 如实际使用模板与定额不同时，按相近材质套用

E. 如定额只有一种模板的子目，均套用该子目执行，不得换算

任务 7.4　混凝土运输及泵送工程

任务描述

查看表 5-2 可知，混凝土运输及泵送工程造价占总造价的比例为 0.37%。

那么，混凝土运输及泵送工程包括哪些分项内容？各分项工程的工程量计算规则是什么？应如何应用规则进行计量计算？

阅读本任务的知识链接，完成任务清单，回答相应问题。

成果形式

完成任务清单中的引导问题和实训。

工作准备

认真学习知识链接中的相关知识点，理解混凝土运输及泵送工程的定额项目及定额编码，熟悉混凝土运输及泵送工程分部的组成，及各分项工程的工程量计算规则。

任务清单

任务实施

引导问题 1：混凝土运输及泵送工程包括哪些内容？说出它们具体的子分部号和子分部名称。

引导问题 2：混凝土运输及泵送工程的工程量计算有何规定？如何计算工程量？

引导问题 3：在老师指导下完成下列两项实训：

【实训任务单 1】对附录 1 某办公楼项目的混凝土运输及泵送工程进行列项，将结果填入《分部分项工程量表》。

【实训任务单 2】在《工程量计算表》中，计算附录 1 某办公楼项目的混凝土运输及泵送工程的工程量，完成一个分项工程的工程量计算后，将工程量填入《分部分项工程量表》。

实训解析

实训任务工作过程：

1. 项目情况分析。

了解办公楼项目的情况：本项目是框架结构，室外地坪标高为 -0.45m，屋顶面标高为 7.2m，檐口高度 = 7.2+0.45 = 7.65m。泵送的混凝土强度等级：独立基础为 C20，其他柱、梁、板均为 C25。

2. 熟悉知识链接的知识点 1，进行定额列项。

（1）在教师指导下，熟悉知识链接的知识点 1，结合附录 6 的"2013 广西定额"部分定额表，对某办公楼混凝土运输及泵送工程进行列项。

完成列项任务后，进行自检和学生间互评，最后教师结合学生完成情况讲评，训练"A.18 混凝土运输及泵送工程"列项能力。

（2）列项演示见表 7-7。

3. 对列好的项目，逐条对照知识链接的知识点 2 的工程量计算规则，在《工程量计算表》中按图填列计算式，计算工程量，并将结果及时填入《分部分项工程量表》。

计算过程演示见表 7-8、表 7-9。

分部分项工程量表　　　　　　　　　　　　　　　表 7-7

工程名称：某办公楼　　　　　　　　　　　　　　　　　　　共 页 第 页

序号	定额编码	定额名称	定额单位	工程量
		A.18　混凝土运输及泵送工程		
1	A18-3	A18-3　混凝土泵送/输送泵车/檐高 60m 以内[混凝土强度等级 C20]	100m²	
	……	（余下未列的内容由学生实训完成）		

工程量计算表　　　　　　　　　　　　　　　　　　表 7-8

工程名称：某办公楼　　　　　　　　　　　　　　　　　　　共 页 第 页

项目名称	工程量计算式	工程量	单位
C20 商品混凝土泵送	泵送工程量为定额分析量 A4-7　独立基础：$17.34 \times 1.015 = 17.6 m^3$	0.176	100m³
……	（余下未列的内容由学生实训后逐项完成）		

分部分项工程量表　　　　　　　　　　　　　　　表 7-9

工程名称：某办公楼　　　　　　　　　　　　　　　　　　　共 页 第 页

序号	定额编码	定额名称	定额单位	工程量
		A.18　混凝土运输及泵送工程		
1	A18-3	A18-3　混凝土泵送/输送泵车/檐高 60m 以内[混凝土强度等级 C20]	100m³	0.176
	……	（余下未列的内容由学生实训后逐项完成）		

评价反馈

学生进行自我评价，并将结果填入表 7-10 中。

学生自评表　　　　　　　　　　　　　　　　　　表 7-10

班级：　　　　　　姓名：　　　　　　　　学号：

学习任务	混凝土运输及泵送工程		
评价项目	评价标准	分值	得分
混凝土运输及泵送工程概况	能说出混凝土运输及泵送工程的内容,及具体的子分部号和子分部名称	20	
对混凝土运输及泵送工程进行列项	能按照"定额顺序法"准确进行列项	30	
计算混凝土运输及泵送工程的工程量	能理解混凝土运输及泵送工程的工程量计算规则,准确计算工程量	30	
工作态度	态度端正、认真,无缺勤、迟到、早退现象	10	
工作质量	能够按计划完成工作任务	10	
合计		100	

知识链接

知识点 1 混凝土运输及泵送工程概况

1. 混凝土运输及泵送工程主要内容

A.18 混凝土运输及泵送工程共 2 个子分部（12 个定额子目），包括
A.18.1 搅拌站混凝土运输，A.18.2 混凝土泵送。

（1）A.18.1 搅拌站混凝土运输共 2 个子目。

（2）A.18.2 混凝土泵送共 10 个子目。

2. 定额说明

（1）当工程使用现场搅拌站混凝土或商品混凝土时，如需运输和泵送
的，可按定额相应子目计算混凝土运输和泵送费用。如商品混凝土运输费已在发布的参考
价中考虑，则运输不再套定额计算。

（2）商品混凝土的运输损耗 2%，已包含在各地市造价管理站发布的商品混凝土参考
价中。

码 7-10 混凝
土运输及泵送
工程概况和典
型案例

知识点 2 主要分项工程工程量计算

（1）计算规则

1）混凝土运输：混凝土运输工程量，按混凝土浇捣相应子目的混凝土定额分析量计
算。如需泵送，加上泵送损耗。

2）混凝土泵送：混凝土泵送工程量，按混凝土浇捣相应子目的混凝土定额分析量
计算。

（2）有关说明

混凝土泵送高度以檐高来确定：

1）当建筑物有不同檐高时，执行"A.19 建筑物超高增加费"说明的规定，计算加权
平均高度，确定檐高。

2）基础及地下室泵送高度，按设计室外地坪至地下室底板底面的垂直距离计算。

知识点 3 典型案例的计算思路

【案例 7-7】　某建筑物第三层有梁板 $300m^3$，需采用输送泵车泵送商品混凝土。
已知建筑物檐口标高 12.000m，室内地坪标高为 ±0.000m，室外地坪标高为
−0.500m。若工程所在地造价管理站发布的商品混凝土参考价为到工地价，计算第
三层有梁板混凝土的泵送工程量，并按附录 6 的"2013 广西定额"部分定额表确定
定额子目编号。

【解】　工程所在地的造价管理站发布的商品混凝土参考价为到工地价，
即已含运费但不含泵送费。

混凝土泵送工程量按混凝土浇捣相应子目的混凝土定额分析量计算。

由于混凝土泵送高度 12＋0.5＝12.5m＜60m，因此套用定额子目
A18-3。

查找有梁板的浇捣定额子目 A4-31 可知：浇捣 $10m^3$ 混凝土有梁板，
其定额分析量为 $10.15m^3$。

码 7-11 案例
7-7 中使用的泵
送混凝土定额

有梁板的混凝土泵送工程量＝混凝土定额分析量

$$=300×10.15/10=304.5m^3$$

巩固训练

判断题

1. 商品混凝土的运输损耗 2%，已包含在各地市造价管理站发布的商品混凝土参考价中。　　　　　　　　　　　　　　　　　　　　　　　　　　　（　　）

2. 混凝土泵送工程量，按混凝土浇捣相应子目的混凝土定额分析量计算。　（　　）

任务 7.5　建筑物超高增加费，大型机械设备基础、安拆及进退场费，材料二次运输

任务描述

查看表 5-2 可知，大型机械设备基础、安拆及进退场费占总造价的比例为 0.79%，对造价的影响不是很大。

那么，单价措施工程除了之前已经学习的项目外，还有建筑物超高增加费，大型机械设备基础、安拆及进退场费，材料二次运输。

阅读本任务的知识链接，完成任务清单，回答相应问题。

成果形式

完成任务清单中的引导问题。

工作准备

认真学习知识链接中的相关知识点，理解建筑物超高增加费，大型机械设备基础、安拆及进退场费，材料二次运输分部的组成，熟悉各分项工程的工程量计算规则。

任务清单

任务实施

引导问题 1：建筑物超高增加费主要包括哪些内容？其适用条件是什么？当建筑物有不同檐高时，如何计算檐高？建筑物超高增加费工程量如何计算？

引导问题 2：大型机械设备基础、安拆及进退场费主要包括哪些内容？主要的工程量计算规则有哪些？

引导问题 3：材料二次运输费是在什么情况下发生的费用？

评价反馈

学生进行自我评价，并将结果填入表 7-11 中。

学生自评表　　　　　　　　　　　　　　表 7-11

班级：　　　　　姓名：　　　　　　学号：

学习任务	建筑物超高增加费,大型机械设备基础、安拆及进退场费,材料二次运输		
评价项目	评价标准	分值	得分
其他单价措施工程概况	能说出建筑物超高增加费,大型机械设备基础、安拆及进退场费,材料二次运输分部的组成	10	
建筑物不同檐高计算	能按不同檐高的建筑面积计算加权平均降效高度	10	
对其他单价措施工程进行列项	能按照"定额顺序法"准确进行列项	30	
计算其他单价措施的工程量	能理解其他单价措施工程的工程量计算规则,准确计算工程量	30	
工作态度	态度端正、认真,无缺勤、迟到、早退现象	10	
工作质量	能够按计划完成工作任务	10	
合计		100	

知识链接

知识点 1　建筑物超高增加费概况

1. 主要内容

A.19 建筑物超高增加费包括建筑装饰装修超高增加费、局部装饰装修超高增加费以及建筑物超高加压水泵台班。

码 7-12　其他措施工程概况及典型案例

2. 定额说明

(1) 建筑物超高增加费适用于建筑工程、装饰装修工程和专业分包工程。局部装饰装修超高增加费适用于楼层局部装饰装修的工程。

(2) 定额适用于：

1) 建筑物地上超过六层或设计室外标高至檐口高度超过 20m 以上的工程,檐高或层数只需符合一项指标即可套用相应定额子目。

2) 地下建筑超过六层或设计室外标高至地下室底板地面高度超过 20m 以上的工程,高度或层数只需符合一项指标即可套用相应定额子目。

(3) 建筑物超高人工、机械降效系数是指：由于建筑物地上（地下）高度超过六层或设计室外标高至檐口（地下室地板地面）高度超过 20m 时,操作工人的工效降低；垂直运输运距加长影响的时间以及由于人工降效引起随工人班组配置确定台班量的机械相应降低。

(4) 建筑物的檐口高度的确定及室外地坪以上的高度计算,执行定额 A.16 垂直运输工程说明中的规定（图 7-2）。

(5) 当建筑物有不同檐高时,按不同高度的建筑面积计算加权平均降效高度（图 7-17）,当加权平均降效高度大于 20m 时,套相应高度的定额子目。

加权平均降效高度＝(高度①×面积①＋高度②×面积②＋……)/总面积

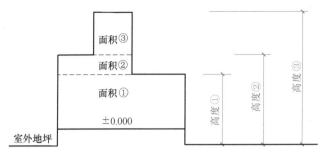

图 7-17　加权平均降效高度计算示意图

（6）一个承包方同时承包几个单位工程时，2 个单位工程按超高加压水泵台班子目乘以系数 0.85；2 个以上单位工程按超高加压水泵台班子目乘以系数 0.7。

3. 主要分项工程工程量计算

建筑、装饰装修超高增加人工、机械降效费的计算方法为：

（1）人工、机械降效费按建筑物 ±0.000 以上（以下）全部工程项目（不包括脚手架工程、垂直运输工程、各章节中的水平运输子目、各定额子目中水平运输机械）中的全部人工费、机械费乘以相应子目人工、机械降效率以元计算。

（2）建筑物高度超过 120m 时，超过部分按每增加 10m 子目（高度不足 10m 按比例）计算。

知识点 2　大型机械设备基础、安拆及进退场费概况

1. 主要内容

A.20 大型机械设备基础、安拆及进退场费主要包括塔式起重机与施工电梯基础、大型机械安装与拆卸一次费用、大型机械场外运输费。

2. 主要分项工程工程量计算

计算规则：

1）自升式塔式起重机、施工电梯基础。

① 自升式塔式起重机基础以座计算。

② 施工电梯基础以座计算。

2）大型机械安装、拆卸一次费用均以台次计算。

3）大型机械场外运输费均以台次计算。

注意：这里指的是大型机械的安拆及场外运输费，中小型施工机械的安拆及场外运输费已包括在定额台班单价中。

知识点 3　材料二次运输概况

1. 主要内容

A.21 材料二次运输包括了金属材料、水泥及其制品、石灰、砂、石、屋面保温材料、竹、木材及其制品、砖、瓦、小型空心砌块、装饰石材、陶瓷面砖、天棚材料、门窗制品及玻璃等不同材料的二次运输。

2. 有关说明

二次运输费，是指因施工场地条件限制而发生的材料、构配件、半成品等一次运输不能到达堆放地点，必须进行二次或多次搬运所发生的费用。

上述堆放地点，是指定额取定的材料运距范围内的堆放地点。定额材料成品、半成品等运距取定在定额中有取定表，运距范围在 80～200m 不等，这里不详述，只举例说明，如从取定表可以查出，碎石定额取定运距为 100m，超出 100m 运距范围的碎石运输就可计算二次运输费。

3. 主要分项工程工程量计算

各种材料二次运输按定额表中的定额子目的计量单位计算。

知识点 4 典型案例的计算思路

【案例 7-8】 某建筑立面示意图如图 7-18 所示，1 层与 2 层建筑面积之和为 15000m²，3～6 层建筑面积之和为 18000m²，7～12 层建筑面积之和为 9000m²。另外，已知本工程人工费为 1458000 元，机械费为 938000 元（数据均不包括脚手架工程、垂直运输工程、各章节中的水平运输子目及子目中的水平运输机械），根据"2013 广西定额"，计算该建筑、装饰装修工程的加权平均降效高度，并计算该工程建筑、装饰装修工程超高人工降效费和机械降效费。

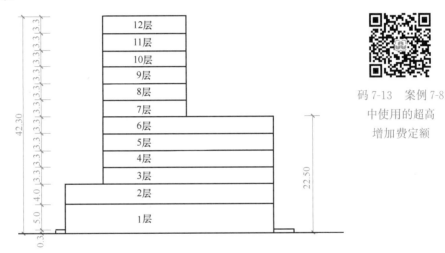

码 7-13 案例 7-8
中使用的超高
增加费定额

图 7-18 某建筑立面示意图（单位：m）

【解】 （1）当建筑物有不同高度时，按不同高度的建筑面积计算加权平均降效高度。

$$加权平均降效高度 = [(5+4+0.3) \times 15000 + 22.5 \times 18000 + 42.3 \times 9000)]/(15000+18000+9000)$$
$$= 22.03m$$

（2）查定额子目 A19-1 可知，平均降效高度 30m 以内的人工降效系数为 1.67%，机械降效系数为 2%。因此：

$$人工降效费 = 1458000 \times 1.67\% = 24348.6 元$$
$$机械降效费 = 938000 \times 2\% = 18760 元$$

【案例 7-9】 某桩基础工程施工时，采用运输车将 3 台压力 2000kN 的液压静力压桩机从 15km 处运至施工现场，计算静力压桩机安装、拆卸以及场外运输的工程量，并按"2013 广西定额"确定定额子目编号。

【解】 压力 2000kN 的液压静力压桩机属于大型机械，大型机械安装、拆卸一次费用以及场外运输费均以台次计算，分别套用定额子目 A20-10、A20-30。

$$液压静力压桩安拆工程量＝3 台次$$
$$液压静力压桩场外运输工程量＝3 台次$$

【案例 7-10】 某工程受施工场地条件限制，180m³ 碎石堆放在距离搅拌站 250m 处，根据"2013 广西定额"，确定碎石二次运输的定额子目编号，并计算其工料机费。

码 7-14 案例 7-9 中使用的大型机械安拆及场外运输定额

【解】 查定额材料成品、半成品运距取定表可知，碎石定额运距取定为 100m。

$$碎石的二次运输运距＝250－100＝150m$$

套用定额子目为 A21-15 和 A21-16 换（定额乘以系数 2）

$$碎石二次运输工料机费＝180×(10.08＋2.88×2)＝2851.2 元$$

码 7-15 案例 7-10 中使用的材料二次运输定额

巩固训练

一、单项选择题

1. 建筑物地上超过（ ）层以上的工程，可套建筑物超高增加费定额。

A. 六   B. 七   C. 八   D. 九

2. 建筑物设计室外标高至檐口高度超过（ ）m 以上的工程，可套建筑物超高增加费定额。

A. 10   B. 20   C. 15   D. 25

二、多项选择题

关于大型机械设备基础、安拆及进退场费，下列描述正确的是（ ）。

A. 自升式塔式起重机基础以座计算

B. 施工电梯基础以座计算

C. 大型机械安装、拆卸一次费用均以台次计算

D. 大型机械场外运输费均以台次计算

E. 中小型施工机械的安拆费及场外运输费已包括在台班单价中

情境3　清单计价法计量计价能力训练

【思维导图】

```
                                                    ┌─────────────── 工程量清单编制
                            ┌─ 项目8　工程量清单编制实务 ─┤
                            │                       └─────────────── 工程量清单编制实训案例
情境3　清单计价法计量计价能力训练 ─┤
                            │                       ┌─────────────── 工程量清单计价
                            └─ 项目9　工程量清单计价实务 ─┤
                                                    └─────────────── 工程量清单计价实训案例
```

Chapter 08

工程量清单编制实务

【学习情境】

《房屋建筑与装饰工程工程量计算规范》GB 50854—2013 包括总则、术语、工程计量、工程量清单编制及附录。附录共 17 个，详见表 8-1。其适用于房屋建筑与装饰工程施工发承包计价活动中的工程量清单编制和工程量计算。

《房屋建筑与装饰工程工程量计算规范》GB 50854—2013 附录内容　　　　　　表 8-1

序号	名称	序号	名称
1	附录A　土(石)方工程	10	附录K　保温、隔热、防腐工程
2	附录B　地基处理与边坡支护工程	11	附录L　楼地面装饰工程
3	附录C　地基处理与边坡支护工程	12	附录M　墙、柱面装饰与隔断、幕墙工程
4	附录D　砌筑工程	13	附录N　天棚工程
5	附录E　混凝土及钢筋混凝土工程	14	附录P　油漆、涂料、裱糊工程
6	附录F　金属结构工程	15	附录Q　其他装饰工程
7	附录G　木结构工程	16	附录R　拆除工程
8	附录H　门窗工程	17	附录S　措施项目
9	附录J　屋面及防水工程		

本项目主要介绍与某办公楼项目有关的《房屋建筑与装饰工程工程量计算规范》GB 50854—2013 主要的清单项目设置、项目特征描述的内容、计量单位及工程量计算规则，知识链接中只列出了与某办公楼项目相关的清单。

【学习目标】

知识目标

1. 理解工程量清单的组成内容；
2. 熟悉建筑工程、装饰工程、措施项目的清单项目设置和工程量计算规则；
3. 理解清单与广西定额工程量计算规则的一致性。

能力目标

1. 能正确说出工程量清单的组成内容；
2. 能够应用清单计量规范，编制工程量清单。

素质目标

1. 养成发现问题、提出问题和及时解决问题的工作习惯；
2. 坚持不漏算、不超算，培养严谨求实的工作作风。

思政目标

培养学生的规范意识和市场竞争意识，遵纪守法、合理报价。

任务 8.1　工程量清单编制

任务描述

工程量清单应依据《房屋建筑与装饰工程工程量计算规范》GB 50854—2013 结合当地实施细则进行编制，那么，规范附录具体有哪些内容，如何应用附录规则编制工程量清单呢？阅读本任务的知识链接，完成任务清单，回答相应问题。

成果形式

完成任务清单中的引导问题。

工作准备

认真学习知识链接中的相关知识点，领会清单规范的相关规定和计算规则。

任务清单

一、任务实施

引导问题 1：建筑工程、装饰工程、措施项目有哪些清单项目？

引导问题 2：对比"13 版计量规范"与"2013 广西定额"的工程量计算规则，说一说它们的不同之处。

二、单项选择题

1. 某建筑物外墙外围尺寸为：长 60m，宽 100m，墙厚 240mm，轴线居中。按清单规范，平整场地项目的工程量为（　　）m²。

A. 6000　　　　B. 6324　　　　C. 6400　　　　D. 6656

2. 按清单规范，楼梯装饰工程量计算中，无梯口梁者，算至最上一层踏步边沿加（　　）。

A. 120mm　　　B. 200mm　　　C. 300mm　　　D. 500mm

3. 以下清单项目编码不正确的是（　　）。

A. 挖沟槽土方 010101003　　　　B. 回填方 010103001

C. 实心砖墙 010401003　　　　　　D. 零星砌砖 010301012

4. 以下清单项目，按平方米计量的是（　　　）。

A. 现浇混凝土基础　　　　　　B. 现浇混凝土楼梯

C. 现浇混凝土柱　　　　　　　D. 现浇混凝土有梁板

5. 石灰砂浆、混合砂浆、水泥砂浆等墙面做法属于（　　　）。

A. 一般抹灰　　　B. 装饰抹灰　　　C. 零星抹灰　　　D. 其他抹灰

6. 过梁的清单编码是（　　　）。

A. 010503005　　B. 010503002　　C. 010503003　　D. 010503004

7. M5 混合砂浆、MU10 标准砖砌筑的阳台栏板墙，它的清单项目是（　　　）。

A. 实心砖墙　　　B. 零星砌砖　　　C. 砖砌体　　　D. 多孔砖墙

8. 水磨石地面是楼地面工程中的（　　　）。

A. 找平层　　　B. 整体面层　　　C. 块料面层　　　D. 其他面层

9. 墙面水刷石、斩假石、干粘石、假面砖等墙面做法属于（　　　）。

A. 一般抹灰　　　B. 装饰抹灰　　　C. 零星抹灰　　　D. 其他抹灰

10. 有梁板的柱高，应自柱基上表面至（　　　）之间的高度计算。

A. 上一楼层上表面　　　　　　B. 上一楼层下表面

C. 梁底　　　　　　　　　　　D. 柱帽下表面

三、多项选择题

1. 下列项目不按体积计算的是（　　　）。

A. 砌块墙　　　B. 砖基础　　　C. 零星砌砖

D. 砖散水　　　E. 砖明沟

2. 回填方包含（　　　）。

A. 场地回填　　　B. 室内回填　　　C. 基础回填

D. 余方弃置　　　E. 取土回填

3. 屋面防水主要的项目清单有（　　　）。

A. 屋面卷材防水 010902001

B. 屋面涂膜防水 010902002

C. 屋面刚性层 010902003

D. 墙面变形缝 010903004

E. 楼（地）面变形缝 010904004

评价反馈

学生进行自我评价，并将结果填入表 8-2 中。

学生自评表　　　　　　　　　　　　　　　　　表 8-2

班级：　　　　姓名：　　　　　　学号：			
学习任务	工程量清单编制		
评价项目	评价标准	分值	得分
建筑工程主要项目的清单	能理解建筑工程主要项目的清单设置和工程量计算规则	30	

续表

评价项目	评价标准	分值	得分
装饰工程主要项目的清单	能理解装饰工程主要项目的清单设置和工程量计算规则	20	
措施项目清单	能理解措施项目的清单设置和工程量计算规则	20	
"13 版计量规范"与"2013 广西定额"的工程量计算规则比较	能理解清单计量规范与广西定额工程量计算规则的一致性	10	
工作态度	态度端正、认真，无缺勤、迟到、早退现象	10	
工作质量	能够按计划完成工作任务	10	
合计		100	

知识链接

知识点 1　建筑工程主要项目的清单

建筑工程主要包括 6 个分部：土方工程，砌筑工程，混凝土及钢筋混凝土工程，门窗工程，屋面及防水工程，保温、隔热、防腐工程。

1. 土方工程

土石方工程主要包括：土方工程、石方工程及回填共 3 个小节 13 个清单项目，主要的清单见表 8-3、表 8-4。

A.1　土方工程（编码：010101）　　　　　　　表 8-3

项目编码	项目名称	项目特征	计量单位	工程量计算规则	工作内容
010101001	平整场地		m^2	按设计图示尺寸以建筑物首层建筑面积计算	1. 标高在 ± 30cm 以内的土方挖填 2. 场地找平 3. 运输
010101002	挖一般土方	1. 土壤类别 2. 弃土运距 3. 取土运距		按设计图示尺寸以体积计算	1. 排地表水 2. 土方开挖 3. 围护（挡土板）及拆除 4. 基底钎探 5. 运输
010101003	挖沟槽土方		m^3	按设计图示尺寸以基础垫层底面积乘以挖土深度计算	
010101004	挖基坑土方				

2. 砌筑工程

砌筑工程主要包括：砖砌体、砌块砌体、石砌体、垫层共 4 个小节 20 个清单项目，主要的清单见表 8-5～表 8-7。

221

A. 3 回填（编码：010103）

表 8-4

项目编码	项目名称	项目特征	计量单位	工程量计算规则	工作内容
010103001	回填方	1. 密实度要求 2. 填方材料品种 3. 填方粒径要求 4. 填方来源、运距	m³	按设计图示尺寸以体积计算。 1. 场地回填：回填面积乘平均回填厚度 2. 室内回填：主墙间面积乘回填厚度，不扣除间隔墙 3. 基础回填：挖方体积减去自然地坪以下埋设的基础体积（包括基础垫层及其他构筑物）	1. 运输 2. 回填 3. 压实
010103002	余方弃置	1. 废弃料品种 2. 运距		按挖方清单项目工程量减利用回填方体积（正数）计算	余方点装料运输至弃置点

D. 1 砖砌体（编码：010401）

表 8-5

项目编码	项目名称	项目特征	计量单位	工程量计算规则	工作内容
010401001	砖基础	1. 砖品种、规格、强度等级 2. 基础类型 3. 砂浆强度等级 4. 防潮层材料种类	m³	按设计图示尺寸以体积计算。 包括附墙垛基础宽出部分体积，扣除地梁（圈梁）、构造柱所占体积，不扣除基础大放脚T形接头处的重叠部分及嵌入基础内的钢筋、铁件、管道、基础砂浆防潮层和单个面积≤0.3m²的孔洞所占体积，靠墙暖气沟的挑檐不增加。 基础长度：外墙按外墙中心线，内墙按内墙净长线计算	1. 砂浆制作、运输 2. 砌砖 3. 防潮层铺设 4. 材料运输
010401003	实心砖墙	1. 砖品种、规格、强度等级 2. 墙体类型 3. 砂浆强度等级、配合比	m³	按设计图示尺寸以体积计算。 扣除门窗洞口、过人洞、空圈、嵌入墙内的钢筋混凝土柱、梁、圈梁、挑梁、过梁及凹进墙内的壁龛、管槽、暖气槽、消火栓箱所占体积，不扣除梁头、板头、檩头、垫木、木楞头、沿缘木、木砖、门窗走头、砖墙内加固钢筋、木筋、铁件、钢管及单个面积≤0.3m²的孔洞所占的体积。凸出墙面的腰线、挑檐、压顶、窗台线、虎头砖、门窗套的体积也不增加。凸出墙面的砖垛并入墙体体积内计算。 1. 墙长度：外墙按中心线、内墙按净长计算 2. 墙高度：略 3. 框架间墙：不分内外墙按墙体净尺寸以体积计算	1. 砂浆制作、运输 2. 砌砖 3. 刮缝 4. 砖压顶砌筑 5. 材料运输
010401004	多孔砖墙				
010401005	空心砖墙				

222

项目编码	项目名称	项目特征	计量单位	工程量计算规则	工作内容
010401012	零星砌砖	1. 零星砌砖名称、部位 2. 砖品种、规格、强度等级 3. 砂浆强度等级、配合比	1. m³ 2. m² 3. m 4. 个	1. 以立方米计量,按设计图示尺寸截面积乘以长度计算 2. 以平方米计量,按设计图示尺寸水平投影面积计算 3. 以米计量,按设计图示尺寸长度计算 4. 以个计量,按设计图示数量计算	1. 砂浆制作、运输 2. 砌砖 3. 防潮层铺设 4. 材料运输
010401013	砖散水、地坪	1. 砖品种、规格、强度等级 2. 垫层材料种类、厚度 3. 散水、地坪厚度 4. 面层种类、厚度 5. 砂浆强度等级	m²	按设计图示尺寸以面积计算	1. 土方挖、运、填 2. 地基找平、夯实 3. 铺设垫层 4. 砌砖散水、地坪 5. 抹砂浆面层
010401014	砖地沟、明沟	1. 砖品种、规格、强度等级 2. 沟截面尺寸 3. 垫层材料种类、厚度 4. 混凝土强度等级 5. 砂浆强度等级	m	以米计量,按设计图示以中心线长度计算	1. 土方挖、运、填 2. 铺设垫层 3. 底板混凝土制作、运输、浇筑、振捣、养护 4. 砌砖 5. 刮缝、抹灰 6. 材料运输

注：1. "砖基础"项目适用于各种类型砖基础：柱基础、墙基础、管道基础等。
2. 基础与墙（柱）身使用同一种材料时，以设计室内地面为界（有地下室者，以地下室室内设计地面为界），以下为基础，以上为墙（柱）身。基础与墙身使用不同材料时，位于设计室内地面高度≤±300mm 时，以不同材料为分界线，高度>±300mm 时，以设计室内地面为分界线。
3. 台阶、台阶挡墙、梯带、锅台、炉灶、蹲台、池槽、池槽腿、砖胎模、花台、花池、楼梯栏板、阳台栏板、地垄墙、≤0.3m² 的孔洞填塞等，应按零星砌砖项目编码列项。砖砌锅台与炉灶可按外形尺寸以个计算，砖砌台阶可按水平投影面积以平方米计算，小便槽、地垄墙可按长度计算，其他工程按立方米计算。

D.2　砌块砌体（编码：010402）　　　　　　　　　　　　　　　表 8-6

项目编码	项目名称	项目特征	计量单位	工程量计算规则	工作内容
010402001	砌块墙	1. 砌块品种、规格、强度等级 2. 墙体类型 3. 砂浆强度等级、配合比	m³	按设计图示尺寸以体积计算。 扣除门窗洞口、过人洞、空圈、嵌入墙内的钢筋混凝土柱、梁、圈梁、挑梁、过梁及凹进墙内的壁龛、管槽、暖气槽、消火栓箱所占体积,不扣除梁头、板头、檩头、垫木、木楞头、沿缘木、木砖、门窗走头、砖墙内加固钢筋、木筋、铁件、钢管及单个面积≤0.3m² 的孔洞所占的体积。凸出墙面的腰线、挑檐、压顶、窗台线、虎头砖、门窗套的体积也不增加。凸出墙面的砖垛并入墙体体积内计算。 1. 墙长度:外墙按中心线、内墙按净长计算 2. 墙高度:略 3. 框架间墙:不分内外墙按墙体净尺寸以体积计算	1. 砂浆制作、运输 2. 砌砖、砌块 3. 勾缝 4. 材料运输

D. 4　垫层（编码：010404）

表 8-7

项目编码	项目名称	项目特征	计量单位	工程量计算规则	工作内容
010404001	垫层	垫层材料种类、配合比、厚度	m³	按设计图示尺寸以立方米计算	1. 垫层材料的拌制 2. 垫层铺设 3. 材料运输

注：除混凝土垫层应按附录 E 中相关项目编码列项外，没有包括垫层要求的清单项目应按本表垫层项目编码列项。

3. 混凝土及钢筋混凝土工程

混凝土及钢筋混凝土工程主要包括：现浇混凝土基础，现浇混凝土柱，现浇混凝土梁，现浇混凝土墙，现浇混凝土板，现浇混凝土楼梯，现浇混凝土其他构件，后浇带，预制混凝土柱，预制混凝土梁，预制混凝土屋架，预制混凝土板，预制混凝土楼梯，其他预制构件，钢筋工程，螺栓铁件共 16 个小节 66 个清单项目，本任务主要介绍现浇混凝土构件、其他预制构件和钢筋工程，清单见表 8-8～表 8-16。

E. 1　现浇混凝土基础（编码：010501）

表 8-8

项目编码	项目名称	项目特征	计量单位	工程量计算规则	工作内容
010501001	垫层	1. 混凝土类别 2. 混凝土强度等级	m³	按设计图示尺寸以体积计算。不扣除伸入承台基础的桩头所占体积	1. 模板及支撑制作、安装、拆除、堆放、运输及清理模内杂物、刷隔离剂等 2. 混凝土制作、运输、浇筑、振捣、养护
010501002	带形基础				
010501003	独立基础				
010501004	满堂基础				
010501005	桩承台基础				

E. 2　现浇混凝土柱（编码：010502）

表 8-9

项目编码	项目名称	项目特征	计量单位	工程量计算规则	工作内容
010502001	矩形柱	1. 混凝土类别 2. 混凝土强度等级	m³	按设计图示尺寸以体积计算。 柱高： 1. 有梁板的柱高,应自柱基上表面（或楼板上表面）至上一层楼板上表面之间的高度计算 2. 无梁板的柱高,应自柱基上表面（或楼板上表面）至柱帽下表面之间的高度计算 3. 框架柱的柱高,应自柱基上表面至柱顶高度计算 4. 构造柱按全高计算,嵌接墙体部分（马牙槎）并入柱身体积 5. 依附柱上的牛腿和升板的柱帽,并入柱身体积计算	1. 模板及支撑制作、安装、拆除、堆放、运输及清理模内杂物、刷隔离剂等 2. 混凝土制作、运输、浇筑、振捣、养护
010502002	构造柱				
010502003	异形柱				

E.3　现浇混凝土梁（编码：010503）　　　　　　　　　　表 8-10

项目编码	项目名称	项目特征	计量单位	工程量计算规则	工作内容
010503001	基础梁	1. 混凝土类别 2. 混凝土强度等级	m³	按设计图示尺寸以体积计算。伸入墙内的梁头、梁垫并入梁体积内。 梁长： 　1. 梁与柱连接时，梁长算至柱侧面 　2. 主梁与次梁连接时，次梁长算至主梁侧面	1. 模板及支撑制作、安装、拆除、堆放、运输及清理模内杂物、刷隔离剂等 2. 混凝土制作、运输、浇筑、振捣、养护
010503002	矩形梁				
010503003	异形梁				
010503004	圈梁				
010503005	过梁				
010503006	弧形、拱形梁				

E.4　现浇混凝土墙（编码：010504）　　　　　　　　　　表 8-11

项目编码	项目名称	项目特征	计量单位	工程量计算规则	工作内容
010504001	直形墙	1. 混凝土类别 2. 混凝土强度等级	m³	按设计图示尺寸以体积计算。扣除门窗洞口及单个面积>0.3m² 的孔洞所占体积，墙垛及突出墙面部分并入墙体体积计算内	1. 模板及支撑制作、安装、拆除、堆放、运输及清理模内杂物、刷隔离剂等 2. 混凝土制作、运输、浇筑、振捣、养护
010504002	弧形墙				
010504003	短肢剪力墙				
010504004	挡土墙				

E.5　现浇混凝土板（编码：010505）　　　　　　　　　　表 8-12

项目编码	项目名称	项目特征	计量单位	工程量计算规则	工作内容
010505001	有梁板	1. 混凝土类别 2. 混凝土强度等级	m³	按设计图示尺寸以体积计算，不扣除构件内钢筋、预埋铁件及单个面积≤0.3m² 的柱、垛以及孔洞所占体积，有梁板（包括主、次梁与板）按梁、板体积之和计算，无梁板按板和柱帽体积之和计算，各类板伸入墙内的板头并入板体积内，薄壳板的肋、基梁并入薄壳体积内计算	1. 模板及支撑制作、安装、拆除、堆放、运输及清理模内杂物、刷隔离剂等 2. 混凝土制作、运输、浇筑、振捣、养护
010505002	无梁板				
010505003	平板				
010505004	拱板				
010505005	薄壳板				
010505006	栏板				
010505007	天沟(檐沟)、挑檐板			按设计图示尺寸以体积计算	
010505008	雨篷、悬挑板、阳台板			按设计图示尺寸以墙外部分体积计算，包括伸出墙外的牛腿和雨篷反挑檐的体积	
010505009	其他板			按设计图示尺寸以体积计算	

注：现浇挑檐、天沟板、雨篷、阳台与板（包括屋面板、楼板）连接时，以外墙外边线为分界线；与圈梁（包括其他梁）连接时，以梁外边线为分界线。外边线以外为挑檐、天沟、雨篷或阳台。

E.6 现浇混凝土楼梯（编码：010506） 表 8-13

项目编码	项目名称	项目特征	计量单位	工程量计算规则	工作内容
010506001	直形楼梯	1. 混凝土类别 2. 混凝土强度等级	1. m² 2. m³	1. 以平方米计量，按设计图示尺寸以水平投影面积计算。不扣除宽度≤500mm 的楼梯井，伸入墙内部分不计算 2. 以立方米计量，按设计图示尺寸以体积计算	1. 模板及支撑制作、安装、拆除、堆放、运输及清理模内杂物、刷隔离剂等 2. 混凝土制作、运输、浇筑、振捣、养护
010506002	弧形楼梯				

注：1. 整体楼梯（包括直形楼梯、弧形楼梯）水平投影面积包括休息平台、平台梁、斜梁和楼梯的连接梁。当整体楼梯与现浇楼板无梯梁连接时，以楼梯的最后一个踏步边缘加 300mm 为界。

2. 国家计量规范中楼梯计量单位有两个（m²、m³），"广西实施细则"取定单位为"m²"。

E.7 现浇混凝土其他构件（编码：010507） 表 8-14

项目编码	项目名称	项目特征	计量单位	工程量计算规则	工作内容
010507001	散水、坡道	1. 垫层材料种类、厚度 2. 面层厚度 3. 混凝土种类 4. 混凝土强度等级 5. 变形缝填塞材料种类	m²	按设计图示尺寸以水平投影面积计算。不扣除单个≤0.3m² 的孔洞所占面积	1. 地基夯实 2. 铺设垫层 3. 模板及支撑制作、安装、拆除、堆放、运输及清理模内杂物、刷隔离剂等 4. 混凝土制作、运输、浇筑、振捣、养护 5. 变形缝填塞
010507004	台阶	1. 踏步高、宽 2. 混凝土种类 3. 混凝土强度等级	1. m² 2. m³	1. 以平方米计量，按设计图示尺寸水平投影面积计算 2. 以立方米计量，按设计图示尺寸以体积计算	1. 模板及支撑制作、安装、拆除、堆放、运输及清理模内杂物、刷隔离剂等 2. 混凝土制作、运输、浇筑、振捣、养护
010507005	扶手、压顶	1. 断面尺寸 2. 混凝土种类 3. 混凝土强度等级	1. m 2. m³	1. 以米计量，按设计图示的延长米计算 2. 以立方米计量，按设计图示尺寸以体积计算	
010507007	其他构件	1. 构件的类型 2. 构件规格 3. 部位 4. 混凝土种类 5. 混凝土强度等级	m³	按设计图示尺寸以体积计算	

注：1. 现浇混凝土小型池槽、垫块、门框等，应按本表其他构件项目编码列项。

2. 架空式混凝土台阶，按现浇楼梯计算。

3. 国家计量规范中台阶计量单位有两个（m²、m³），"广西实施细则"取定单位为"m³"。

4. 国家计量规范中扶手、压顶计量单位有两个（m、m³），"广西实施细则"取定单位为"m³"。

E.14　其他预制构件（编码：010514）　　　　　表 8-15

项目编码	项目名称	项目特征	计量单位	工程量计算规则	工作内容
010514002	其他构件	1. 单件体积 2. 构件的类型 3. 混凝土强度等级 4. 砂浆强度等级	1. m³ 2. m² 3. 根（块、套）	1. 以立方米计量，按设计图示尺寸以体积计算。不扣除单个面积≤300mm×300mm 的孔洞所占体积，扣除烟道、垃圾道、通风道的孔洞所占体积 2. 以平方米计量，按设计图示尺寸以面积计算。不扣除单个面积≤300mm×300mm 的孔洞所占面积 3. 以根计量，按设计图示尺寸以数量计算	1. 模板制作、安装、拆除、堆放、运输及清理模内杂物、刷隔离剂等 2. 混凝土制作、运输、浇筑、振捣、养护 3. 构件运输、安装 4. 砂浆制作、运输 5. 接头灌缝、养护

注：1. 以块、根计量，必须描述单件体积。

　　2. 预制钢筋混凝土小型池槽、压顶、扶手、垫块、隔热板、花格等，按本表中其他构件项目编码列项。

E.15　钢筋工程（编码：010515）　　　　　表 8-16

项目编码	项目名称	项目特征	计量单位	工程量计算规则	工作内容
010515001	现浇构件钢筋	钢筋种类、规格	t	按设计图示钢筋（网）长度（面积）乘单位理论质量计算	1. 钢筋制作、运输 2. 钢筋安装 3. 焊接（绑扎）

4. 门窗工程

门窗工程主要包括：木门、金属门、木窗、金属窗等 11 个小节共 47 个清单项目，木门、木窗主要的清单见表 8-17、表 8-18。

H.1　木门（编码：010801）　　　　　表 8-17

项目编码	项目名称	项目特征	计量单位	工程量计算规则	工作内容
010801001	木质门	1. 门代号及洞口尺寸 2. 镶嵌玻璃品种、厚度	1. 樘 2. m²	1. 以樘计量，按设计图示数量计算 2. 以平方米计量，按设计图示洞口尺寸以面积计算	1. 门安装 2. 玻璃安装 3. 五金安装

注：木质门应区分镶板木门、企口木板门、实木装饰门、胶合板门、夹板装饰门、木纱门、全玻门（带木质扇框）、木质半玻门（带木质扇框）等项目，分别编码列项。

H.6　木窗（编码：010806）　　　　　表 8-18

项目编码	项目名称	项目特征	计量单位	工程量计算规则	工作内容
010806001	木质窗	1. 窗代号及洞口尺寸 2. 玻璃品种、厚度	1. 樘 2. m²	1. 以樘计量，按设计图示数量计算 2. 以平方米计量，按设计图示洞口尺寸以面积计算	1. 窗安装 2. 玻璃、五金安装

注：木质窗应区分木百叶窗、木组合窗、木天窗、木固定窗、木装饰空花窗等项目，分别编码列项。

在广西，习惯将铝合金门窗、塑钢门窗等列入税前项目，项目编码采用补充编码，补充清单项目的编码由"13版计量规范"的专业代码0×与B和3位阿拉伯数字组成，并应从0×B001起顺序编制，同一招标工程的项目不得重码，见表8-19的示例。

铝合金门窗、塑钢门窗列项示例 表8-19

序号	清单编码	项目名称	项目特征描述	计量单位	工程量	综合单价	合价	其中：暂估价
			税前项目					
1	01B001	铝合金窗	96系列带纱推拉窗，C1，1500×1800，8个	m²				
2	01B002	铝合金地弹门	46系列塑钢门，厚2.0mm，M1，2400×2700	m²				

5. 屋面及防水工程

屋面及防水工程主要包括：瓦、型材及其他屋面，屋面防水及其他，墙面防水防潮，楼（地）面防水防潮共4个小节18个清单项目，本任务主要介绍屋面防水的主要清单，见表8-20。

J.2 屋面防水及其他（编码：010902） 表8-20

项目编码	项目名称	项目特征	计量单位	工程量计算规则	工作内容
010902001	屋面卷材防水	1. 卷材品种、规格、厚度 2. 防水层数 3. 防水层做法	m²	按设计图示尺寸以面积计算。1. 斜屋顶（不包括平屋顶找坡）按斜面积计算，平屋顶按水平投影面积计算。2. 不扣除房上烟囱、风帽底座、风道、屋面小气窗和斜沟所占面积 3. 屋面的女儿墙、伸缩缝和天窗等处的弯起部分，并入屋面工程量内	1. 基层处理 2. 刷底油 3. 铺油毡卷材、接缝
010902002	屋面涂膜防水	1. 防水膜品种 2. 涂膜厚度、遍数 3. 增强材料种类			1. 基层处理 2. 刷基层处理剂 3. 铺布、喷涂防水层
010902003	屋面刚性层	1. 刚性层厚度 2. 混凝土种类 3. 混凝土强度等级 4. 嵌缝材料种类 5. 钢筋规格、型号		按设计图示尺寸以面积计算。不扣除房上烟囱、风帽底座、风道等所占面积	1. 基层处理 2. 混凝土制作、运输、铺筑、养护 3. 钢筋制安

6. 保温、隔热、防腐工程

保温、隔热、防腐工程主要包括：保温、隔热，防腐面层、其他防腐共3个小节16个清单项目，本任务主要介绍保温、隔热屋面的清单，见表8-21。

知识点2 装饰工程主要项目的清单

装饰工程主要包括5个分部：楼地面工程，墙、柱面装饰与隔断、幕墙工程，天棚工程，油漆、涂料、裱糊工程，其他装饰工程。

K.1　保温、隔热（编码：011001）　　　　　　　　表 8-21

项目编码	项目名称	项目特征	计量单位	工程量计算规则	工作内容
011001001	保温隔热屋面	1. 保温隔热材料品种、规格、厚度 2. 隔气层材料品种、厚度 3. 粘结材料种类、做法 4. 防护材料种类、做法	m²	按设计图示尺寸以面积计算。扣除面积＞0.3m² 孔洞及占位面积	1. 基层清理 2. 刷粘结材料 3. 铺粘保温层 4. 铺、刷（喷）防护材料

1. 楼地面工程

楼地面工程主要包括：整体面层及找平层，块料面层，橡塑面层，其他材料面层，踢脚线，楼梯面层，台阶装饰，零星装饰项目共 8 个小节 43 个清单项目，主要清单见表 8-22～表 8-27。

L.1　整体面层及找平层（编码：011101）　　　　　　　　表 8-22

项目编码	项目名称	项目特征	计量单位	工程量计算规则	工作内容
011101001	水泥砂浆楼地面	1. 找平层厚度、砂浆配合比 2. 素水泥浆遍数 3. 面层厚度、砂浆配合比 4. 面层做法要求	m²	按设计图示尺寸以面积计算。扣除凸出地面构筑物、设备基础、室内管道、地沟等所占面积，不扣除间壁墙及≤0.3m² 柱、垛、附墙烟囱及孔洞所占面积。门洞、空圈、暖气包槽、壁龛的开口部分不增加面积	1. 基层清理 2. 抹找平层 3. 抹面层 4. 材料运输
011101002	现浇水磨石楼地面	1. 找平层厚度、砂浆配合比 2. 面层厚度、水泥石子浆配合比 3. 嵌条材料种类、规格 4. 石子种类、规格、颜色 5. 颜料种类、颜色 6. 图案要求 7. 磨光、酸洗、打蜡要求			1. 基层清理 2. 抹找平层 3. 面层铺设 4. 嵌缝条安装 5. 磨光、酸洗打蜡 6. 材料运输
011101003	细石混凝土楼地面	1. 找平层厚度、砂浆配合比 2. 面层厚度、混凝土强度等级			1. 基层清理 2. 抹找平层 3. 面层铺设 4. 材料运输
011101006	平面砂浆找平层	找平层厚度、砂浆种类、配合比		按设计图示尺寸以面积计算	1. 基层清理 2. 抹找平层 3. 材料运输

注：1. 水泥砂浆面层处理是拉毛还是提浆压光应在面层做法要求中描述。
2. 平面砂浆找平层只适用于仅做找平层的平面抹灰。
3. 间壁墙指墙厚≤120mm 的墙。

L.2 块料面层（编码：011102）　　表 8-23

项目编码	项目名称	项目特征	计量单位	工程量计算规则	工作内容
011102001	石材楼地面	1. 找平层厚度、砂浆配合比 2. 结合层厚度、砂浆配合比 3. 面层材料品种、规格、颜色 4. 嵌缝材料种类 5. 防护层材料种类 6. 酸洗、打蜡要求	m²	按设计图示尺寸以面积计算。门洞、空圈、暖气包槽、壁龛的开口部分并入相应的工程量内	1. 基层清理 2. 抹找平层 3. 面层铺设、磨边 4. 嵌缝 5. 刷防护材料 6. 酸洗、打蜡 7. 材料运输
011102002	碎石材楼地面				
011102003	块料楼地面				

L.5 踢脚线（编码：011105）　　表 8-24

项目编码	项目名称	项目特征	计量单位	工程量计算规则	工作内容
011105001	水泥砂浆踢脚线	1. 踢脚线高度 2. 底层厚度、砂浆配合比 3. 面层厚度、砂浆配合比	1. m² 2. m	1. 以平方米计量，按设计图示长度乘高度以面积计算 2. 以米计量，按延长米计算	1. 基层清理 2. 底层和面层抹找平层 3. 材料运输
011105002	石材踢脚线	1. 踢脚线高度 2. 粘贴层厚度、材料种类 3. 面层材料品种、规格、颜色 4. 防护材料种类			1. 基层清理 2. 底层抹灰 3. 面层铺贴、磨边 4. 擦缝 5. 磨光、酸洗、打蜡 6. 刷防护材料 7. 材料运输
011105003	块料踢脚线				

注：国家计量规范中踢脚线计量单位有"m²"、"m"，"广西实施细则"取单位为"m²"。

L.6 楼梯面层（编码：011106）　　表 8-25

项目编码	项目名称	项目特征	计量单位	工程量计算规则	工作内容
011106001	石材楼梯面层	1. 找平层厚度、砂浆配合比 2. 粘结层厚度、材料种类 3. 面层材料品种、规格、颜色 4. 防滑条材料种类、规格 5. 勾缝材料种类 6. 防护层材料种类 7. 酸洗、打蜡要求	m²	按设计图示尺寸以楼梯（包括踏步、休息平台及≤500mm的楼梯井）水平投影面积计算。楼梯与楼地面相连时，算至梯口梁内侧边沿；无梯口梁者，算至最上一层踏步边沿加300mm	1. 基层清理 2. 抹找平层 3. 面层铺贴、磨边 4. 贴嵌防滑条 5. 勾缝 6. 刷防护材料 7. 酸洗、打蜡 8. 材料运输
011106002	块料楼梯面层				
011106003	拼碎块料面层				

续表

项目编码	项目名称	项目特征	计量单位	工程量计算规则	工作内容
011106004	水泥砂浆楼梯面层	1. 找平层厚度、砂浆配合比 2. 面层厚度、砂浆配合比 3. 防滑条材料种类、规格	m²	按设计图示尺寸以楼梯（包括踏步、休息平台及≤500mm的楼梯井）水平投影面积计算。楼梯与楼地面相连时，算至梯口梁内侧边沿；无梯口梁者，算至最上一层踏步边沿加300mm	1. 基层清理 2. 抹找平层 3. 抹面层 4. 抹防滑条 5. 材料运输
011106005	现浇水磨石楼梯面层	1. 找平层厚度、砂浆配合比 2. 面层厚度、水泥石子浆配合比 3. 防滑条材料种类、规格 4. 石子种类、规格、颜色 5. 颜料种类、颜色 6. 磨光、酸洗打蜡要求			1. 基层清理 2. 抹找平层 3. 抹面层 4. 贴嵌防滑条 5. 磨光、酸洗、打蜡 6. 材料运输

L.7　台阶装饰（编码：011107）　　　　表 8-26

项目编码	项目名称	项目特征	计量单位	工程量计算规则	工作内容
011107001	石材台阶面	1. 找平层厚度、砂浆配合比 2. 粘结层材料种类 3. 面层材料品种、规格、颜色 4. 勾缝材料种类 5. 防滑条材料种类、规格 6. 防护材料种类	m²	按设计图示尺寸以台阶（包括最上层踏步边沿加300mm）水平投影面积计算	1. 基层清理 2. 抹找平层 3. 面层铺贴 4. 贴嵌防滑条 5. 勾缝 6. 刷防护材料 7. 材料运输
011107002	块料台阶面				
011107003	拼碎块料台阶面				
011107004	水泥砂浆台阶面	1. 找平层厚度、砂浆配合比 2. 面层厚度、砂浆配合比 3. 防滑条材料种类			1. 基层清理 2. 抹找平层 3. 抹面层 4. 抹防滑条 5. 材料运输
011107005	现浇水磨石台阶面	1. 找平层厚度、砂浆配合比 2. 面层厚度、水泥石子浆配合比 3. 防滑条材料种类、规格 4. 石子种类、规格、颜色 5. 颜料种类、颜色 6. 磨光、酸洗打蜡要求			1. 基层清理 2. 抹找平层 3. 抹面层 4. 贴嵌防滑条 5. 磨光、酸洗、打蜡 6. 材料运输

L.8　零星装饰项目（编码：011108）　　　　　　　　表 8-27

项目编码	项目名称	项目特征	计量单位	工程量计算规则	工作内容
011108001	石材零星项目	1. 工程部位 2. 找平层厚度、砂浆配合比 3. 贴结合层厚度、材料种类 4. 面层材料品种、规格、颜色 5. 勾缝材料种类 6. 防护材料种类 7. 酸洗、打蜡要求	m²	按设计图示尺寸以面积计算	1. 清理基层 2. 抹找平层 3. 面层铺贴、磨边 4. 勾缝 5. 刷防护材料 6. 酸洗、打蜡 7. 材料运输
011108002	拼碎石材零星项目				
011108003	块料零星项目				
011108004	水泥砂浆零星项目	1. 工程部位 2. 找平层厚度、砂浆配合比 3. 面层厚度、砂浆厚度			1. 清理基层 2. 抹找平层 3. 抹面层 4. 材料运输

注：楼梯、台阶牵边和侧面镶贴块料面层，≤0.5m² 的少量分散的楼地面镶贴块料面层，应按本表执行。

2. 墙、柱面装饰与隔断、幕墙工程

此工程主要包括：墙面抹灰，柱（梁）面抹灰，零星抹灰，墙面块料面层，柱（梁）面镶贴块料，镶贴零星块料，墙饰面，柱（梁）饰面，幕墙工程，隔断共 10 个小节 37 个清单项目，墙面抹灰、零星抹灰和墙面块料面层主要清单见表 8-28～表 8-30。

M.1　墙面抹灰（编码：011201）　　　　　　　　表 8-28

项目编码	项目名称	项目特征	计量单位	工程量计算规则	工作内容
011201001	墙面一般抹灰	1. 墙体类型 2. 底层厚度、砂浆配合比 3. 面层厚度、砂浆配合比 4. 装饰面材料种类 5. 分格缝宽度、材料种类	m²	按设计图示尺寸以面积计算。扣除墙裙、门窗洞口及单个>0.3m² 的孔洞面积，不扣除踢脚线、挂镜线和墙与构件交接处的面积，门窗洞口和孔洞的侧壁及顶面不增加面积。附墙柱、梁、垛、烟囱侧壁并入相应的墙面面积内。 1. 外墙抹灰面积按外墙垂直投影面积计算 2. 外墙裙抹灰面积按其长度乘以高度计算 3. 内墙抹灰面积按主墙间的净长乘以高度计算 （1）无墙裙的，高度按室内楼地面至天棚底面计算 （2）有墙裙的，高度按墙裙顶至天棚底面计算 （3）有吊顶天棚抹灰，高度算至天棚底 4. 内墙裙抹灰面按内墙净长乘以高度计算	1. 基层清理 2. 砂浆制作、运输 3. 底层抹灰 4. 抹面层 5. 抹装饰面 6. 勾分格缝
011201002	墙面装饰抹灰				

注：1. 抹石灰砂浆、水泥砂浆、混合砂浆、聚合物水泥砂浆、麻刀石灰浆、石膏灰浆等按墙面一般抹灰列项；墙面水刷石、斩假石、干粘石、假面砖等按墙面装饰抹灰列项。

2. 飘窗凸出外墙面增加的抹灰并入外墙工程量内。

M.3　零星抹灰（编码：011203）　　　　　　　　　　　　　　表 8-29

项目编码	项目名称	项目特征	计量单位	工程量计算规则	工作内容
011203001	零星项目一般抹灰	1. 墙体类型 2. 底层厚度、砂浆配合比 3. 面层厚度、砂浆配合比 4. 装饰面材料种类 5. 分格缝宽度、材料种类	m²	按设计图示尺寸以面积计算	1. 基层清理 2. 砂浆制作、运输 3. 底层抹灰 4. 抹面层 5. 抹装饰面 6. 勾分格缝
011203002	零星项目装饰抹灰				

注：1. 抹石灰砂浆、水泥砂浆、混合砂浆、聚合物水泥砂浆、麻刀石灰浆、石膏灰浆等按本表中零星项目一般抹灰编码列项，水刷石、斩假石、干粘石、假面砖等按本表中零星项目装饰抹灰编码列项。

　　　2. 墙、柱（梁）面≤0.5m² 的少量分散的抹灰按本表中零星抹灰项目编码列项。

M.4　墙面块料面层（编码：011204）　　　　　　　　　　　　表 8-30

项目编码	项目名称	项目特征	计量单位	工程量计算规则	工作内容
011204001	石材墙面	1. 墙体类型 2. 安装方式 3. 面层材料品种、规格、颜色 4. 缝宽、嵌缝材料种类 5. 防护材料种类 6. 磨光、酸洗、打蜡要求	m²	按镶贴表面积计算	1. 基层清理 2. 砂浆制作、运输 3. 粘结层铺贴 4. 面层安装 5. 嵌缝 6. 刷防护材料 7. 磨光、酸洗、打蜡
011204002	拼碎石材墙面				
011204003	块料墙面				
011204004	干挂石材钢骨架	1. 骨架种类、规格 2. 防锈漆品种遍数	t	按设计图示以质量计算	1. 骨架制作、运输、安装 2. 刷漆

3. 天棚工程

此工程主要包括：天棚抹灰，天棚吊顶，采光天棚，天棚其他装饰共 4 个小节 9 个清单项目，天棚抹灰清单见表 8-31。

N.1　天棚抹灰（编码：011301）　　　　　　　　　　　　　　表 8-31

项目编码	项目名称	项目特征	计量单位	工程量计算规则	工作内容
011301001	天棚抹灰	1. 基层类型 2. 抹灰厚度、材料种类 3. 砂浆配合比	m²	按设计图示尺寸以水平投影面积计算。不扣除间壁墙、垛、柱、附墙烟囱、检查口和管道所占的面积，带梁天棚、梁两侧抹灰面积并入天棚面积内，板式楼梯底面抹灰按斜面积计算，锯齿形楼梯底板抹灰按展开面积计算	1. 基层清理 2. 底层抹灰 3. 抹面层

4. 油漆、涂料、裱糊工程

此工程主要包括：门油漆，窗油漆，木扶手及其他板条、线条油漆，木材面油漆，金属面油漆，抹灰面油漆，喷刷涂料，裱糊共 8 个小节 35 个清单项目，主要清单见表 8-32～表 8-35。

P.1　门油漆（编码：011401）　　　　　　　　　　　　　　　表 8-32

项目编码	项目名称	项目特征	计量单位	工程量计算规则	工作内容
011401001	木门油漆	1. 门类型 2. 门代号及洞口尺寸 3. 腻子种类 4. 刮腻子遍数 5. 防护材料种类 6. 油漆品种、刷漆遍数	1. 樘 2. m²	1. 以樘计量，按设计图示数量计量 2. 以平方米计量，按设计图示洞口尺寸以面积计算	1. 基层清理 2. 刮腻子 3. 刷防护材料、油漆
011401002	金属门油漆				1. 除锈、基层清理 2. 刮腻子 3. 刷防护材料、油漆

注：1. 木门油漆应区分木大门、单层木门、双层（一玻一纱）木门、双层（单裁口）木门、全玻自由门、半玻自由门、装饰门及有框门或无框门等项目，分别编码列项。

　　2. 金属门油漆应区分平开门、推拉门、钢制防火门等项目，分别编码列项。

　　3. 国家计量规范中门油漆计量单位有两个（樘，m²），"广西实施细则"取定单位为"m²"。

P.2　窗油漆（编码：011402）　　　　　　　　　　　　　　　表 8-33

项目编码	项目名称	项目特征	计量单位	工程量计算规则	工作内容
011402001	木窗油漆	1. 窗类型 2. 窗代号及洞口尺寸 3. 腻子种类 4. 刮腻子遍数 5. 防护材料种类 6. 油漆品种、刷漆遍数	1. 樘 2. m²	1. 以樘计量，按设计图示数量计量 2. 以平方米计量，按设计图示洞口尺寸以面积计算	1. 基层清理 2. 刮腻子 3. 刷防护材料、油漆
011402002	金属窗油漆				1. 除锈、基层清理 2. 刮腻子 3. 刷防护材料、油漆

注：1. 木窗油漆应区分单层木窗、双层（一玻一纱）木窗、双层框扇（单裁口）木窗、双层框三层（二玻一纱）木窗、单层组合窗、双层组合窗、木百叶窗、木推拉窗等项目，分别编码列项。

　　2. 金属窗油漆应区分平开窗、推拉窗、固定窗、组合窗、金属隔栅窗等项目，分别编码列项。

　　3. 国家计量规范中窗油漆计量单位有"樘，m²"，"广西实施细则"取定单位为"m²"。

P.6　抹灰面油漆（编码：011406）　　　　　　　　　　　　　表 8-34

项目编码	项目名称	项目特征	计量单位	工程量计算规则	工作内容
011406001	抹灰面油漆	1. 基层类型 2. 腻子种类 3. 刮腻子遍数 4. 防护材料种类 5. 油漆品种、刷漆遍数 6. 部位	m²	按设计图示尺寸以面积计算	1. 基层清理 2. 刮腻子 3. 刷防护材料、油漆
011406002	抹灰线条油漆	1. 线条宽度、道数 2. 腻子种类 3. 刮腻子遍数 4. 防护材料种类 5. 油漆品种、刷漆遍数	m	按设计图示尺寸以长度计算	

续表

项目编码	项目名称	项目特征	计量单位	工程量计算规则	工作内容
011406003	满刮腻子	1. 基层类型 2. 腻子种类 3. 刮腻子遍数	m²	按设计图示尺寸以面积计算	1. 基层清理 2. 刮腻子

P.7　喷刷涂料（编码：011407）　　　　　　　　　　表 8-35

项目编码	项目名称	项目特征	计量单位	工程量计算规则	工作内容
011407001	墙面喷刷涂料	1. 基层类型 2. 喷刷涂料部位 3. 腻子种类 4. 刮腻子要求 5. 涂料品种、喷刷遍数	m²	按设计图示尺寸以面积计算	1. 基层清理 2. 刮腻子 3. 刷、喷涂料
011407002	天棚喷刷涂料				
011407004	线条刷涂料	1. 基层清理 2. 线条宽度 3. 刮腻子遍数 4. 刷防护材料、油漆		按设计图示尺寸以长度计算	

5. 其他装饰工程

此工程主要包括：柜类、货架，压条、装饰线，扶手、栏杆、栏板装饰，暖气罩，浴厕配件，雨篷、旗杆，招牌、灯箱，美术字，车库配件共 9 个小节 62 个清单项目，本任务主要介绍扶手、栏杆、栏板装饰清单，见表 8-36。

Q.3　扶手、栏杆、栏板装饰（编码：011503）　　　　　　　表 8-36

项目编码	项目名称	项目特征	计量单位	工程量计算规则	工作内容
011503001	金属扶手、栏杆、栏板	1. 扶手材料种类、规格、品牌 2. 栏杆材料种类、规格、品牌 3. 栏板材料种类、规格、品牌、颜色 4. 固定配件种类 5. 防护材料种类	m	按设计图示以扶手中心线长度（包括弯头长度）计算	1. 制作 2. 运输 3. 安装 4. 刷防护材料
011503002	硬木扶手、栏杆、栏板				
011503003	塑料扶手、栏杆、栏板				
011503005	金属靠墙扶手	1. 扶手材料种类、规格、品牌 2. 固定配件种类 3. 防护材料种类			
011503006	硬木靠墙扶手				
011503007	塑料靠墙扶手				
011503008	玻璃栏板	1. 栏杆玻璃的种类、规格、颜色、品牌 2. 固定方式 3. 固定配件种类			

知识点 3　措施项目的清单

附录 S 措施项目包括脚手架工程，混凝土模板及支架（撑），垂直运输，超高施工增加，大型机械设备进出场及安拆，施工排水、降水，安全文明施工及其他措施项目共 7 小节 35 个清单项目。以下主要介绍脚手架工程、混凝土模板及支架（撑）工程，垂直运输工程。

1. 脚手架工程

此工程主要包括：综合脚手架、外脚手架、里脚手架、悬空脚手架、挑脚手架、满堂脚手架、整体提升架、外装饰吊篮共 8 个清单项目，"广西实施细则"增补了混凝土运输道、安全通道、电梯井脚手架等项目。结合广西实施细则，本任务主要介绍外脚手架、里脚手架、满堂脚手架、楼板现浇混凝土运输道清单，见表 8-37。

S.1　脚手架工程（编码：011701）　　　　　　　　　表 8-37

项目编码	项目名称	项目特征	计量单位	工程量计算规则	工作内容
桂 011702001	外脚手架	1. 单排、双排脚手架 2. 搭设高度 3. 脚手架材质 4. 脚手架适用工程 5. 其他	m²	按 2013 年《广西壮族自治区建筑装饰装修工程消耗量定额》相应工程量计算规则及相关规定计算	1. 挖坑夯实、底座块的制作、安装及拆除 2. 超过 40m 架子钢托架的制作、安装拆除 3. 架子(包括卸、上料平台)搭设和拆除铺翻搭脚手板、护身栏杆、钢管及管件维护、防雷设施(30m 以上架子，包括 30m) 4. 场内外材料搬运及拆除后的材料整理堆放
桂 011702002	里脚手架	1. 搭设方式 2. 搭设高度 3. 脚手架材质 4. 其他			1. 架子搭设、铺板、拆除、维护 2. 场内外材料搬运及拆除后的材料整理堆放
011702006	满堂脚手架	1. 搭设高度 2. 脚手架材质		按搭设的水平投影面积计算	
桂 011701011	楼板现浇混凝土运输道	1. 运输道材质 2. 结构类型 3. 泵送、非泵送 4. 其他	m²	按楼板浇捣部分的建筑面积计算	1. 场内外材料搬运 2. 运输道搭设 3. 施工使用期间的维修、加固、管件维护 4. 运输道拆除、拆除后的材料整理堆放

2. 混凝土模板及支架（撑）工程

此工程共有 32 个清单，主要清单见表 8-38。

3. 垂直运输工程

此工程有 1 个清单，见表 8-39。

S.2　混凝土模板及支架（撑）（编码：011702）　　　　　　　表 8-38

项目编码	项目名称	项目特征	计量单位	工程量计算规则	工作内容
011702001	基础	1. 基础类型 2. 模板、支撑材质	m²	按模板与现浇混凝土构件的接触面积计算	1. 模板制作 2. 模板安装、拆除 3. 整理堆放及场内、外运输 4. 清理模板粘结物及模内杂物、刷隔离剂等
011702002	矩形柱	1. 模板支撑材质 2. 支模高度 3. 混凝土表面施工要求			
011702003	构造柱				
011702004	异形柱				
011702005	基础梁				
011702006	矩形梁				
011702007	异形梁				
011702008	圈梁	模板、支撑材质			
011702009	过梁				
011702010	弧形、拱形梁	1. 模板支撑材质 2. 支模高度 3. 混凝土表面施工要求			
011702011	直形墙				
011702012	弧形墙				
011702013	短肢剪力墙、电梯井壁				
011702014	有梁板				
011702015	无梁板				
011702021	栏板	模板、支撑材质			
011702022	天沟、檐沟	1. 构件类型 2. 模板、支撑材质		按图示尺寸以水平投影面积计算，板边不另计算。以外墙边线为分界线，与梁连接时，以梁外边线为分界线	
011702023	雨篷、悬挑板、阳台板	1. 构件类型 2. 板厚度 3. 模板、支撑材质		按外挑部分的水平投影面积计算，伸出墙外的牛腿、挑梁及板边的模板不另计算	1. 模板制作 2. 模板安装、拆除 3. 整理堆放及场内、外运输 4. 清理模板粘结物及模内杂物、刷隔离剂等
011702024	楼梯	1. 类型 2. 模板、支撑材质		楼梯包括休息平台、梁、斜梁及楼梯与楼板的连接梁，按设计图示尺寸以水平投影面积计算，不扣除宽度≤500mm 的楼梯井所占面积，楼梯踏步、踏步板、平台梁等侧面模板不另计算，伸入墙内部分亦不增加	
011702025	其他现浇构件	1. 构件类型 2. 模板、支撑材质		按模板与现浇混凝土构件的接触面积计算	
011702027	台阶	模板、支撑材质		台阶模板按水平投影面积计算，台阶两侧模板面积不另计算	

项目编码	项目名称	项目特征	计量单位	工程量计算规则	工作内容
011702028	扶手、压顶	1. 构件类型 2. 断面尺寸 3. 模板、支撑材质	m	混凝土压顶、扶手以长度计算	1. 模板制作 2. 模板安装、拆除 3. 整理堆放及场内、外运输 4. 清理模板粘结物及模内杂物、刷隔离剂等
011702029	散水	1. 散水厚度 2. 模板、支撑材质	m²	按混凝土散水水平投影面积计算	

注：垫层模板按本表基础项目编码列项。

S.3　垂直运输（编码：011703）　　　　　　表 8-39

项目编码	项目名称	项目特征	计量单位	工程量计算规则	工作内容
011703001	垂直运输	1. 建筑物建筑类型及结构形式 2. 地下室建筑面积 3. 建筑物檐口高度、层数	1. m² 2. 天	1. 按建筑工程建筑面积计算 2. 按施工工期日历天数计算	1. 垂直运输机械的固定装置、基础制作、安装 2. 行走式垂直运输机械轨道的铺设、拆除、摊销

注：1. 建筑物的檐口高度是指设计室外地坪至檐口滴水的高度（平屋顶系指屋面板底高度），突出主体建筑物屋顶的电梯机房、楼梯出口间、水箱间、瞭望塔、排烟机房等不计入檐口高度。
　　2. 垂直运输机械指施工工程在合理工期内所需垂直运输机械。
　　3. 同一建筑物有不同檐高时，按建筑物的不同檐高做纵向分割，分别计算建筑面积，以不同檐高分别编码列项。
　　4. 国家计量规范中垂直运输计量单位有两个（m²，天），"广西实施细则"取定单位为"m²"。

知识点 4　"13 版计量规范"与"2013 广西定额"的工程量计算规则对比

《房屋建筑与装饰工程工程量计算规范》GB 50854—2013 中各主要分项工程工程量计算规则与 2013 年《广西壮族自治区建筑装饰装修工程消耗量定额》中相应的分项工程工程量计算规则相同，表 8-40 以现浇混凝土柱为例，比较清单与定额的计算规则。

现浇混凝土柱清单与定额的计算规则对比　　　　　　表 8-40

清单（GB 50854—2013）

项目名称	编码	单位	工程量计算规则
矩形柱	010502001	m³	按设计图示尺寸以体积计算。 柱高： 1）有梁板的柱高，应自柱基上表面（或楼板上表面）至上一层楼板上表面之间的高度。 2）无梁板的柱高，应自柱基上表面（或楼板上表面）至柱帽板表面之间的高度计算。 3）框架柱的柱高：应自柱基上表面至柱顶高度计算。 4）构造柱按全高计算，嵌接墙体部分（马牙槎）并入柱身体积。 5）依附柱上的牛腿和升板的柱帽，并入柱身体积计算
构造柱	010502002		
异形柱	010502003		

广西定额			
项目名称	编码	单位	工程量计算规则
混凝土柱/矩形	A4-18	10m³	柱:按设计图示断面面积乘以柱高以立方米计算,柱高按下列规定确定。 1)有梁板的柱高,应按柱基或楼板上表面至上一层楼板上表面之间的高度计算。 2)无梁板的柱高,应按柱基或楼板上表面至柱帽下表面之间的高度计算。 3)框架柱的柱高应自柱基上表面至柱顶高度计算。 4)构造柱按全高计算,与砖墙嵌接部分的体积并入柱身体积内计算。 5)依附柱上的牛腿和升板的柱帽,并入柱身体积内计算
混凝土柱/圆形、多边形	A4-19		
构造柱	A4-20		

从表 8-40 可以看出,现浇混凝土柱清单计算规则与广西定额的计算规则虽然文字表述不完全一致,但计算原则是相同的。需要注意的是清单单位与定额单位是有区别的。

其他各分项工程工程量计算规则,采用同样的对比方式进行对比,可以了解清单与定额的工程量计算规则大部分是一致的。

当然也有个别不同的,如木门油漆,清单工程量计算规则是"以平方米计算,按设计图示洞口尺寸以面积计算",而定额工程量计算规则分单层门、双层门、单层全玻门等油漆工程量按"单面洞口尺寸乘以系数"计算。类似还有预制混凝土构件制作、运输及安装工程,其定额工程量也需要乘以系数。

任务 8.2　工程量清单编制实训案例

任务描述

项目:附录 1 某办公楼项目。

任务:编制某办公楼土(石)方工程的工程量清单。

目标:通过实训,使学生进一步熟悉图纸,掌握工程量清单规范相应项目的设置,培养学生按实际工程图纸编制工程量清单的能力,掌握工程量清单编制方法和技能。

成果形式

填写《分部分项工程量表》《工程量计算表》。

工作准备

认真熟悉任务 8.1 知识链接中的相关知识点,熟悉附录 1 某办公楼建筑施工图。

任务清单

【实训任务单】编制附录 1 某办公楼土方工程的工程量清单。

评价反馈

学生进行自我评价，并将结果填入表 8-41 中。

学生自评表 表 8-41

班级： 姓名： 学号：

学习任务	工程量清单编制实训案例		
评价项目	评价标准	分值	得分
任务单要求	能理解实训任务单的任务要求,准备好图纸和工作表格	10	
计算思路、计算步骤	能说出工作思路,明确计算步骤	10	
应用规则编制工程量清单	能准确识图	10	
	能选用准确的工程量计算规则	20	
	能按图准确列出计算式,计算出正确的工程量	20	
	能正确填写工程量	10	
工作态度	态度端正、认真,无缺勤、迟到、早退现象	10	
工作质量	能够按计划完成工作任务	10	
	合计	100	

实训解析

实训任务工作过程：

1. 任务分析

（1）熟悉图纸，了解项目的基础形式。本项目采用独立基础，有基础梁，独立基础垫层底标高是-1.600m，基础梁顶面标高±0.000m，基础梁高度有 700mm、500mm、450mm 三种情况。室外地面标高-0.450m。

码 8-1 工程量清单编制典型实务案例

（2）在《分部分项工程量表》上，按清单规范列项。

（3）在《工程量计算表》，按图列出计算式并计算，汇总。

（4）在《分部分项工程量表》填写工程量结果。

2. 任务实施

工作过程见表 8-42～表 8-44。

（1）列项

分部分项工程量表 表 8-42

工程名称：某办公楼 共 页 第 页

序号	项目编码	项目名称	项目特征	计量单位	工程量
			附录 A 土石方工程		
1	010101001001	平整场地	三类土、弃土运距 5km	m²	
2	010101004001	挖基坑土方	三类土,挖土深度 $H=1.6-0.45=1.15m$	m³	
3	010101003001	挖沟槽土方	三类土,挖基础梁土方,挖土深度 $H_1=0.5-0.45=0.05m$, $H_2=0.7-0.45=0.25m$	m³	
4	010103001001	室内回填土	夯填	m³	
5	010103001002	基础回填土	夯填	m³	
6	010103002001	余方弃置	人工装、2t 自卸汽车运土,5km	m³	

（2）计算

工程量计算表　　　　　　　　　　　　　　　表8-43

工程名称：某办公楼　　　　　　　　　　　　　　共　页　第　页

项目名称	工程量计算式	工程量	单位
平整场地	同定额工程量： S＝建筑物首层建筑面积＝$11.6×6.5＝75.4m^2$	75.4	m^2
挖基坑	同定额工程量：	80.22	m^3
	挖土深度为：$H＝1.6-0.45＝1.15m<1.5m$，不用放坡。查工作面表，$C＝300mm$		
J1（4个）	$V＝(a+2c)(b+2c)H＝(2.2+2×0.3)(2.2+2×0.3)×1.15×4＝36.06m^3$		
J2（4个）	$V＝(a+2c)(b+2c)H＝(1.8+2×0.3)(2.2+2×0.3)×1.15×4＝30.91m^3$		
J3（2个）	$V＝(a+2c)(b+2c)H＝(1.8+2×0.3)(1.8+2×0.3)×1.15×2＝13.25m^3$		
	合计：$V＝36.06+30.91+13.25＝80.22m^3$		
挖基槽	同定额工程量：$V＝3.41m^3$（计算过程略）	3.41	m^3
室内回填土	同定额工程量：$V＝18.51m^3$（计算过程略）	18.51	m^3
基础回填土	同定额工程量：$V＝58.36m^3$（计算过程略）	58.36	m^3
土方弃置	同定额工程量：$V＝6.76m^3$（计算过程略）	6.76	m^3

（3）汇总，填列结果

分部分项工程量表　　　　　　　　　　　　　　表8-44

工程名称：某办公楼　　　　　　　　　　　　　　共　页　第　页

序号	项目编码	项目名称	项目特征	计量单位	工程量
			附录A　土石方工程		
1	010101001001	平整场地	三类土、弃土运距5km	m^2	75.4
2	010101004001	挖基坑土方	三类土，挖土深度$H＝1.6-0.45＝1.15m$	m^3	80.22
3	010101003001	挖沟槽土方	三类土，挖基础梁土方，挖土深度$H_1＝0.5-0.45＝0.05m$，$H_2＝0.7-0.45＝0.25m$	m^3	3.41
4	010103001001	室内回填土	夯填	m^3	18.51
5	010103001002	基础回填土	夯填	m^3	58.36
6	010103002001	余方弃置	人工装、2t自卸汽车运土、5km	m^3	6.76

案例拓展

任务清单：编制某办公楼项目完整工程量清单。

完整成果文件详见：附录 3 某办公楼工程量计算表和附录 4 某办公楼招标工程量清单实例。

项目9

Chapter 09

工程量清单计价实务

【学习情境】

国有资金投资的工程建设项目必须实行工程量清单招标,并编制招标控制价。但是,工程量清单计量与计价规范重点是规定清单项目设置、计量单位和工程量计算规则,并没有人工、材料、机械的价格,那么如何进行工程量清单计价呢?

本项目介绍工程量清单计价的相关知识。

【学习目标】

知识目标

1. 理解清单计价的原理;
2. 掌握工程量清单计价的方法。

能力目标

1. 能正确理解清单计价的原理;
2. 能够应用清单规范和广西定额,进行清单计价。

素质目标

1. 养成发现问题、提出问题和及时解决问题的习惯;
2. 培养严谨的工作作风,养成自律有序的习惯。

思政目标

1. 培养学生的规范意识和市场竞争意识,遵纪守法、合理报价;
2. 培养学生认真细致的工匠精神和成本控制的职业素养。

任务 9.1 工程量清单计价

任务描述

某工程砖基础的分部分项工程和单价措施项目清单与计价表见表 9-1。

分部分项工程和单价措施项目清单与计价表   表 9-1

工程名称：×××   第 页 共 页

序号	项目编码	项目名称及项目特征描述	计量单位	工程量	金额（元）		
					综合单价	合价	其中：暂估价
	0104	砌筑工程					
1	010401001001	砖基础 ①砖品种、规格、强度等级：MU7.5 标准砖 ②砂浆强度等级：M10 水泥砂浆 ③防潮层材料种类：20mm 厚 1：2 水泥砂浆加 5％防水粉	m³	45.84	582.13	26684.84	

表 9-1 中，M10 水泥砂浆砌筑 MU7.5 标准砖的砖基础，设置有防潮层，做法为 20mm 厚 1：2 水泥砂浆加 5％防水粉，其清单工程量为 45.84m³，清单综合单价为 582.13 元/m³，合价为 26684.84 元。清单规范本身没有价格，它的清单综合单价是如何计算的？

阅读本任务的知识链接，完成任务清单，回答相应问题。

成果形式

完成任务清单中的引导问题。

工作准备

认真学习知识链接中的相关知识点，领会清单计价的计算原理和方法。

任务清单

一、任务实施

引导问题 1：工程量清单如何计价？工程量清单计价的重要依据是什么？其必要的基础工作是什么？

引导问题 2：在编制招标控制价时，管理费、利润应如何取值？投标报价时，企业如何取值？

引导问题 3：工程量清单综合单价如何计算？说一说计算步骤。

二、单项选择题

1. 工程量清单计价主要适用于（　　）阶段。

A. 投资决策　　　　B. 设计　　　　C. 招标投标　　　　D. 项目后评价

2. 工程量清单计价时，编制投标报价与招标控制价的依据主要不同是（　　）。

A. 国家建设主管部门颁发的计价办法

B. 企业定额

C. 招标文件、招标工程量清单及其补充通知、答疑纪要

D. 施工现场情况、工程特点

3. 工程量清单计价模式下，不属于工程量清单综合单价分析表中的内容是（　　）。

A. 人工费　　　　　B. 管理费　　　　　C. 机械费　　　　　D. 规费

4. 某瓷砖地面清单项目，已知人工费 200 元，材料费 850 元，机械费 75 元。管理费率为 26.79%～32.75%，编制招标控制价时，该项目的管理费为（　　）元。

A. 81.87　　　　　B. 59.54　　　　　C. 334.91　　　　　D. 73.56

5. 某混凝土柱清单项目，已知人工费 300 元，材料费 1000 元，机械费 120 元。利润率为 0～20%，编制招标控制价时，该项目的利润为（　　）元。

A. 42　　　　　B. 142　　　　　C. 30　　　　　D. 130

6. 某工程计日工为 1 万元，材料暂估价 3 万元，专业工程暂估价 5 万元，总承包服务费 0.2 万元，优良工程增加费 2 万元，缩短工期增加费 0.7 万元。则该工程其他项目清单合计（　　）万元。

A. 8.2　　　　　B. 11.2　　　　　C. 8.9　　　　　D. 9.2

三、多项选择题

1. 工程量清单计价活动中包括（　　）。

A. 招标控制价编制　　　　　B. 投标报价编制

C. 概算价编制　　　　　D. 合同价确定

E. 工程竣工结算

2. 分部分项工程量清单计价表中，综合单价包括（　　）。

A. 人工费、施工机械使用费　　　　　B. 材料费

C. 规费　　　　　D. 管理费

E. 利润

3. 某建筑物檐高 30m，采用现场搅拌混凝土，按现行《建设工程工程量清单计价规范》GB 50500—2013 及广西有关规定，C20 有梁板的清单综合单价组成中包含的定额子目有（　　）。

A. 混凝土拌制　　　　　B. 有梁板浇捣

C. 搅拌站混凝土运输　　　　　D. 建筑物超高降效

E. 混凝土泵送费

4. 某清单项目"屋面卷材防水"，特征描述为：15mm 厚 1:3 水泥砂浆找平；找平层分格缝嵌油膏；铺二毡三油石油沥青玛蹄脂卷材防水层；女儿墙弯起 200mm。按广西现行计价规定，工程量清单计价时，应列入的定额项目包括（　　）。

A. 水泥砂浆的找平层　　　　　B. 冷底子油层

C. 油膏嵌缝　　　　　D. 二毡三油石油沥青玛蹄脂卷材防水层

E. 女儿墙卷材防水

5. 某清单项目"单扇有亮镶板木门"，特征描述为：洞口尺寸 0.9m×2.7m，木门框、亮子从加工厂制作运至工地，配五金配件安装，刷一底二面调和漆。按广西现行计价规定及对应的清单项目，可列计的定额项目包括（　　）。

A. 镶板木门制作、安装　　　　　B. 木门运输

C. 安装玻璃　　　　　D. 木门五金配件

E. 木门一底二面调和漆

6. 在广西，编制招标控制价，下列做法正确的是（　　　）。

A. 综合单价中的管理费费率取最高值

B. 综合单价中的利润率取中间值

C. 环境保护费按规定费率计取

D. 临时设施费费率取中间值

E. 安全文明施工费按规定费率计取，为不可竞争费用

评价反馈

学生进行自我评价，并将结果填入表 9-2 中。

学生自评表　　　　　　　　　　　　　　　　　　　　　　　　　表 9-2

班级：	姓名：	学号：		
学习任务	工程量清单计价			
评价项目	评价标准	分值	得分	
工程量清单计价依据	能理解工程量清单采用综合单价计价，计价定额是重要的依据，正确计算定额工程量、定额综合单价是必要的基础工作	10		
管理费、利润取值	能理解编制招标控制价及投标报价时，管理费、利润的取值确定	20		
清单综合单价计算方法	能理解清单综合单价的两种计算方法	20		
清单综合单价计算步骤	能说出清单综合单价的计算步骤	30		
工作态度	态度端正、认真，无缺勤、迟到、早退现象	10		
工作质量	能够按计划完成工作任务	10		
合计		100		

知识链接

知识点 1　工程量清单计价的依据

工程量清单计价是指：依据工程量清单招标人编制的招标价控制价；投标人编制投标报价；承发包双方确定工程合同价款；施工过程办理工程价款支付、合同价款调整、工程竣工结算、工程计价争议处理及工程造价鉴定等活动。

工程量清单采用综合单价计价。

工程量清单综合单价包括人工费、材料费、机械费、管理费、利润以及一定范围内的风险费用。

计算人工费、材料费、机械费，需要确定完成该清单项目所需消耗的人工、材料、机械设备等消耗要素及相应的要素价格，而清单计价计量规范是没有人工、材料、机械消耗体现的。清单规范规定，填报综合单价所需的消耗量，编制招标控制价可按建设主管部门颁布的计价定额确定，投标报价可按企业定额确定。所以计价定额是工程量清单计价的重要依据，正确计算定额工程量、定额综合单价是必要的基础工作。

知识点 2　管理费、利润取费标准适用范围

1. 管理费、利润取费标准

根据广西现行的计价规定，管理费、利润分建筑工程、装饰装修工程、地基基础及桩

基础工程、土石方及其他工程四个费率标准，具体费率见表2-20、表2-21。

2. 应用说明

在编制招标控制价时，管理费、利润应按费率区间的中值至上限值间取定，一般工程按费率中值取定，特殊工程可根据投资规模、技术含量、复杂程度在费率中值至上限值间选择，并在招标文件中载明。

投标报价时，企业可自主确定管理费、利润的取费标准。

知识点3　工程量清单综合单价的计算方法

在实务工作中，可通过两种方法计算工程量清单综合单价。

1. 方法一：单价分析法

根据广西现行费用定额工程量清单综合单价组成表计算综合单价，见表2-18。

2. 方法二：直接计算法

$$清单综合单价＝\sum(定额工程量×定额综合单价)÷清单工程量$$

知识点4　工程量清单综合单价的计算步骤

工程量清单综合单价的计算步骤如下：

1. 确定定额子目并判断是否需要换算

（1）确定定额子目

根据清单项目的特征描述，结合清单项目工作内容正确选用定额子目是计算工程量清单综合单价的基础。一个清单项目可能套用一个或多个定额子目，套定额子目时要注意定额子目的工作内容与清单项目的工作内容、项目特征描述的吻合，做到清单计价时工作内容不重复、不遗漏，以便能计算出较为合理的价格。

例如清单项目"混凝土矩形柱、现场搅拌混凝土施工"，在进行清单定额匹配时，应套混凝土矩形柱浇捣、混凝土搅拌两个定额子目。

（2）换算

确定定额子目后，结合项目特征描述及定额相关说明、附注等，判断所套定额子目是否需要换算，以便合理确定人工、材料、机械台班消耗量。

2. 计算定额工程量

根据定额工程量计算规则计算所套用的定额子目工程量。计算时，要注意定额规则与清单规则的对比。大部分情况下，定额工程量计算规则与清单工程量计算规则是一致的，但也有部分工程量计算规则不统一的情况，计算时要注意区别。例如，木门油漆，清单工程量计算规则是"以平方米计算，按设计图示洞口尺寸以面积计算"，而定额工程量计算规则分单层门、双层门、单层全玻门等油漆工程量按"单面洞口尺寸乘以系数"计算。

3. 计算定额综合单价

根据广西现行费用定额计价程序计算定额综合单价，见表2-19。

4. 计算清单综合单价

结合工作实际情况选择上述工程量清单综合单价计算方法，正确计算清单综合单价。

知识点5　典型案例的计算思路

【案例9-1】　某保温屋面，现浇水泥珍珠岩1∶8保温隔热层厚度100mm，其人材机见表9-3，其中人工费和机械费均已按最新的人工费调整文件及相应造价信息调整；造价管理部门发布的工程造价信息上的价格见表9-4，其清单工程量见表9-5，建筑工程管理费费率和利润率分别为 33.17%、8.46%，按广西现行计价程序，采用一般计税法，编制该项目的清单综合单价，并填写表 9-6 和表 9-7。

《广西建筑装饰装修工程消耗量定额》部分分部分项工程人材机表　　　　表 9-3

	定额单位		A8-6
	单位		100m²
	项目	单位	屋面保温现浇水泥珍珠岩 1∶8 厚度 100mm
	人工费	元	532.78
材料	水泥珍珠岩 1∶8	m³	10.4
	水	m³	7
机械	机械费	元	0

工程造价信息价格　　　　表 9-4

序号	名称	单位	除税单价（元）
1	水泥珍珠岩 1∶8	m³	252.8
2	水	m³	3.34

分部分项工程工程量清单　　　　表 9-5

序号	项目编码	项目名称及项目特征描述	计量单位	工程量
1	011001001001	保温屋面 现浇水泥珍珠岩 1∶8 保温隔热层 100mm 厚	m²	321.85

【解】

（1）套定额：A8-6　现浇水泥珍珠岩 1∶8 保温隔热层，查表 9-3。

（2）人工费：532.78 元/100m²

（3）材料费：10.4×252.8+7×3.34＝2652.5 元/100m²

（4）机械费：0 元/100m²

（5）管理费：532.78×33.17%＝176.72 元/100m²

（6）利润：532.78×8.46%＝45.07 元/100m²

码 9-1　工程量
清单计价典
型实务案例

因此，综合单价＝532.78+2652.5+176.72+45.07＝3407.7 元/100m²

合价＝3407.07×3.2185＝10965.65 元

清单项目综合单价＝10965.65÷321.85＝34.07 元/m²

工程量清单综合单价分析表　　　　表 9-6

序号	项目编码	项目名称及项目特征描述	单位	工程量	综合单价	综合单价				
						人工费	材料费	机械费	管理费	利润
1	011001001001	保温屋面 现浇水泥珍珠岩 1∶8 保温隔热层 100mm 厚	m²	321.85	34.07	5.33	26.53		1.77	0.45
	A8-6	屋面保温　现浇水泥 珍珠岩 1∶8 厚度 100mm	100m²	3.2185	3407.07	532.78	2652.50		176.72	45.07

分部分项工程和单价措施项目清单与计价表　　　　表 9-7

序号	项目编码	项目名称及项目特征描述	计量单位	工程量	金额(元)	
					综合单价	合价
1	011001001001	保温屋面 现浇水泥珍珠岩 1∶8 保温隔热层 100mm 厚	m²	321.85	34.07	10965.65

任务 9.2　工程量清单计价实训案例

任务描述

项目：附录 1 某办公楼项目。

任务：编制某办公楼土（石）方工程的工程量清单定额表。

目标：通过实训，进一步熟悉图纸，掌握工程量清单定额匹配列项，培养学生按实际工程图纸编制招标控制价的能力，掌握招标控制价编制方法和技能。

成果形式

填写《分部分项工程量表》。

工作准备

认真熟悉任务 9.1 知识链接中的相关知识点，熟悉附录 1 某办公楼建筑施工图。

任务清单

【实训任务单】编制招标控制价的基础工作：对附录 1 某办公楼土方工程进行清单定额列项。

评价反馈

学生进行自我评价，并将结果填入表 9-8 中。

学生自评表　　　　表 9-8

班级：	姓名：		学号：		
学习任务		工程量清单计价实训案例			
评价项目		评价标准		分值	得分
任务单要求		能理解实训任务单的任务要求，准备好图纸和工作表格		20	
计算思路、计算步骤		能说出工作开展的思路，明确计算步骤		30	
准确匹配清单与定额		能准确识图，选用准确的定额，正确填写工程量		30	
工作态度		态度端正、认真，无缺勤、迟到、早退现象		10	
工作质量		能够按计划完成工作任务		10	
合计				100	

实训解析

实训任务工作过程：

1. 任务分析

（1）熟悉图纸，了解项目的基础形式，本项目采用独立基础，有基础梁，独立基础垫层底标高－1.600m，基础梁顶面标高±0.000m，基础梁高度有700mm、500mm、450mm三种情况。室外地面标高－0.450m。

（2）在《分部分项工程量表》上，按清单规范和广西定额列项。

（3）在《工程量计算表》，按图列出计算式并计算、汇总。

（4）在《分部分项工程量表》填写工程量结果。

2. 任务实施

工作最终成果见表9-9。

分部分项工程量表（清单定额表）　　　　　　　　　　　　表9-9

工程名称：办公楼　　　　　　　　　　　　　　　　　　　　　　　共　页　第　页

序号	项目编码	项目名称及项目特征描述	计量单位	工程量
		附录A　土石方工程		
1	010101001001	平整场地 三类土、弃土运距5km	m^2	75.4
	A1-1	人工平整场地	$100m^2$	0.754
2	010101004001	挖基坑土方 三类土、挖土深度$H=1.6-0.45=1.15m$	m^3	80.22
	A1-9	人工挖沟槽(基坑)三类土深2m以内	$100m^3$	0.802
3	010101003001	挖沟槽土方 三类土、挖基础梁土方，挖土深度$H_1=0.5-0.45=0.05m$，$H_2=0.7-0.45=0.25m$	m^3	3.41
	A1-9	人工挖沟槽(基坑)三类土深2m以内	$100m^3$	0.034
4	010103001001	室内回填土　夯填	m^3	18.51
	A1-82	人工回填土　夯填	$100m^3$	0.185
5	010103001002	基础回填土　夯填	m^3	58.36
	A1-82	人工回填土　夯填	$100m^3$	0.584
6	010103002001	余方弃置 人工装、2t自卸汽车运土，5km	m^3	6.76
	A1-116 换	人工装、自卸汽车运土方1km运距以内 2t自卸汽车[实际5km]	$100m^3$	0.068

案例拓展

任务清单：编制某办公楼项目招标控制价。

1. 清单计价的过程一般由软件完成，当在软件中输入清单工程量，匹配好定额子目、定额工程量，软件会自动计算清单综合单价和合价，按照计价程序计算出工程总造价。

完整成果文件详见：附录 5 某办公楼招标控制价实例。

2. 编制招标控制价的基础工作就是编好项目的分部分项工程和单价措施项目的"清单定额"表，请总结"清单定额表"编制思路。

3. 由教师指定某办公楼 1～2 个分部，指导学生完成"清单定额表"的编制。

附录1
某办公楼建筑施工图、结构施工图

图 纸 目 录

序号	名称	图号	幅面	备注
1	结构设计总说明、柱表	G-00	A4	
2	柱基平面布置图	G-01	A4	
3	基础剖面图	G-02	A4	
4	基础梁平面布置图	G-03	A4	
5	3.600 结构配筋图	G-04	A4	
6	7.200 结构配筋图	G-05	A4	
7	3.600 楼板配筋图	G-06	A4	
8	7.200 楼板配筋图	G-07	A4	
9	楼梯、TZ1、PTL1 (TL1) 配筋图	G-08	A4	

序号	名称	图号	幅面	备注
1	图纸目录	J-00	A4	
2	建筑设计总说明	J-01	A4	
3	一层平面图	J-02	A4	
4	二层平面图	J-03	A4	
5	屋顶平面图	J-04	A4	
6	南立面图	J-05	A4	
7	北立面图	J-06	A4	
8	1-1 剖面图、踏步详图	J-07	A4	
9	阳台、楼梯、雨篷详图	J-08	A4	

工程名称		某办公楼
图名		图纸目录
图号	J-00	设计

253

建筑设计总说明

一、建筑室内标高±0.000。

二、本施工图所注尺寸、所有标高以米为单位，其余均以毫米为单位。

三、楼地面：
1. 地面做法参见 98ZJ001 地19。
2. 楼地面做法参见 98ZJ001 楼10。

四、外墙面：外墙面做法按 98ZJ001 外墙22。

五、内墙装修：
1. 房间内墙详 98ZJ001 内墙4，面刮双飞粉腻子。
2. 女儿墙内墙详见 98ZJ001 内墙4。

六、顶棚装修：做法详见 98ZJ001 顶3，面刮双飞粉腻子。

七、屋面：屋面做法详 98ZJ001 屋11。

八、散水：
1. 20mm厚1:1水泥石灰浆抹面压光。
2. 60mm厚C15混凝土。
3. 素土夯实，向外坡4%。
4. 60mm厚中砂垫层。

九、踢脚：陶瓷地砖踢脚150mm高。

十、楼梯栏杆为钢管扶手型栏杆，扶手和弯头为圆管，直径为50mm。

十一、木门油漆：调和漆两遍，刷底油一遍。

图集附图

图集编号	编号	名称	用料做法
98ZJ001 地19	地19 100mm厚混凝土	陶瓷地砖地面	8～10mm厚地砖，水泥浆擦缝（600mm×600mm）；干硬性水泥砂浆25mm厚1:4，铺实拍平，面上撒素水泥浆；素水泥浆结合层一道；100mm厚C15混凝土；素土夯实
98ZJ001 楼10	楼10	陶瓷地砖楼面	8～10mm厚地砖，水泥浆擦缝（600mm×600mm）；干硬性水泥砂浆25mm厚1:4，铺实拍平，面上撒素水泥浆；素水泥浆结合层一道；钢筋混凝土楼板
98ZJ001 内墙4	内墙4	混合砂浆墙面	15mm厚1:1:6水泥石灰砂浆；5mm厚1:0.5:3水泥石灰砂浆
98ZJ001 外墙22	外墙22	水泥砂浆墙面	12mm厚1:3水泥砂浆；8mm厚1:2水泥砂浆木搓平；喷或滚刷涂料两遍
98ZJ001 顶3	顶3	混合砂浆顶棚	钢筋混凝土地面清理干净；7mm厚1:1:4水泥石灰砂浆；5mm厚1:0.5:3水泥石灰砂浆；表面喷刷涂料另选
98ZJ001 屋11	屋11	高聚物改性沥青卷材防水屋面有隔热层，无保温层	35mm厚490mm×490mm，C20预制钢筋混凝土板；M2.5砂浆砌巷砖三皮，中距500mm；4mm厚SBS改性沥青防水卷材；刷基层处理剂一遍；20mm厚1:2水泥砂浆找平层；20mm厚（最薄处）1:10水泥珍珠岩找2%坡，屋面板、表面清扫干净

工程名称	某办公楼
图名	建筑设计总说明
图号	J-01
	设计

门窗表

门窗编号	门窗类型	洞口尺寸(mm) 宽	洞口尺寸(mm) 高	数量	备注
M-1	铝合金地弹门	2400	2700	1	46系列(2.0mm厚)
M-2	镶板门	900	2400	4	
M-3	镶板门	900	2100	2	
MC-1	塑钢门联窗	2400	2700	1	窗台高900mm，80系列5mm厚白玻
C-1	铝合金窗	1500	1800	8	窗台高900mm，96系列带纱推拉窗
C-2	铝合金窗	1800	1800	2	窗台高900mm，96系列带纱推拉窗

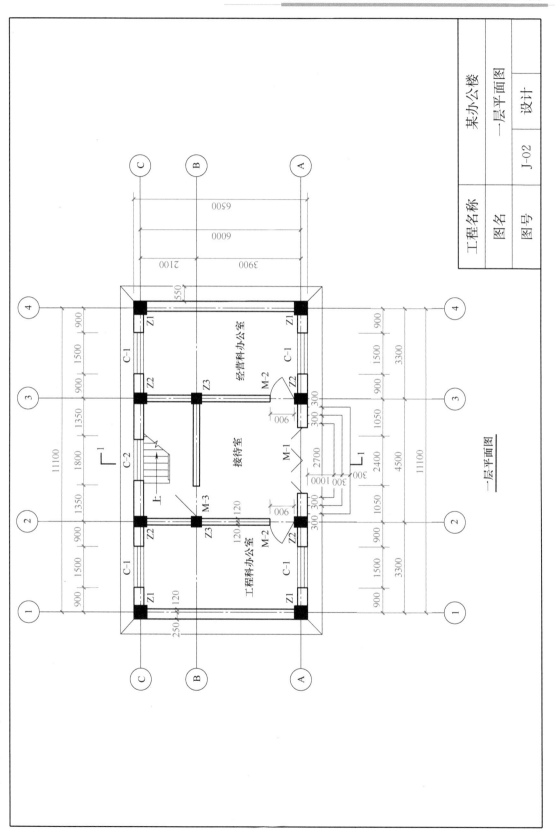

一层平面图

工程名称	某办公楼
图名	一层平面图
图号	J-02

设计

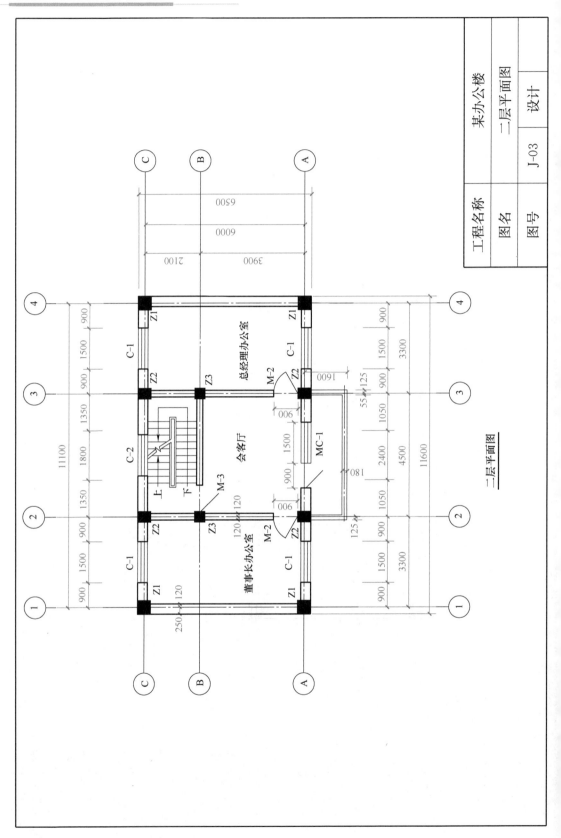

二层平面图

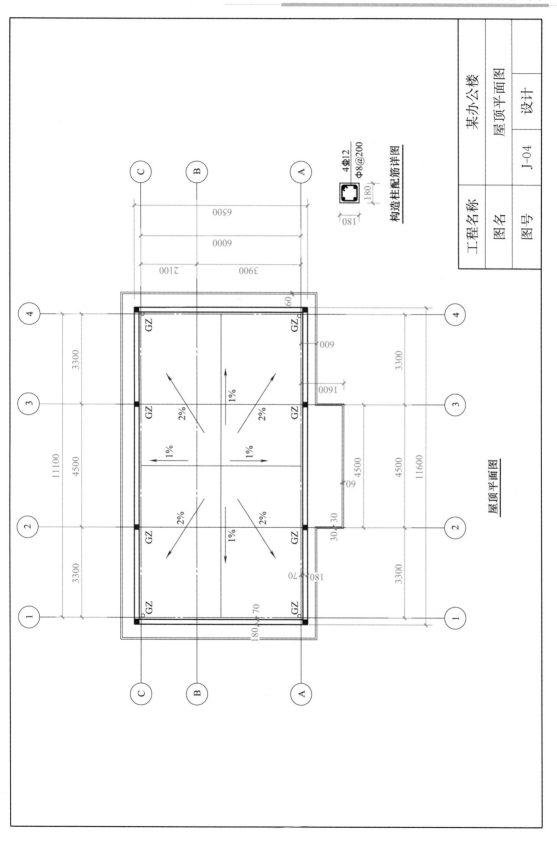

屋顶平面图

构造柱配筋详图

4Φ12
Φ8@200

工程名称	某办公楼
图名	屋顶平面图
图号	J-04

设计

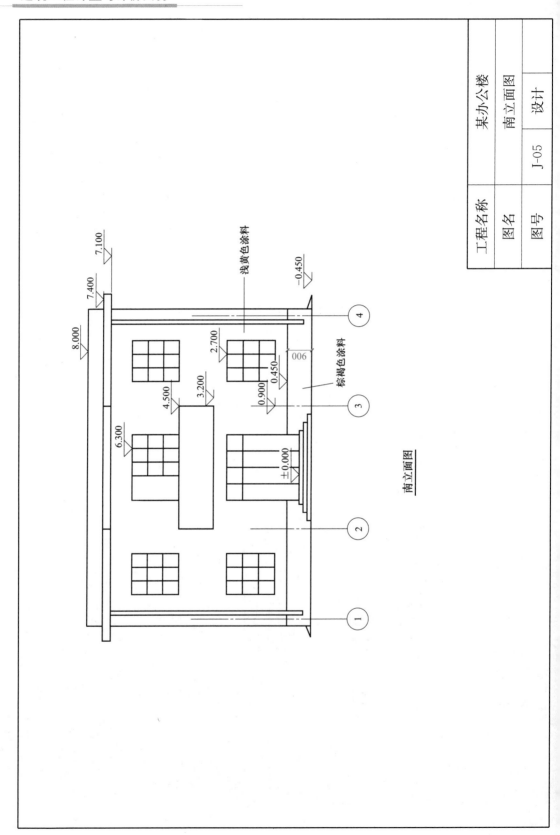

南立面图

工程名称	某办公楼	
图名	南立面图	设计
图号	J-05	

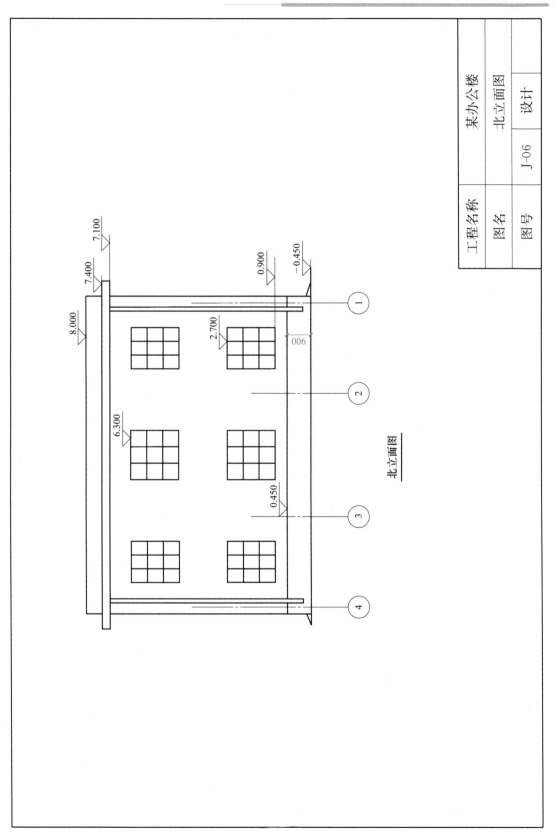

北立面图

工程名称	某办公楼
图名	北立面图
	设计
图号	J-06

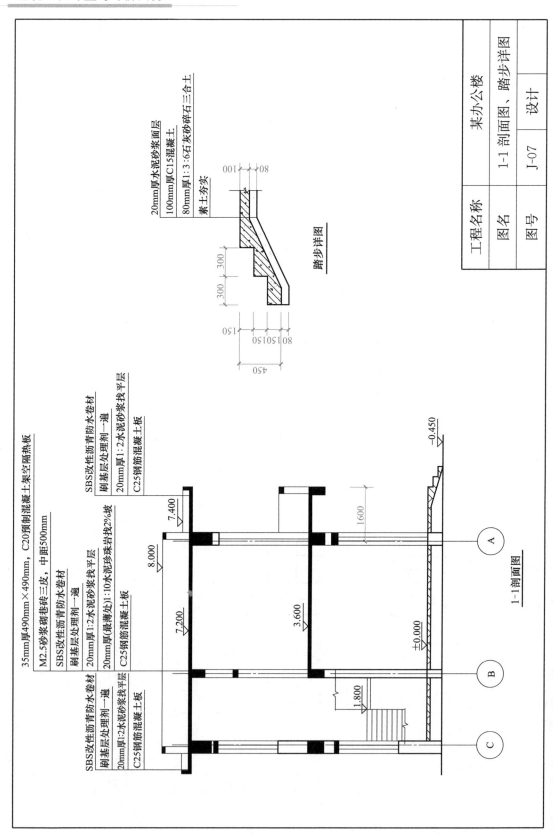

踏步详图

20mm厚水泥砂浆面层
100mm厚C15混凝土
80mm厚1:3:6石灰砂碎石三合土
素土夯实

1-1剖面图

35mm厚490mm×490mm，C20预制混凝土架空隔热板
M2.5砂浆砌巷砖三皮，中距500mm
SBS改性沥青防水卷材
刷基层处理剂一遍
20mm厚1:2水泥砂浆找平层
20mm厚(最薄处)1:10水泥珍珠岩找坡2%坡
C25钢筋混凝土板

SBS改性沥青防水卷材
刷基层处理剂一遍
20mm厚1:2水泥砂浆找平层
C25钢筋混凝土板

SBS改性沥青防水卷材
刷基层处理剂一遍
20mm厚1:2水泥砂浆找平层
C25钢筋混凝土板

工程名称		某办公楼
图名		1-1剖面图、踏步详图
图号		J-07	设计

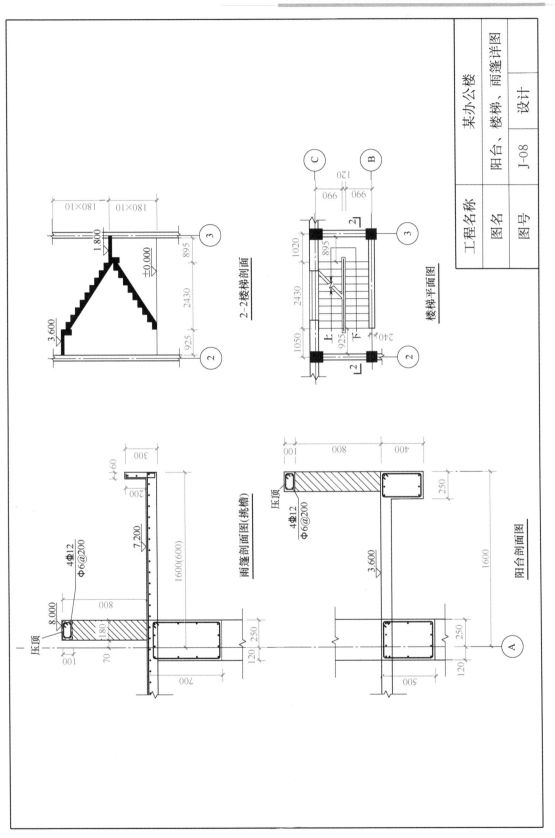

工程名称	某办公楼	
图名	阳台、楼梯、雨篷详图	设计
图号	J-08	

2-2楼梯剖面

楼梯平面图

雨篷剖面图(挑檐)

阳台剖面图

结构设计总说明

一、设计原则和标准
1. 结构的设计使用年限：50年。
2. 建筑结构的安全等级：二级。
3. 基本地震烈度Ⅵ级；抗震设防烈度 6 度。
4. 建筑类别及设防标准：丙类；抗震等级：框架四级。

二、基础
C20独立柱基，C25钢筋混凝土基础梁。

三、上部结构
现浇钢筋混凝土框架结构，梁、板、柱混凝土强度等级均为C25。

四、材料及结构说明
受力钢筋的混凝土保护层：基础 40mm，±0.000 以上板 15mm，梁 25mm，柱 30mm。

2. 所有板底受力筋长度为梁中心线长度＋100mm（图上未注明的钢筋均为 Φ6@200）。
3. 沿框架柱高每隔 500mm 设 2Φ6 拉筋，伸入墙内的长度为 1000mm。
4. 屋面板未配置钢筋的表面均设置 Φ6@200 双向温度筋，与板负钢筋的搭接长度 150mm。
5. ±0.000 以上砌体砖隔墙均用 M5 混合砂浆砌筑，除阳台、女儿墙采用 MU10 标准砖外，其余均采用 MU10 烧结多孔砖。
6. 过梁：门窗洞口均设有钢筋混凝土过梁，按墙宽×200mm×（洞口宽＋500mm），配 4Φ12 纵筋，Φ6@200 箍筋。

柱 表

标号	标高(m)	b×h(mm)	B1(mm)	B2(mm)	H1(mm)	H2(mm)	全部纵筋	角筋	b边一侧中部筋	h边一侧中部筋	箍筋类型号	箍筋
Z1	−0.8～3.6	500×500	250	250	250	250		4Φ25	3Φ22	3Φ22	(1)5×5	Φ10-100/200
	3.6～7.2	500×500	250	250	250	250		4Φ25	3Φ22	3Φ22	(1)5×5	Φ10-100/200
Z2	−0.8～3.6	400×500	200	200	250	250		4Φ25	2Φ22	3Φ22	(2)4×5	Φ10-100/200
	3.6～7.2	400×500	200	200	250	250		4Φ22	2Φ22	3Φ22	(2)4×5	Φ10-100/200
Z3	−0.8～3.6	400×400	200	200	200	200		4Φ22	2Φ22	2Φ22	(2)4×4	Φ8-100/200
	3.6～7.2	400×400	200	200	200	200		4Φ22	2Φ22	2Φ22	(2)4×4	Φ8-100/200

工程名称	某办公楼
图名	结构设计总说明、柱表
图号	G-00
	设计

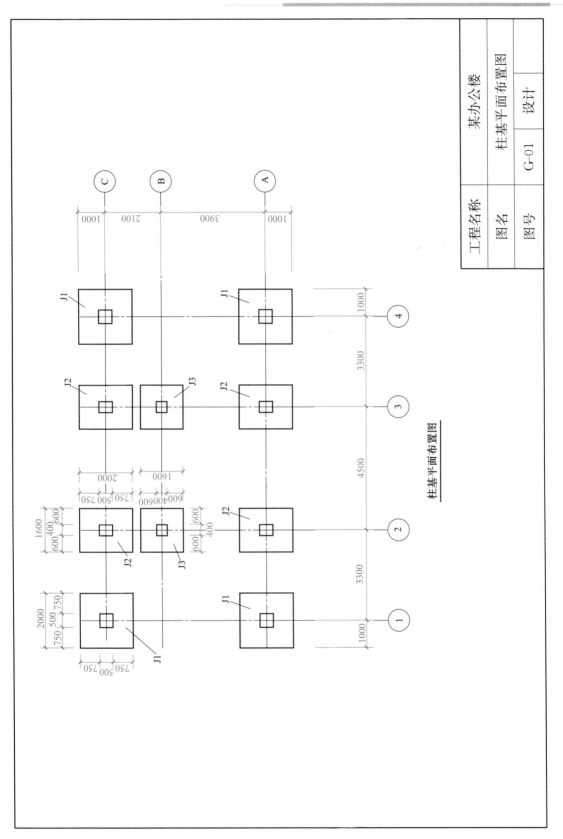

柱基平面布置图

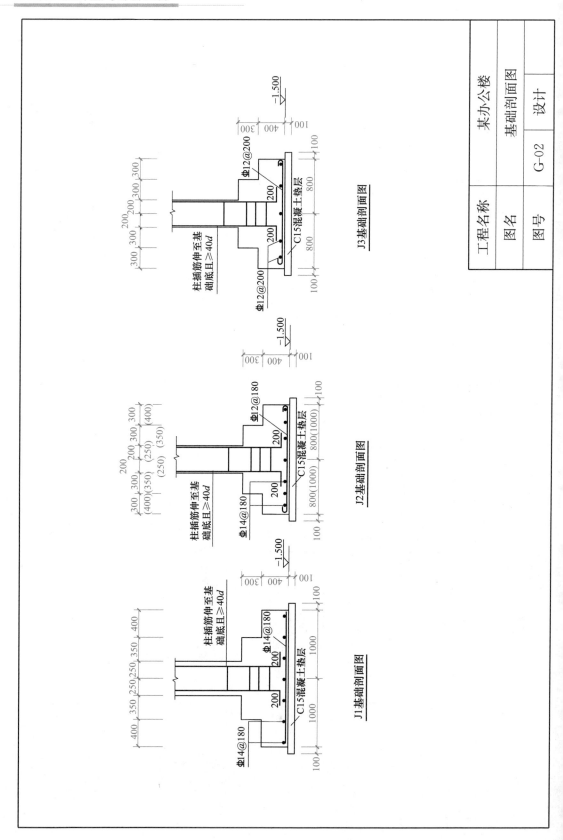

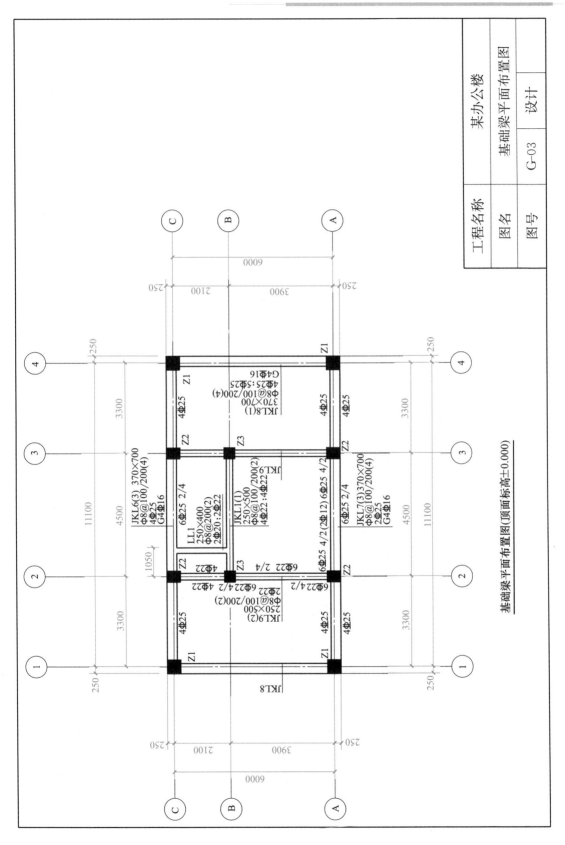

基础梁平面布置图（顶面标高±0.000）

工程名称	某办公楼
图名	基础梁平面布置图
图号	G-03

设计

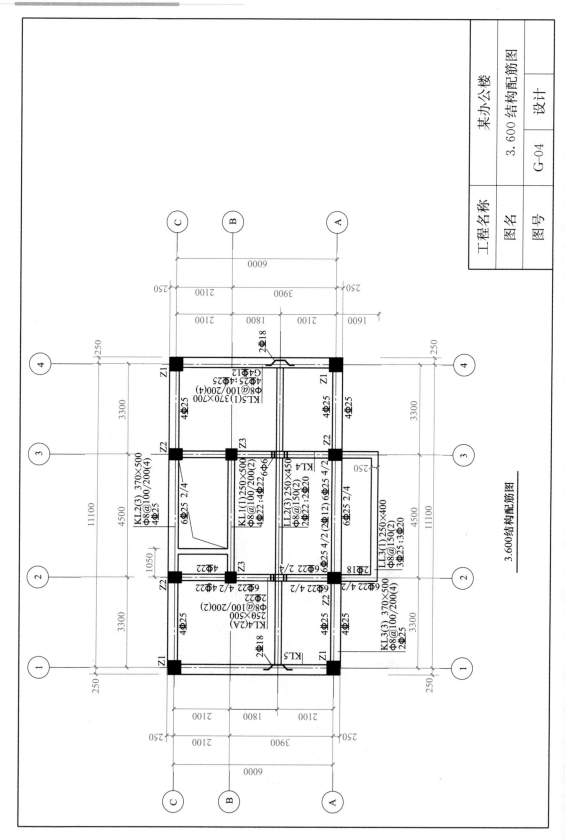

3.600结构配筋图

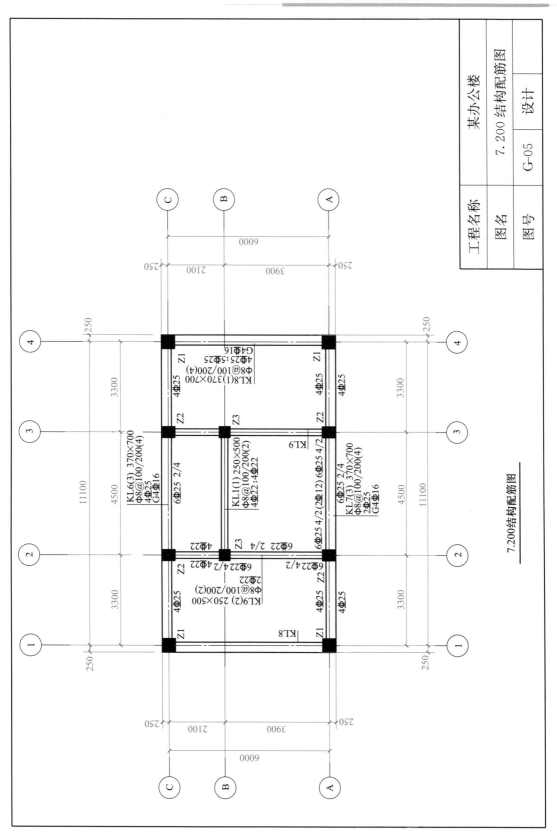

7.200结构配筋图

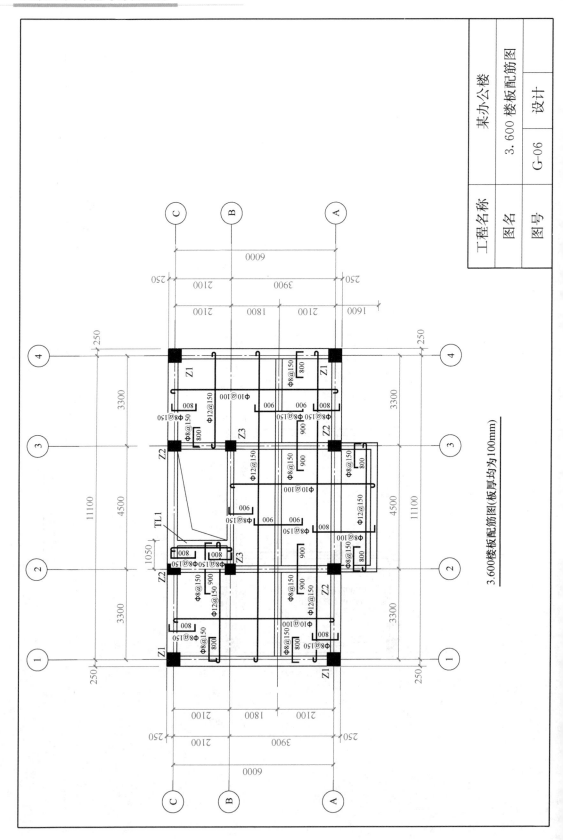

3.600楼板配筋图(板厚均为100mm)

工程名称	某办公楼
图名	3.600楼板配筋图
图号	G-06
设计	

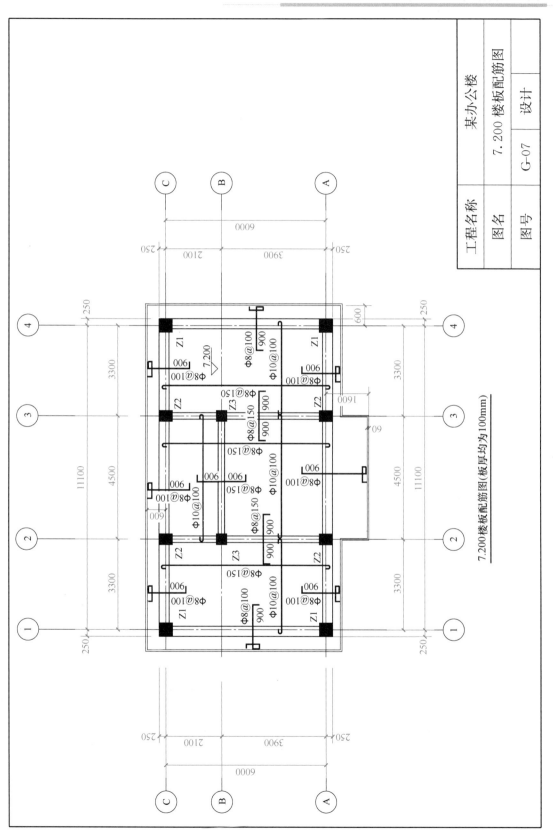

7.200楼板配筋图(板厚均为100mm)

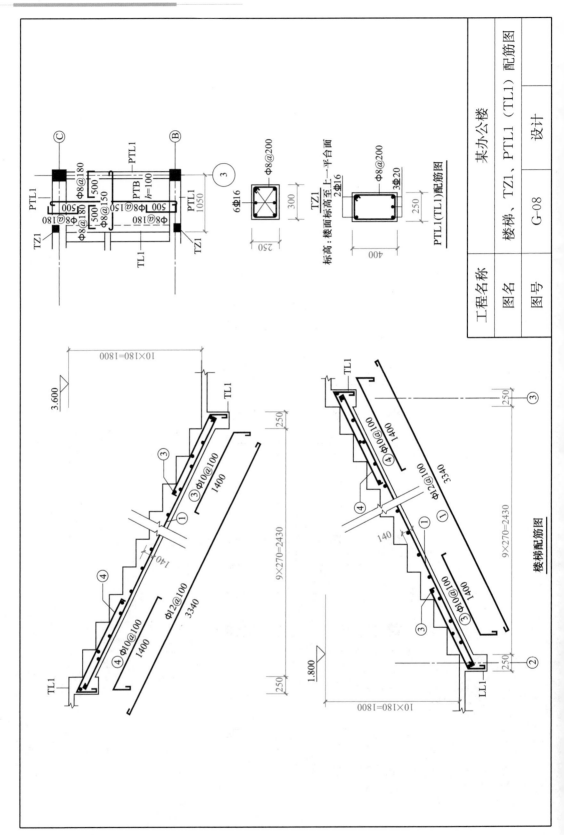

附录2

某办公楼施工图预算书实例

工 程 预 算 书

工程名称：某办公楼

建设单位：×××建设学校
施工单位：×××建筑工程公司
编制单位：×××建设学校
审核单位：×××工程造价咨询公司
编 制 人：×××
审 核 人：×××

工程造价：458244.37 元
建筑面积：154.01m^2
单方造价：2975.42 元
编制日期：2024/2/15
编制人证号：×××
审核人证号：×××

第 1 页 共 1 页

工程名称：某办公楼

总 说 明

1. 工程概况：本工程位于桂林市，建筑面积 154.0m²，二层框架结构，独立钢筋混凝土基础。

2. 本预算范围：全部建筑、装饰装修工程。

3. 本预算编制依据

1）本预算根据招标文件，施工图进行工程量计算。

2）本预算套用 2013 年《广西壮族自治区建筑装饰装修工程消耗量定额》及《广西壮族自治区建设工程费用定额采用 2016 年《广西壮族自治区建设工程造价费用定额》。费用定额采用 2016 年《广西壮族自治区建设工程人工材料配合比机械台班参考价》及《桂林市建设工程造价

3）工料机价格：按 2013 年《广西壮族自治区建筑装饰装修工程人工费人工费乘以系数 1.5。信息》2023 年第 12 期计取，并按桂建标〔2023〕7 号文人工费乘以系数 1.5。

4）本预算中管理费、利润按费率区间中值计取。

5）本预算除混凝土垫层、台阶、压顶、过梁、构造柱、散水、隔热板等小型构件等采用现场拌制泵送混凝土外，其余混凝土构件均采用商品泵送混凝土。

6）本项目采用人工挖土。人工装、2t 自卸车运土方 5km。

7）本项目采用胶合板模板、钢支撑。

8）考虑到施工中设计变更，暂列金额为 3 万元，专业工程暂估价 2 万元，材料暂估价（乙供）：600mm×600mm 抛光砖（乙供）：600mm×600mm 抛光砖按 52 元/m²。

9）依据《广西壮族自治区房屋建筑和市政基础设施施工工程安全生产责任保险计价规定的通知》桂建发〔2023〕6 号文：安全生产责任保险费按分部分项工程费及措施项目费（含单价及总价措施项目费）为计算基数乘以 0.2%计入暂估价，工程结算时，由发承包双方根据工程实际情况确认的安全生产责任保险费计入工程造价。

表-01

273

单位工程（预算）汇总表

工程名称：某办公楼

第 1 页　共 1 页

序号	汇总内容	金额(元)	备注
1	分部分项工程和单价措施项目清单计价合计	294449.34	
1.1	其中：暂估价	6317.12	
2	总价措施项目清单计价合计	21062.56	
2.1	其中：安全文明施工费	19257.20	
3	其他项目清单计价合计	50631.02	
4	税前项目清单计价合计	25775.86	
5	规费	28488.90	
6	增值税	37836.69	
7	工程总造价＝1＋2＋3＋4＋5＋6	458244.37	

表-04

分部分项工程和单价措施项目费用表

工程名称：某办公楼　　　　　　　　　　　　　　　　　　　　第 1 页 共 8 页

定额编号	定额名称	单位	工程量	单价(元)	合价(元)	人工费	材料费	机械费	管理费	利润	其中：暂估价
							单价分析(元)				
	分部分项工程				245300.27						
	A.1 土(石)方工程				5486.24						
A1-1	人工平整场地	100m²	0.754	648.17	488.72	583.20			50.97	14.00	
A1-9	人工挖沟槽(基坑) 三类土 深2m以内 基坑	100m³	0.802	3469.49	2782.53	3117.60		4.13	272.84	74.92	
A1-9	人工挖沟槽(基坑) 三类土 深2m以内 基槽	100m³	0.034	3469.49	117.96	3117.60		4.13	272.84	74.92	
A1-82	人工回填土 夯填(基础回填方)	100m³	0.584	2362.73	1379.83	1879.20		246.71	185.80	51.02	
A1-82	人工回填土 夯填(室内回填土)	100m³	0.185	2362.73	437.11	1879.20		246.71	185.80	51.02	
A1-116 换	人工装、自卸汽车运土方 1km运距以内 2t自卸汽车运土方[实际 5]	100m³	0.068	4119.04	280.09	904.32		2801.85	323.92	88.95	
	A.3 砌筑工程				33495.33						
A3-12	混水砖墙 多孔砖 240×115×90 墙体厚度36.5cm(水泥石灰砂浆中砂M5) 370外墙	10m³	4.957	4479.89	22206.81	1389.38	2494.63	40.82	436.50	118.56	
A3-11	混水砖墙 多孔砖 240×115×90 墙体厚度24cm(水泥石灰砂浆中砂M5) 240内墙	10m³	1.762	4615.94	8133.29	1497.11	2484.57	38.35	468.62	127.29	
A3-5	混水砖墙 标准砖 240×115×53 墙体厚度17.8cm(水泥石灰砂浆中砂M5) 180女儿墙	10m³	0.429	5186.29	2224.92	1782.68	2651.65	43.30	557.29	151.37	
A3-37	零星砌体 标准砖240×115×53(水泥石灰砂浆中砂M5) 180阳台栏板	10m³	0.102	5738.21	585.30	2189.66	2638.64	43.30	681.50	185.11	
A3-91	砂垫层 散水	10m³	0.114	1520.11	173.29	398.43	961.96	3.67	122.72	33.33	
A3-90 换	人工拌合 三合土 垫层(换:碎石三合土1:3:6)台阶	10m³	0.054	3180.00	171.72	1102.95	1628.93	14.46	341.03	92.63	

表-08

分部分项工程和单价措施项目费用表

工程名称：某办公楼

定额编号	定额名称	单位	工程量	单价(元)	合价(元)	单价分析(元)					其中：暂估价
						人工费	材料费	机械费	管理费	利润	
	A.4 混凝土及钢筋混凝土工程				137725.51						
A4-3 换	混凝土垫层〈换：碎石 GD40 中砂水泥 42.5 C15〉	10m³	0.417	2943.99	1227.64	675.54	1995.28	7.92	208.59	56.66	
A4-7	独立基础 混凝土〈碎石 GD40 商品普通混凝土 C20〉	10m³	1.734	5033.91	8728.80	489.92	4342.54	8.15	152.01	41.29	
A4-18 换	混凝土柱 矩形〈换：碎石 GD40 商品普通混凝土 C25〉	10m³	1.723	5285.25	9106.49	580.55	4461.16	13.13	181.19	49.22	
A4-20 换	混凝土柱 构造柱〈换：碎石 GD40 中砂水泥 42.5 C25〉	10m³	0.028	3961.09	110.91	1092.65	2426.16	13.13	337.48	91.67	
A4-21 换	混凝土 基础梁〈换：碎石 GD40 商品普通混凝土 C25〉	10m³	0.991	4751.85	4709.08	179.55	4484.24	13.24	58.84	15.98	
A4-22 换	混凝土 单梁、连续梁〈换：碎石 GD40 商品普通混凝土 C25〉	10m³	0.065	4897.67	318.35	284.72	4484.07	13.24	90.94	24.70	
A4-25 换	混凝土 过梁〈换：碎石 GD40 中砂水泥 42.5 C25〉	10m³	0.228	4076.14	929.36	1115.73	2509.02	13.24	344.56	93.59	
A4-31 换	混凝土 有梁板〈换：碎石 GD40 商品普通混凝土 C25〉	10m³	3.047	5047.44	15379.55	375.35	4508.40	12.98	118.52	32.19	
A4-37 换	混凝土 天沟、挑檐板〈换：碎石 GD40 商品普通混凝土 C25〉	10m³	0.226	6872.67	1553.22	1658.70	4540.83	21.18	512.70	139.26	
A4-49 换	混凝土直形楼梯 板厚 100mm[实际 140]〈换：碎石 GD40 商品普通混凝土 C25〉	10m²	0.666	1447.11	963.78	258.21	1081.77	4.98	80.33	21.82	
A4-53 换	混凝土 压顶、扶手〈换：碎石 GD40 中砂水泥 42.5 C25〉	10m³	0.074	4933.98	365.11	1761.26	2489.17	21.18	537.54	146.01	
A4-58 换	混凝土 台阶〈换：碎石 GD40 中砂水泥 42.5 C15〉	10m³	0.089	3513.33	312.69	1013.13	2077.61	21.18	315.67	85.74	

表-08

分部分项工程和单价措施项目费用表

工程名称：某办公楼

定额编号	定额名称	单位	工程量	单价(元)	合价(元)	单价分析(元)					其中：暂估价
						人工费	材料费	机械费	管理费	利润	
A4-59 换	散水 混凝土 60mm 厚 水泥砂浆面 20mm[实际 60]〈换:碎石 GD40 中砂水泥 42.5 C15〉	100m²	0.1898	5566.13	1056.45	2056.14	2650.17	44.54	641.13	174.15	
A4-146 换	预制混凝土 架空隔热板 制作〈换:碎石 GD40 中砂水泥 42.5 C20〉	10m³	0.216	4179.46	902.76	982.40	2564.64	180.93	355.05	96.44	
A4-177	小型构件运输 1km	10m³	0.216	1568.06	338.70	325.76	4.14	800.90	343.86	93.40	
A4-1	混凝土拌制 搅拌机	10m³	1.196	526.05	629.16	264.20	7.00	109.73	114.12	31.00	
A4-236	现浇构件圆钢筋制安 φ10 以内	t	5.521	5349.81	29536.30	818.24	4193.85	14.52	254.16	69.04	
A4-237	现浇构件圆钢筋制安 φ10 以上	t	0.543	5420.71	2943.45	691.70	4319.35	101.73	242.15	65.78	
A4-239	现浇构件圆钢筋制安 φ10 以上	t	11.748	4989.25	58613.71	545.49	4073.55	114.19	201.33	54.69	
	A.7 屋面及防水工程				5178.71						
A7-47 换	改性沥青防水卷材热贴屋面 一层 满铺〈冷底子油 30:70〉	100m²	1.1012	4702.79	5178.71	541.22	3951.52		165.18	44.87	
	A.8 保温、隔热、防腐工程				4043.90						
A8-6 换	屋面保温 现浇水泥珍珠岩 1:8 厚度 100mm[实际 62.15]〈换:水泥珍珠岩 1:10〉	100m²	0.690	2116.62	1460.47	416.39	1538.63		127.08	34.52	
A8-29 换	屋面混凝土隔热板铺设 板式架空 砌三皮标准砖 砖垫块〈水泥砂浆 1:2.5〉	100m²	0.606	4263.09	2583.43	1955.39	1511.03	27.22	605.09	164.36	
	A.9 楼地面工程				18766.13						
A4-3 换	混凝土垫层〈换:碎石 GD40 中砂水泥 42.5 C10〉地 19	10m³	0.588	2987.73	1756.79	675.54	2039.02	7.92	208.59	56.66	

表-08

277

分部分项工程和单价措施项目费用表

工程名称：某办公楼

第 4 页　共 8 页

定额编号	定额名称	单位	工程量	单价(元)	合价(元)	单价分析(元)					其中：暂估价
						人工费	材料费	机械费	管理费	利润	
A4-3换	混凝土垫层〈换：碎石 GD40 中砂水泥 42.5 C15〉台阶	10m³	0.015	3066.30	45.99	675.54	2117.59	7.92	208.59	56.66	
A9-1换	水泥砂浆找平层 混凝土或硬基层上 20mm〈换：水泥砂浆 1：2〉屋面找平层（挑檐）	100m²	0.153	1743.61	266.77	749.84	697.98	42.06	198.93	54.80	
A9-2换	水泥砂浆找平层 在填充材料上 20mm〈换：水泥砂浆 1：2〉屋面找平层(屋顶)	100m²	0.690	1888.31	1302.93	769.50	803.65	51.96	206.35	56.85	
A9-10	水泥砂浆整体面层 楼地面 20mm〈水泥砂浆 1：2〉台阶平台处	100m²	0.0147	2038.20	29.96	900.32	793.88	42.06	236.73	65.21	
A9-12	水泥砂浆整体面层 台阶 20mm〈素水泥浆〉台阶踏步	100m²	0.048	4519.36	216.93	2470.10	1176.16	61.86	636.03	175.21	
A9-83换	陶瓷地砖楼地面 每块周长（2400mm 以内）水泥砂浆 密缝〈水泥砂浆 1：4〉地 19	100m²	0.6030	10277.86	6197.55	3039.30	5939.36	246.45	825.38	227.37	5330.00
A9-83换	陶瓷地砖楼地面 每块周长（2400mm 以内）水泥砂浆 密缝〈水泥砂浆 1：4〉楼 10	100m²	0.5822	10277.86	5983.77	3039.30	5939.36	246.45	825.38	227.37	5330.00
A9-96	陶瓷地砖 楼梯〈素水泥浆〉	100m²	0.067	14805.08	991.94	7187.40	4930.95	290.73	1878.51	517.49	
A9-99	陶瓷地砖 踢脚线 水泥砂浆〈素水泥浆〉	100m²	0.176	10236.56	1801.63	4660.92	3799.92	213.85	1224.54	337.33	
A9-99	陶瓷地砖 踢脚线 水泥砂浆〈素水泥浆〉楼梯	100m²	0.0146	11772.04	171.87	5360.06	4369.90	245.93	1408.22	387.93	
	A.10 墙、柱面工程				24834.01						
A10-7	内墙 混合砂浆 砖墙（15＋5）mm〈水泥砂浆 1：2〉	100m²	4.2534	2660.77	11317.32	1525.59	582.67	48.25	395.35	108.91	
A10-24	外墙 水泥砂浆 砖墙（12＋8）mm〈水泥砂浆 1：2〉	100m²	2.837	4764.43	13516.69	3050.19	673.25	48.25	778.33	214.41	

表-08

278

分部分项工程和单价措施项目费用表

工程名称：某办公楼

定额编号	定额名称	单位	工程量	单价（元）	合价（元）	单价分析（元）					其中：暂估价
						人工费	材料费	机械费	管理费	利润	
	A.11 天棚工程				3777.82						
A11-5 换	混凝土面天棚 混合砂浆 现浇（5＋5）mm〔换：混合砂浆 1：1：4〕	100m²	1.5290	2470.78	3777.82	1466.19	495.62	29.69	375.77	103.51	
	A.12 门窗工程				2098.43						
A12-1	镶板木门 单扇 有亮〔混合砂浆 1：0.3：4〕	100m²	0.086	14384.32	1237.05	5392.49	6836.47	323.85	1435.94	395.57	
A12-3	镶板木门 无亮 单扇〔混合砂浆 1：0.3：4〕	100m²	0.038	14728.20	559.67	5470.29	7058.31	338.47	1459.16	401.97	
A12-168 换	门窗 运输 运距 1km 以内〔实际 10〕	100m²	0.1242	945.52	117.43	198.36		517.73	179.88	49.55	
A12-170	不带纱木门五金配件 有亮 单扇	樘	4.000	37.38	149.52		37.38				
A12-172	不带纱木门五金配件 无亮 单扇	樘	2.000	17.38	34.76		17.38				
	A.13 油漆、涂料、裱糊工程				8220.32						
A13-1	底油一遍，调和漆二遍 单层木门	100m²	0.248	3047.03	755.66	1790.91	682.31		449.88	123.93	
A13-206	刮成品腻子粉 内墙面 两遍	100m²	4.2534	1239.10	5270.39	824.67	150.20		207.16	57.07	
A13-206	刮成品腻子粉 内墙面 两遍	100m²	1.5290	1435.10	2194.27	973.11	150.20		244.45	67.34	
	A.14 其他装饰工程				1673.87						
A14-145	钢管扶手 φ50 圆管	10m	0.710	409.66	290.86	104.94	238.82	24.45	32.50	8.95	
A14-147	钢管弯头 φ50 圆管	10 个	0.400	708.14	283.26	155.43	176.89	246.91	101.07	27.84	
A14-140	普通型钢栏杆 钢管	10m	0.710	1548.95	1099.75	461.34	603.47	254.72	179.87	49.55	
	小计				245300.27						
	Σ人工费				64204.81						
	Σ材料费				154331.01						

表-08

分部分项工程和单价措施项目费用表

工程名称：某办公楼

定额编号	定额名称	单位	工程量	单价(元)	合价(元)	单价分析(元)					
						人工费	材料费	机械费	管理费	利润	其中:暂估价
	工机械费				3822.90						
	工管理费				18016.58						
	工利润				4925.00						
	单价措施项目				49149.07						
011701	脚手架工程				9719.14						
A15-1	扣件式钢管里脚手架 3.6m以内	100m²	0.844	611.08	515.75	371.07	67.57	20.48	119.50	32.46	
A15-5	扣件式钢管外脚手架 双排 10m以内	100m²	3.452	2401.10	8288.60	1382.54	402.39	57.35	439.45	119.37	
A15-28换	钢管现浇混凝土楼板钢管架	100m²	1.5401	593.98	914.79	310.79	109.70	38.09	106.48	28.92	
011702	混凝土模板及支架(撑)				33704.49						
A17-1	混凝土基础垫层 木模板 木支撑	100m²	0.082	2672.96	219.18	1037.12	1186.81	33.51	326.76	88.76	
A17-14	独立基础 胶合板模板 木支撑	100m²	0.429	4588.98	1968.67	2474.37	1095.64	42.26	768.08	208.63	
A17-50	矩形柱 胶合板模板 钢支撑	100m²	1.473	4595.71	6769.48	2589.80	902.60	70.75	812.00	220.56	
A17-58	构造柱 胶合板模板 木支撑	100m²	0.038	6029.97	229.14	3172.91	1588.06	27.08	976.64	265.28	
A17-63	基础梁 胶合板模板 木支撑	100m²	0.586	5169.25	3029.18	2457.27	1687.58	50.96	765.51	207.93	
A17-66	单梁 连续梁 框架梁 胶合板模板 钢支撑	100m²	0.048	5856.48	281.11	3154.95	1294.89	131.26	1002.95	272.43	
A17-76	过梁 胶合板模板 木支撑	100m²	0.257	7895.02	2029.02	4105.71	2101.97	67.66	1273.71	345.97	
A17-91	有梁板 胶合板模板 钢支撑	100m²	2.561	5768.82	14773.95	2958.30	1501.08	116.22	938.34	254.88	
A17-108	挑檐天沟 木模板 木支撑	100m²投影面积	0.177	8164.80	1445.17	4580.24	1686.47	86.81	1424.38	386.90	

表-08

分部分项工程和单价措施项目费用表

工程名称：某办公楼

定额编号	定额名称	单位	工程量	单价(元)	合价(元)	单价分析(元)					其中：暂估价
						人工费	材料费	机械费	管理费	利润	
A17-115	楼梯 直形 胶合板模板 钢支撑	10m² 投影面积	0.666	1504.89	1002.26	845.60	268.38	45.19	271.87	73.85	
A17-118	压顶、扶手 木模板 木支撑	100延长米	0.411	3888.75	1598.28	2042.60	992.45	43.92	636.81	172.97	
A17-122	台阶 木模板 木支撑	10m² 投影面积	0.477	410.43	195.78	220.59	98.21	4.33	68.65	18.65	
A17-123	混凝土散水 混凝土60mm厚 木模板 木支撑	100m²	0.1898	860.20	163.27	420.66	276.28		128.39	34.87	
011703	垂直运输				4132.94						
A16-2	建筑物垂直运输高度20m以内 框架结构 卷扬机	100m²	1.5401	2683.55	4132.94			2414.57	211.03	57.95	
011708	混凝土运输及泵送工程				1592.50						
A18-3	混凝土泵送 输送泵车 檐高60m以内〈碎石GD40 商品普通混凝土 C25〉〈泵车60m〉	100m³	0.6305	1978.72	1247.58	288.00	745.92	821.23	96.95	26.62	
A18-3	混凝土泵送 输送泵车 檐高60m以内〈碎石GD40 商品普通混凝土 C20〉〈泵车60m〉	100m³	0.1760	1959.79	344.92	288.00	726.99	821.23	96.95	26.62	
	小计				49149.07						
	∑人工费				23399.74						
	∑材料费				10590.50						
	∑机械费				5197.83						
	∑管理费				7753.72						
	∑利润				2107.33						

表-08

分部分项工程和单价措施项目费用表

工程名称：某办公楼

第 8 页 共 8 页

定额编号	定额名称	单位	工程量	单价(元)	合价(元)	单价分析(元)					其中：暂估价
						人工费	材料费	机械费	管理费	利润	
	合计				294449.34						
	Σ人工费				87704.55						
	Σ材料费				164921.51						
	Σ机械费				9020.73						
	Σ管理费				25770.30						
	Σ利润				7032.33						

表-08

总价措施费用表

工程名称：某办公楼　　　　　　　　　　　　　　　　　　　　　　　第 1 页　共 1 页

序号	项目名称	计算基础	费率(%)或标准	金额(元)	备注
一	建筑装饰装修工程(营改增)—般计税法			21062.56	
1	安全文明施工费	∑(分部分项人材机＋单价措施人材机)(222358.72＋39288.07)	7.36	19257.20	
2	检验试验配合费		0.11	287.81	
3	雨季施工增加费		0.53	1386.73	
4	工程定位复测费		0.05	130.82	
	合计			21062.56	

注：以项计算的总价措施，无"计算基础"和"费率"的数值，可只填"金额"数值，但应在备注栏说明施工方案出处或计算方法。

表-09

283

其他项目计价表

工程名称：某办公楼   第 1 页 共 1 页

序号	项目名称	计算公式	金额（元）
一	建筑装饰装修工程（营改增）一般计税法		50631.02
1	暂列金额	明细详见表-10-1	30000.00
2	材料暂估价		
3	专业工程暂估价	明细详见表-10-3	20000.00
4	计日工		
5	总承包服务费		
6	安全生产责任保险费暂估价	分部分项工程费及措施项目费	631.02
	合　计		50631.02

注：材料（工程设备）暂估单价计入清单项目综合单价，此处不汇总。

表-10

暂列金额明细表

工程名称：某办公楼

序号	项目名称	计量单位	暂定金额（元）	备注
1	暂列金额	项	30000.00	
1.1	暂列金额	项	30000.00	
	合　计		30000.00	

注：此表由招标人填写，如不能详列，也可只列暂定金额总额，投标人应将上述暂列金额计入总价中。

表-10-1

材料（工程设备）暂估单价及调整表

工程名称：某办公楼

第 1 页 共 1 页

序号	材料名称、规格、型号	计量单位	数量		暂估（元）		确认（元）		差额±（元）		备注
			暂估数量	确认数量	单价	合价	单价	合价	单价	合价	
1	陶瓷地面砖 600×600	m²	121.484		52.00	6317.17					
2	合　计					6317.17					
3	其中：甲供材										

注：此表由招标人填写"暂估单价"，投标人应将上述材料、工程设备暂估单价计入工程量清单综合单价报价中。如为甲供材需在备注中说明"甲供材"。材料、工程设备暂估单价、确认单价均应为除税价格，结算价格差额只计取增值税。

表-10-2

专业工程暂估价及结算价表

工程名称：某办公楼

序号	工程名称	工程内容	金额（元）	备注
1	专业工程暂估价		20000.00	
1.1	专业工程暂估价		20000.00	
	合　计		20000.00	

注：此表"暂估金额"由招标人填写，投标人应将"暂估金额"计入投标总价中。结算时按合同约定结算金额填写。专业工程暂估价金额为不包含增值税（可抵扣进项税额）的费用。

表-10-3

287

税前项目费表

工程名称：某办公楼

第 1 页 共 1 页

序号	项目编码	项目名称及项目特征描述	计量单位	工程量	金额（元）	
					单价	合价
1	B-	46 系列铝合金地弹门:M-1	m²	6.480	450.00	2916.00
2	B-	96 系列带纱推拉窗:C-1,C-2	m²	28.080	316.00	8873.28
3	B-	80 系列塑钢推拉窗:MC-1	m²	2.430	241.00	585.63
4	B-	80 系列塑钢平开门:MC-1	m²	2.700	267.00	720.90
5	B-	外墙涂料	m²	283.67	44.70	12680.05
		合　　计				25775.86

注：税前项目包含除增值税以外的所有费用。

表-12

规费、增值税计价表

工程名称：某办公楼　　　　　　　　　　　　　　　　　　　　　　　　　　　　　　　第 1 页　共 1 页

序号	项目名称	计算基础	计算费率（%）	金额（元）
一	建筑装饰装修工程（营改增）—般计税法			66325.59
1	规费	1.1＋1.2＋1.3		28488.90
1.1	社会保险费		29.35	25741.29
1.1.1	养老保险费		17.22	15102.72
1.1.2	失业保险费		0.34	298.20
1.1.3	医疗保险费	∑（分部分项人工费＋单价措施人工费）（6204.81＋23499.74）	10.25	8989.72
1.1.4	生育保险费		0.64	561.31
1.1.5	工伤保险费		0.90	789.34
1.2	住房公积金		1.85	1622.53
1.3	工程排污费	∑（分部分项人材机＋单价措施人材机）（222358.72＋39288.07）	0.43	1125.08
2	增值税	∑（分部分项工程费及单价措施项目费＋总价措施项目费＋其他项目费＋税前项目费＋规费）（294449.34＋21062.56＋50631.02＋25775.86＋28488.9）	9.00	37836.69
	合　计			66325.59

表-13

主要材料及价格表

工程名称：某办公楼

第 1 页 共 2 页

序号	材料编码	项目名称及规格、型号等特殊要求	单位	数量	单价（元）
1	010902001	圆钢 HPB300 Φ10 以内（综合）	t	5.631	4070.80
2	011301001	扁钢（综合）	t	0.009	4513.27
3	030183001	铁钉（综合）	kg	118.647	4.87
4	031311001	电焊条（综合）	kg	102.578	5.40
5	040102001	普通硅酸盐水泥 32.5MPa	t	14.786	367.26
6	040102003	普通硅酸盐水泥 42.5MPa	t	2.708	429.20
7	040301001	砂（综合）	m³	29.692	99.03
8	040902004	石灰膏	m³	4.398	221.24
9	041301001	页岩标准砖 240×115×53	千块	4.476	398.06
10	041302001	多孔页岩砖 240×115×90	千块	22.707	611.65
11	050102005	周转圆木	m³	0.120	884.96
12	050306002	周转枋材	m³	2.684	1238.94
13	050306003	周转板材	m³	0.426	1238.94
14	130102001	调和漆（综合）	kg	5.458	11.95
15	130104001	无光调和漆	kg	6.190	10.62
16	130308001	聚氨酯甲料	kg	5.429	11.50
17	130311003	成品腻子粉（一般型）	kg	983.008	0.88
18	133101005	石油沥青 60～100 号	kg	16.997	3.63
19	133508001	建筑油膏	kg	35.429	2.48
20	140501003	油漆溶剂油	kg	2.888	5.31
21	143504015	聚氨酯乙料	kg	8.138	11.50
22	341101001	水	m³	95.864	3.50

主要材料及价格表

工程名称：某办公楼

序号	材料编码	项目名称及规格、型号等特殊要求	单位	数量	单价(元)
23	350103001	胶合板模板 1830×915×18	m²	84.369	29.65
24	350202001	模板支撑钢管及扣件	kg	206.447	4.25
25	350302001	回转扣件	个	1.681	5.66
26	350302002	对接扣件	个	3.088	5.66
27	350302003	直角扣件	个	15.170	5.13
28	043104003	碎石 GD40　商品普通混凝土　C20	m³	17.864	426.21
29	043104004	碎石 GD40　商品普通混凝土　C25	m³	63.999	438.83
30	140301004	国 V 汽油 92 号	kg	100.952	9.31
31	140304001	轻柴油 0 号	kg	37.044	7.96
32	341103001	电	kW·h	1971.602	0.70

附录3

某办公楼工程量计算表

工程量计算表

工程名称：某办公楼

项目名称	工程量计算式	工程量	单位
建筑面积	一层：$S=11.6\times6.5=75.4\text{m}^2$	154.01	m^2
	二层：75.4m^2（同一层）		
	阳台：$S=(4.5+0.125\times2)\times(1.6-0.25)\times\dfrac{1}{2}=3.21\text{m}^2$		
	合计：$75.4\times2+3.21=154.01\text{m}^2$		
	A.4 混凝土及钢筋混凝土工程		
A4-3 换	换：碎石 GD40 中砂水泥 32.5 C15	4.17	m^3
基础垫层	$V=SH$		
	J1(4)：$V=2.2\times2.2\times0.1\times4=1.94\text{m}^3$		
	J2(4)：$V=1.8\times2.2\times0.1\times4=1.58\text{m}^3$		
	J3(2)：$V=1.8\times1.8\times0.1\times2=0.65\text{m}^3$		
	合计：$1.94+1.58+0.65=4.17\text{m}^3$		
A4-7	$V=V_1+V_2=S_1H_1+S_2H_2$	17.34	m^3
独立基础	J1(4)：$V=(2\times2\times0.4+1.2\times1.2\times0.3)\times4=8.13\text{m}^3$		
	J2(4)：$V=(1.6\times2\times0.4+1\times1.2\times0.3)\times4=6.56\text{m}^3$		
	J3(2)：$V=(1.6\times1.6\times0.4+1\times1\times0.3)\times2=2.65\text{m}^3$		
	合计：$8.13+6.56+2.65=17.34\text{m}^3$		
A4-18 换	换：碎石 GD40 商品普通混凝土 C25	17.23	m^3
柱	$V=SH$		
	KZ1(4)：$V=0.5\times0.5\times(0.8+7.2)\times4=8\text{m}^3$		
	KZ2(4)：$V=0.4\times0.5\times(0.8+7.2)\times4=6.4\text{m}^3$		
	KZ3(2)：$V=0.4\times0.4\times(0.8+7.2)\times2=2.56\text{m}^3$		
	TZ(2)：$V=0.25\times0.3\times1.8\times2=0.27\text{m}^3$		
	合计：$8+6.4+2.56+0.27=17.23\text{m}^3$		
A4-20 换	换：碎石 GD40 中砂水泥 42.5 C25	0.28	m^3
构造柱	$V=SH+0.06\times墙厚\times\dfrac{H}{2}\times边数$		
	$=SH+0.03\times墙厚\times H\times边数$		
	GZ(8)：$V=(0.18\times0.18\times0.8+0.03\times0.18\times0.18\times2)\times8=0.28\text{m}^3$		

工程量计算表

工程名称：某办公楼

项目名称	工程量计算式	工程量	单位
A4-21 换	换：碎石 GD40　商品普通混凝土　C25	9.91	m³
基础梁	$V=SH$		
	JKL6：$V=0.37\times0.7\times(11.6-0.5\times2-0.4\times2)=2.54$m³		
	JKL1：$V=0.25\times0.5\times(4.9-0.4\times2)=0.51$m³		
	JKL7：$V=0.37\times0.7\times(11.6-0.5\times2-0.4\times2)=2.54$m³		
	JKL8(2)：$V=0.37\times0.7\times(6.5-0.5\times2)\times2=2.85$m³		
	JKL9(2)：$V=0.25\times0.5\times(6.5-0.5\times2-0.4)\times2=1.28$m³		
	LL1：$V=0.25\times0.4\times(2.1-0.125-0.12)=0.19$m³		
	合计：$2.54+0.51+2.54+2.85+1.28+0.19=9.91$m³		
A4-22 换	换：碎石 GD40 商品普通混凝土 C25	0.65	m³
单梁(KL2 局部段楼梯处)	③轴 $V=0.37\times0.5\times(4.5-0.2-0.105+0.25)=0.65$m³		
A4-25 换	换：碎石 GD40 中砂水泥 42.5 C25	2.28	m³
过梁	C-1　　　　　　　　　C-2 外墙：$(1.5+0.5)\times0.2\times0.37\times8+(1.8+0.5)\times0.2\times$ M-1，MC-1 $0.37\times2+(2.4+0.5)\times0.2\times0.37\times2=1.954$m³		
	M-2，M-3 内墙：$(0.9+0.25)\times0.2\times0.24\times6=0.33$m³		
	合计：$1.954+0.33=2.28$m³		
A4-31 换	换：碎石 GD40 商品普通混凝土 C25	30.47	m³
有梁板	3.6m		
	Z1×4 板：$[(11.1+0.25\times2)\times(6.0+0.25\times2)-0.5\times0.5\times4-$ Z2×4　　　　Z3×2　　　　梯洞口(含单梁) $0.4\times0.5\times4-0.4\times0.4\times2-(4.5-1.05-0.125+0.25)\times(2.1-$ Ⓑ轴　　Ⓒ轴 $0.125+0.25)+(4.5+0.125\times2)\times(1.6-0.25)]\times0.1=7.17$m³		
	梁：KL2：$V=0.37\times(0.5-0.1)\times[11.1+0.25\times2-0.5\times2-0.4\times2-$ $(4.5-1.05+0.25-0.2)]=0.93$m³		
	KL1：$V=0.25\times(0.5-0.1)\times(4.5-0.2\times2)=0.41$m³		

工程量计算表

工程名称：某办公楼

项目名称	工程量计算式	工程量	单位
	LL2：$V=0.25\times(0.45-0.1)\times(11.1-0.25\times2-0.12\times2)=0.91m^3$		
	KL3：$V=(11.1+0.25\times2-0.5\times2-0.4\times2)\times0.37\times(0.5-0.1)=$ $1.45m^3$		
	KL4(2)：$V=0.25\times(0.5-0.1)\times(6+0.25\times2-0.5\times2-0.4+1.6-$ $0.25)\times2=1.29m^3$		
	KL5(2)：$V=0.37\times(0.7-0.1)\times(6+0.25\times2-0.5\times2)\times2=2.44m^3$		
	LL3：$V=0.25\times(0.4-0.1)\times(4.5-0.125\times2)=0.32m^3$		
	合计：$7.17+0.93+0.41+0.91+1.45+1.29+2.44+0.32=14.92m^3$		
	7.2m		
	$\qquad\qquad\qquad\qquad\qquad\qquad$ Z1 板：$V=[(11.1+0.25\times2)\times(6+0.25\times2)-0.5\times0.5\times4-$ $\quad$ Z2 $\qquad$ Z3 $0.4\times0.5\times4-0.4\times0.4\times2]\times0.1=7.33m^3$		
	梁：KL6：$V=0.37\times(0.7-0.1)\times(11.1+0.25\times2-0.5\times2-0.4\times2)=$ $2.18m^3$		
	KL1：$V=0.25\times(0.5-0.1)\times(4.5-0.2\times2)=0.41m^3$		
	KL7：$V=0.37\times(0.7-0.1)\times(11.1+0.25\times2-0.5\times2-0.4\times2)=$ $2.18m^3$		
	KL8(2)：$V=0.37\times(0.7-0.1)\times(6-0.25\times2)\times2=2.44m^3$		
	KL9(2)：$V=0.25\times(0.5-0.1)\times(6-0.25\times2-0.4)\times2=1.02m^3$		
	合计：$7.33+2.18+0.41+2.18+2.44+1.02=15.55m^3$		
	总计：$14.29+15.55=30.47m^3$		
A4-37 换	换：碎石 GD40 商品普通混凝土 C25	2.26	m^3
天沟挑檐板	$L_{中心线}=L_{基准长}+8a$（a 是基准线到中心线的距离） $V=V_{平面}+V_{板边反檐}$		
	$L_{中心线}=L_{基准线}+8a=(11.6+6.5)\times2+8\times\dfrac{0.6-0.25}{2}=37.6m$		
	$\qquad\qquad\qquad\qquad\qquad\qquad\qquad$ 阳台上方 $V_{平面}=sh=L_{中心线}\times(0.6-0.25)\times0.1+4.5\times(1.6-0.6)\times0.1=37.6\times$ $(0.6-0.25)\times0.1+4.5\times(1.6-0.6)\times0.1=1.766m^3$		
	$V_{板边反檐}=0.06\times0.2\times\left[(11.1+0.25\times2+6+0.25\times2)+8\times(0.6-\right.$ $\left.0.25-\dfrac{0.06}{2})+(1.6-0.6)\times2\right]=0.06\times0.2\times40.76=0.489m^3$		
	合计：$1.766+0.489=2.26m^3$		

工程量计算表

工程名称：某办公楼

项目名称	工程量计算式	工程量	单位
A4-49 换	［实际 140］　换:碎石 GD40 商品普通混凝土 C25	6.66	m^2
楼梯	墙边线 $S=(4.5-1.05+0.25-0.12)\times(2.1-0.12\times2)\times1=6.66m^2$		
A4-53 换	换:碎石 GD40 中砂水泥 32.5 C25	0.74	m^3
压顶	阳台:$V=0.18\times0.1\times L_{中心线}=0.18\times0.1\times[(4.5+0.125\times2-0.09\times2)$ $+(1.6-0.25-0.09)\times2]=0.18\times0.1\times7.09=0.128m^3$		
	女儿墙:$L_{中心线}=(11.1+6)\times2+8\times(0.25-0.09)=35.48m$ 扣构造柱 $V=0.18\times0.1\times(L_{中心线}-0.18\times8)=0.18\times0.1\times(35.48-0.18\times8)=$ $0.613m^3$		
	合计:$0.128+0.613=0.74m^3$		
A4-58 换	换:碎石 GD40 中砂水泥 32.5 C15	0.89	m^3
台阶	$V=S\cdot L_{中心线}$		
	$L_{中心线}=2.7+0.15\times2+(0.1+0.15)\times2=5.3m$		
	$S=\dfrac{\sqrt{0.15^2+0.3^2}\times0.45}{0.15}\times0.1+\dfrac{1}{2}\times0.3\times0.15\times3=0.168m^2$ 　　　　　　1　　　　　　　　　　2 （也可以采用 $S=\sqrt{0.15^2+0.3^2}\times3\times0.1+\dfrac{1}{2}\times0.3\times0.15\times3=$ $0.168m^2$）		
	$V=SL_{中心线}=0.168\times5.3=0.89m^3$		
A4-59 换	［实际 60］　换:碎石 GD40 中砂水泥 32.5 C15	18.98	m^2
散水	$S=0.55\times[(11.1+0.25\times2+6.5)\times2+8\times0.55/2-2.7-0.3\times4]=$ $18.98m^2$		
隔热板	$V_{实际}=S\times0.035=(11.6-0.18\times2-0.25\times2)\times(6.5-0.18\times2-0.25\times$ $2)\times0.035=2.12m^3$	2.12	m^3
A4-146 换	换:碎石 GD40 中砂水泥 42.5 C20	2.16	m^3
隔热板制作	$V=1.02V_{实际}=1.02\times2.12=2.16m^3$		
A4-177 隔热板运输	$V=1.018V_{实际}=1.018\times2.12=2.16m^3$	2.16	m^3

工程量计算表

工程名称：某办公楼 　　　　　　　　　　　　　　　　　　　共 18 页　第 5 页

项目名称	工程量计算式	工程量	单位
A4-1 混凝土拌制	$V=V_{相应的定额分析量}$（包含损耗）	11.96	m³
垫层	$V=4.17m^3×1.01=4.212m^3$		
过梁	$V=2.28×1.015=2.314m^3$		
压顶	$V=0.741×1.015=0.752m^3$		
构造柱	$V=0.276×1.015=0.280m^3$		
台阶	$V=0.89×1.015=0.903m^3$		
散水	$V=18.975×6.89/100=1.307m^3$		
隔热板	$V=2.16×1.015=2.192m^3$		
	合计： $4.212+2.314+0.752+0.280+0.903+1.307+2.192=11.96m^3$		
	A.1　土(石)方工程		
A1-1 平整场地	$S=S_{首层建筑面积}=75.4m^2$（引自第1页首层建筑面积）	74.5	m²
A1-9	先判断是否需要放坡：$H=1.6-0.45=1.15m$，三类土小于1.5m，因此不需放坡	80.22	m³
挖基坑	查表：$C=0.3m$		
	$V=(a+2C)(b+2C)H$		
	J1(4)：$V=(2.2+0.3×2)×(2.2+0.3×2)×1.15×4=36.06m^3$		
	J2(4)：$V=(2.2+0.3×2)×(1.8+0.3×2)×1.15×4=30.91m^3$		
	J3(2)：$V=(1.8+0.3×2)×(1.8+0.3×2)×1.15×2=13.25m^3$		
	合计：$36.06+30.91+13.25=80.22m^3$		
A1-9	先判断是否放坡：$H_1=0.5-0.45=0.05m$；$H_2=0.7-0.45=0.25m$ 三类土小于1.5m，因此不需放坡	3.41	m³
挖沟槽	查表：$C=0.3m$		
	$V_{挖沟槽}=\sum(S·L_{净长})=(b+2C)HL_{净长}$		
	J1　　　J2 JKL6：$V=(0.37+0.3×2)×0.25×(11.1-1.4×2-2.4×2)=0.85m^3$		
	JKL1：　　　　　　　　　　　J3 $V=(0.25+0.3×2)×0.05×(4.5-1.2×2)=0.09m^3$		

工程量计算表

工程名称：某办公楼

项目名称	工程量计算式	工程量	单位
	JKL7:$V=0.85\text{m}^3$(同 JKL6)		
	JKL8(2):$V=(0.37+0.3\times2)\times0.25\times(6-1.4\times2)\times2=1.552\text{m}^3$		
	JKL9(2):$V=(0.25+0.3\times2)\times0.05\times(6-1.4\times2-2.4)\times2=0.068\text{m}^3$		
	合计:$0.85+0.09+0.85+1.552+0.068=3.41\text{m}^3$		
A1-82	$V=V_{总挖土}-V_{室外地面下的构件体积}$	58.36	m^3
基础回填土	$V_{总挖土}=80.22+3.41=83.63\text{m}^3$		
	扣除:$V_{垫层}=4.17\text{m}^3$(引自第 1 页混凝土垫层)		
	$V_{独立基础}=17.34\text{m}^3$(引自第 1 页独立基础)		
	$V_{柱(室外地面以下)}=0.5\times0.5\times(0.8-0.45)\times4+0.4\times0.5\times(0.8-0.45)\times$ $4+0.4\times0.4\times(0.8-0.45)\times2=0.742\text{m}^3$		
	基础梁: JKL6:$V=(11.6-0.5\times2-0.4\times2)\times0.37\times(0.7-0.45)=0.91\text{m}^3$		
	JKL1:$V=(4.5-0.2\times2)\times0.25\times(0.5-0.45)=0.051\text{m}^3$		
	JKL7:$V=0.91\text{m}^3$(同 JKL6)		
	JKL8(2):$V=(6-0.25\times2)\times0.37\times(0.7-0.45)\times2=1.02\text{m}^3$		
	JKL9(2):$V=(6-0.25\times2-0.4)\times0.25\times(0.5+0.45)\times2=0.13\text{m}^3$		
	汇总: $83.63-4.17-17.34-0.742-0.91-0.051-0.91-1.02-0.13=$ 58.36m^3		
A1-82	$V=S_{主墙间净面积}\cdot H_{回填厚度}$	18.51	m^3
室内回填土	$S_{主墙间净面积}=(3.3-0.24)\times(6-0.24)\times2+(4.5-0.24)\times(3.9-0.24)+$ $(4.5-0.24)\times(2.1-0.24)=58.76\text{m}^2$		
	$H_{回填厚度}=$室内外高差$-$地面厚度$=0.45-(0.1+0.025+0.01)=$ 0.315m		
	$V=58.76\times0.315=18.51\text{m}^3$		
A1-116 换	实际运距 5km	6.76	m^3
土方运输	$V_{运土}=V_{总挖土}-V_{总回填}=83.63-(58.36+18.51)=6.76\text{m}^3>0\text{m}^3$,余土外运		

工程量计算表

工程名称：某办公楼

项目名称	工程量计算式	工程量	单位
	A.3 砌筑工程		
A3-5 女儿墙	$V=L\times$墙厚$\times$墙高 h GZ L 同压顶,引自第 4 页 $L=35.48-0.18\times8=34.04$m	4.29	m³
	$V=34.04\times0.18\times0.7=4.29$m³		
A3-11 内墙(240)	$V=$墙身$L_{净}\times$墙厚$\times H_{净高}-S_{门窗}\times$墙厚$-$过梁(梁混凝土体积)	17.62	m³
	KL1 首层:Ⓑ轴:$(4.5-0.2\times2)\times0.24\times(3.6-0.5)=3.05$m³		
	KL4 ②轴、③轴:$(6.5-0.5\times2-0.4)\times0.24\times(3.6-0.5)\times2=7.59$m³		
	合计:$3.05+7.59=10.64$m³		
	二层:10.64m³(同一层)　　两层合计:21.28m³		
	M-2　　　　　M-3 扣:$V_{门窗}=(0.9\times2.4\times4+0.9\times2.1\times2)\times0.24=2.98$m³		
	扣:$V_{过梁}=0.33$m³(引自第 2 页内墙过梁体积)		
	扣:Ⓑ轴 TZ　$V=0.3\times0.25\times1.8=0.135$m³		
	③轴　　　　　Ⓑ轴 扣:PTL1　$V=[(2.1-0.25-0.2)+(1.05-0.3-0.2)]\times0.25\times0.4=$ 0.22m³		
	汇总:$21.28-2.98-0.33-0.135-0.22=17.62$m³		
A3-12	$V=$墙身$L_{净}\times$墙厚$\times H_{净高}-S_{门窗}\times$墙厚$-$过梁(梁混凝土体积)	49.57	m³
外墙(370)	首层:　　　　　KL2 Ⓒ轴:$(11.1-0.25\times2-0.4\times2)\times0.365\times(3.6-0.5)=11.09$m³		
	Ⓐ轴:11.09m³(同Ⓒ轴)		
	KL5 ①轴:$(6-0.25\times2)\times0.365\times(3.6-0.7)=5.82$m³		
	④轴:5.82m³(同①轴)		

工程量计算表

工程名称：某办公楼

项目名称	工程量计算式	工程量	单位
	合计：$11.09\times2+5.82\times2=33.82m^3$		
	二层：　　　　　　　　　　　　KL8 ⓒ轴：$(11.1-0.25\times2-0.4\times2)\times0.365\times(3.6-0.7)=10.37m^3$		
	Ⓐ轴：$10.37m^3$（同ⓒ轴）		
	①轴和④轴：$5.82\times2=11.64m^3$（同首层）		
	合计：$10.37\times2+11.64=32.38m^3$		
	两层合计：$33.82+32.38=66.2m^3$		
	扣：　　　C-1　　　　　　　　C-2 $V_{门窗}=1.5\times1.8\times0.365\times8+1.8\times1.8\times0.365\times2+(0.9\times$ 　　MC-1　　　　　　　M-1 $2.7+1.5\times1.8)\times0.365+2.4\times2.7\times0.365=14.49m^3$		
	扣：$V_{过梁}=1.954m^3$（引自第 2 页外墙过梁体积）		
	扣：ⓒ轴 TZ　$V=0.3\times0.25\times0.18=0.135m^3$		
	扣：PTL1　$V=(1.05-0.3-0.2)\times0.25\times0.4=0.055m^3$		
	汇总：$66.2-14.49-1.954-0.135-0.055=49.57m^3$		
A3-37 阳台栏板墙 （180）	$V=L_{中心线}\times0.18\times0.8=7.09\times0.18\times0.8=1.02m^3$ （$L_{中心线}$引自第 4 页阳台压顶 $L_{中心线}$）	1.02	m^3
A3-90 换 三合土垫层 （台阶）	换：碎石三合土 1∶3∶6 $L_{中心线}=5.3m$（引自第 4 页台阶 $L_{中心线}$） $S=\sqrt{0.15^2+0.3^2}\times3\times0.08=0.08m^2$ 踏步处：$V=5.3\times0.08=0.42m^3$ 平台处：$V=(2.7-0.3\times2)\times(1-0.3)\times0.08=0.1176m^3$ 合计：$0.42+0.1176=0.54m^3$	0.54	m^3
A3-91 中砂垫层 （散水）	S：$18.98m^2$（引自第 4 页散水） $V=18.98\times0.06=1.14m^3$	1.14	m^3

工程量计算表

工程名称：某办公楼

项目名称	工程量计算式	工程量	单位
	A.7 屋面及防水工程		
A7-47 换	换：4mm 厚改性沥青卷材	110.12	m²
屋面防水	$S=S_{水平}+S_{上弯}$		
	屋顶处： $S_{水平}=(11.6-0.18×2)×(6.5-0.18×2)=69.01m²$		
	$S_{上弯}=[(11.6-0.18×2)+(6.5-0.18×2)]×2×0.25=8.69m²$		
	合计：$69.01+8.69=77.7m²$		
	挑檐处：$L_{中心线}=(11.6+6.5)×2+8×\dfrac{0.6-0.25-0.06}{2}=37.36m$		
	$S_{水平}=L_{中心线}×(0.6-0.25-0.06)+(4.56-0.06×2)×(1.6-0.6)=37.36×0.29+4.44×1=15.27m²$		
	$S_{上弯}=(11.6+6.5)×2×0.25+[(11.6+6.5)×2+8×(0.6-0.25-0.06)+(1.6-0.6)×2]×0.2=17.154m²$		
	总计：$77.7+15.27+17.154=110.12m²$		
	A.8　保温、隔热、防腐工程		
A8-6 换	[实际 62.15]　换：水泥珍珠岩 1：10	69.01	m²
珍珠岩保温	$S=S_{水平投影}=69.01m²$（引自本页屋面防水 $S_{水平}$）		
A8-29 换	换：水泥砂浆 1：2.5	60.57	m²
屋面架空隔热	$S=(11.6-0.18×2-0.25×2)×(6.5-0.18×2-0.25×2)=60.57m²$		
	A.9　楼地面工程		
A4-3 换	换：碎石 GD40 中砂水泥 42.5 C15	5.88	m³
地面垫层	$V=SH$		
	办公室(2)：$(3.3-0.24)×(6-0.24)×2=35.25m²$		
	接待室：$(4.5-0.24)×(3.9-0.24)=15.59m²$		
	楼梯间：$(4.5-0.24)×(2.1-0.24)=7.92m²$		
	$S=35.25+15.59+7.92=58.76m²$		
	$V=SH=58.76×0.1=5.88m³$		
A4-3 换	换：碎石 GD40 中砂水泥 42.5 C15	0.15	m³
台阶平台处 混凝土垫层	$V=(2.7-0.3×2)×(1-0.3)×0.1=0.15m³$		

工程量计算表

工程名称：某办公楼

项目名称	工程量计算式	工程量	单位
A9-1 换	换:水泥砂浆 1:2	15.27	m²
屋面找平层 （挑檐）	S＝挑檐 $S_{水平}$＝15.27m²（引自第 9 页屋面防水挑檐处 $S_{水平}$）		
A9-2 换	换:水泥砂浆 1:2	69.01	m²
屋面找平层 （屋顶）	S＝屋顶 $S_{水平}$＝69.01m²（引自第 9 页屋面防水屋顶处 $S_{水平}$）		
A9-10 台阶平台处面层	S＝(2.7－0.6)×(1－0.3)＝1.47m²	1.47	m²
A9-12 台阶踏步处面层	S＝$L_{中心线}$×0.9＝5.3×0.9＝4.77m²（$L_{中心线}$＝5.3m，引自第 4 页台阶 $L_{中心线}$）	4.77	m²
A9-83 换	换:陶瓷地面砖 600×600 乙供暂估	60.3	m²
陶瓷地砖地面 （地 19）	办公室(2):(3.3－0.24)×(6－0.24)×2＝35.25m²		
	接待室:(4.5－0.24)×(3.9－0.24)＝15.59m²		
	楼梯间:(4.5－0.24)×(2.1－0.24)＝7.92m²		
	M-2　　　　　M-3　　　　　M-1 门洞口:0.9×0.24×2+0.9×0.24+2.4×0.37＝1.54m²		
	合计:35.25+15.59+7.92+1.54＝60.3m²		
A9-83 换	换:陶瓷地面砖 600×600 乙供暂估	58.22	m²
陶瓷地砖楼面 （楼 10）	S＝$S_{一层}$－$S_{楼梯}$＋阳台＋门洞口(MC-1) $S_{楼梯}$＝6.66m²（引自第 4 页楼梯）		
	S＝60.3－6.66+(4.5－0.055×2)×(1.6－0.25－0.18)－2.4×0.37+ 0.9×0.37＝58.22m²		
A9-96 陶瓷地砖（楼梯）	S＝6.66m²（引自第 4 页楼梯）	6.66	m²
A9-99 踢脚线（室内）	一层:办公室(2 个):[(3.3－0.24)+(6－0.24)]×2×2×0.15＝5.29m²	17.58	m²

工程量计算表

工程名称：某办公楼

项目名称	工程量计算式	工程量	单位
	接待室：$(4.5-0.24+3.9-0.24)\times2\times0.15=2.38m^2$		
	楼梯间：$(4.5-0.24+2.1-0.24)\times2\times0.15=1.84m^2$		
	扣门洞：$(2.4+0.9\times6)\times0.15=1.17m^2$		
	加门洞两侧：$[(0.37-0.1)\times2+(0.24-0.1)\times2\times3]\times0.15=$ $0.207m^2$		
	合计：$5.29+2.38+1.84-1.17+0.207=8.55m^2$		
	二层：办公室：$5.29m^2$（同一层）		
	会客厅：$2.38m^2$（同一层接待室）		
	与楼梯间连接处地面：$[(1.05-0.12)\times2+2.1-0.24]\times0.15=0.56m^2$		
	阳台：$[(4.5-0.055\times2)+(1.6-0.25-0.18)]\times2\times0.15=1.67m^2$		
	扣门洞：$0.9\times8\times0.15=1.08m^2$		
	加门洞两侧：$[(0.37-0.1)\times2+(0.24-0.1)\times6]\times0.15=0.207m^2$		
	合计：$5.29+2.38+0.56+1.67-1.08+0.207=9.03m^2$		
	两层汇总 $8.55+9.03=17.58m^2$		
A9-99 换 D×1.15 踢脚线（楼梯）	$S=\left[\sqrt{2.43^2+1.8^2}\times2+2.1-0.24+(1.02-0.12)\times2\right]\times0.15=$ $1.46m^2$	1.46	m^2
	A.10　墙、柱面工程		
A10-7 内墙抹灰	$S=L_{净长}\cdot H_{地面至天棚底}$	425.34	m^2
	一层：办公室（2 个）：（Z1、Z2 侧边工程量已并入） $(3.3-0.24+6-0.24)\times2\times2\times(3.6-0.1)=123.48m^2$		
	接待室：（Z2、Z3 侧边工程量已并入） $(4.5-0.24+3.9-0.24)\times2\times(3.6-0.1)=55.44m^2$		
	楼梯间：（Z2、Z3 侧边工程量已并入） $(4.5-0.24+2.1-0.24)\times2\times(3.6-0.1)=42.84m^2$		
	扣门窗：$2.4\times2.7+0.9\times2.4\times4+0.9\times2.1\times2+1.5\times1.8\times4+1.8\times$ $1.8\times1=32.94m^2$（两面）		
	加Ⓑ轴处 Z3 的侧边（Z3 在办公室中侧边。注意：柱与墙连接的侧边并入墙面工程量计算，未与墙面连接的柱侧边单独计算）：$(0.2-0.12)\times2\times2\times$ $(3.6-0.1)=1.12m^2$		
	合计：$123.48+55.44+42.84-32.94+1.12=189.94m^2$		

工程量计算表

工程名称：某办公楼

项目名称	工程量计算式	工程量	单位
	二层:办公室(2间):123.48m² (同一层办公室);会客厅:55.44m² (同一层接待室);楼梯间:42.84m² (同一层楼梯间);Ⓑ轴处 Z3 的侧边:1.12m² (同一层)		
	阳台:[(4.5−0.055×2)+(1.6−0.25−0.18)×2]×0.9+(4.5−0.055×2)×(3.6−0.1)=6.06+15.365=21.425m²		
	C-1　　　　C-2　　　　　M-2　　　　　　M-3 扣门窗:1.5×1.8×4+1.8×1.8+0.9×2.4×4+0.9×2.1×2+ 　　　　MC-1 　　　　(0.9×2.7+1.5×1.8)×2=36.72m²		
	女儿墙:(11.6−0.18×2+6.5−0.18×2)×2×0.8=27.81m²		
	合计: 123.48+55.44+42.84+1.12+21.425−36.72+27.81=235.395m²		
	两层总计:189.94+235.395=425.34m²		
A10-24	±0.000 以下　　　　板厚 (11.6+6.5)×2×(7.2+0.45+0.8−0.1)=302.27m²	283.67	m²
外墙抹灰	阳台:[4.5+0.125×2+(1.6−0.25)×2]×(0.9+0.4)+(1.6− 　　　　KL4 与 LL3 高差 0.25)×2×(0.5−0.4)=9.96m²		
	挑檐外侧:0.3×[(11.1+0.6×2+6+0.6×2)×2+(1.6−0.6)×2]= 12.3m² 或 0.3×[(11.6+6.5)×2+8×(0.6−0.25)+(1.6−0.6)×2]=12.3m²		
	立檐内侧:[(11.6+6.5)×2+8×(0.6−0.25−0.06)+(1.6−0.6)× 2]×0.2=8.104m²		
	立檐顶面:[(11.6+6.5)×2+8×(0.6−0.25−0.03)+(1.6−0.6)× 2]×0.06=2.446m²		
	扣阳台处内墙面:15.365m²		
	扣门窗: 1.5×1.8×8+1.8×1.8×2+2.4×2.7=34.56m²		
	扣台阶立面: 2.7×0.45+0.3×2×0.3+0.3×2×0.15=1.485m²		
	合计: 302.27+9.96+12.3+8.104+2.446−15.365−34.56−1.485= 283.67m²		
	A.11　天棚工程		
A11-5 换	换:混合砂浆 1:1:4,砂浆厚度按7mm调整	152.90	m²
天棚抹灰	一层:办公室:35.25m²(引自第10页陶瓷地砖地面)		
	接待室:15.59m²(引自第10页陶瓷地砖地面)		

工程量计算表

工程名称：某办公楼

项目名称	工程量计算式	工程量	单位
	楼梯：$(0.925+0.895)\times(2.1-0.24)+\sqrt{2.43^2+1.8^2}\times2\times$ 　　　　　TL 梁侧 $(0.99-0.12)+2\times(0.4-0.1)\times(2.1-0.24)=9.763m^2$		
	LL2 两侧：$(11.1-0.24-0.25\times2)\times(0.45-0.1)\times2=7.25m^2$		
	阳台：$(1.6-0.25)\times(4.5+0.125\times2)+(4.5-0.125\times2)\times(0.4-0.1)$ $+(1.6-0.25-0.25)\times2\times(0.5-0.1)=8.57m^2$		
	二层：$60.3-1.54=58.76m^2$（同一层陶瓷地砖地面,扣洞口）		
	挑檐：$\left[(11.6+6.5)\times2+8\times\dfrac{(0.6-0.25)}{2}\right]\times(0.6-0.25)+4.56\times$ $(1.6-0.6)=17.72m^2$		
	合计： $35.25+15.59+9.763+7.25+8.57+58.76+17.72=152.90m^2$		
	A.12　门窗工程		
A12-1 镶板木门 有亮 M-2	$S=S_{门洞口}=0.9\times2.4\times4=8.64m^2$	8.64	m^2
A12-3 镶板木门 无亮 M-3	$S=S_{门洞口}=0.9\times2.1\times2=3.78m^2$	3.78	m^2
A12-168 换 门窗运输	实际运距 10km $S=S_{门洞口}=8.64+3.78=12.42m^2$	12.42	m^2
A12-170 门五金配件 有亮 M-2	4 樘	4	樘
A12-172 门五金配件 无亮 M-3	2 樘	2	樘
	A.13　油漆、涂料、裱糊工程		
A13-1 木门油漆	$S=S_{单面洞口面积}\times$ 系数(1)$\times2=24.84m^2$（$S_{单面洞口面积}$ 引自本页 A12-168 换）	24.84	m^2

工程量计算表

工程名称：某办公楼

项目名称	工程量计算式	工程量	单位
A13-206 内墙刮腻子	$S=S_{内墙抹灰}=425.34\text{m}^2$（引自第 11 页内墙抹灰）	425.34	m^2
A13-206 换 R×1.18 天棚刮腻子	$S=S_{天棚抹灰}=152.90\text{m}^2$（引自第 12 页天棚抹灰）	152.90	m^2
	A.14 其他装饰工程		
A14-140 钢管栏杆	弯头 起步 $L=\sqrt{2.43^2+1.8^2}\times2+0.12+(0.99-0.12)+0.12-0.05=7.1\text{m}$	7.1	m
A14-145 扶手	7.1m（同钢管栏杆）	7.1	m
A14-147 弯头	4 个	4	个
	税前项目		
B- 铝合金地弹门 M-1	$S=2.4\times2.7=6.48\text{m}^2$	6.48	m^2
B- 铝合金窗 C-1、C-2	$S=1.5\times1.8\times8$ 个$+1.8\times1.8\times2$ 个$=28.08\text{m}^2$	28.08	m^2
B- 塑钢平开门 MC-1	$S=0.9\times2.7=2.43\text{m}^2$	2.43	m^2
B- 塑钢推拉窗 MC-1	$S=1.5\times1.8=2.7\text{m}^2$	2.7	m^2
B- 外墙涂料	$S=283.67\text{m}^2$（引自第 12 页外墙抹灰）	283.67	m^2

工程量计算表

项目名称	工程量计算式	工程量	单位
	A.15　脚手架工程		
A15-1	$S=L_{净} \cdot H_{实砌}$	84.44	m^2
里脚手架	一层：$(6-0.24)\times(3.6-0.5)\times2=35.71m^2$		
	⑧轴：$(4.5-2.4)\times(3.6-0.5)=6.51m^2$		
	二层：$35.71+6.51=42.22m^2$（同一层）		
	合计：$42.22\times2=84.44m^2$		
A15-5 外脚手架	$S=L_{外边线}H\times1.05=[(11.6+6.5)\times2+(1.6-0.25)\times2]\times(7.2+0.45+0.8)\times1.05=345.15m^2$	345.15	m^2
A15-28 换 泵送 D×0.5 楼板运输道	$S=S_{建筑面积}=154.01m^2$（引自第 1 页建筑面积）	154.01	m^2
	A.16　垂直运输工程		
A16-2 垂直运输	$S=S_{建筑面积}=154.01m^2$（引自第 1 页建筑面积）	154.01	m^2
	A.17 模板工程		
A17-1 基础垫层模板	$S=S_{模板接触面积}=\underset{J1}{(2.2+2.2)\times2\times0.1\times4}+\underset{J2}{(2.2+1.8)\times2\times}$ $\underset{J3}{0.1\times4}+(1.8\times4)\times0.1\times2=8.16m^2$	8.16	m^2
A17-14 独立基础模板	$(2\times4\times0.4+1.2\times4\times0.3)\times4+[(2+1.6)\times2\times0.4+(1.2+1)\times2\times0.3]\times4+(1.6\times4\times0.4+1\times4\times0.3)\times2=42.88m^2$	42.88	m^2
A17-50	一层： Z1：$0.5\times4\times(3.6-0.1+0.8)\times4=34.4m^2$	147.26	m^2
矩形柱模板	Z2：$(0.4+0.5)\times2\times(3.6-0.1+0.8)\times4=30.96m^2$		
	Z3：$0.4\times4\times(3.6-0.1+0.8)\times2=13.76m^2$		
	二层： Z1：$0.5\times4\times(3.6-0.1)\times4=28m^2$		
	Z2：$(0.4+0.5)\times2\times(3.6-0.1)\times4=25.2m^2$		
	Z3：$0.4\times4\times(3.6-0.1)\times2=11.2m^2$		
	TZ：$(0.25+0.3)\times2\times(1.8-0.1)\times2=3.74m^2$		
	合计：$34.4+30.96+13.76+28+25.2+11.2+3.74=147.26m^2$		

工程量计算表

工程名称：某办公楼

项目名称	工程量计算式	工程量	单位
A17-58 构造柱模板	$(0.06\times2+0.18)\times2\times0.8\times4+[(0.18+0.06)\times2+0.06\times2]\times0.8\times$ $4=3.84m^2$	3.84	m²
A17-63 基础梁模板	JKL6：$(11.1-0.25\times2-0.4\times2)\times2\times0.7=13.72m^2$	58.62	m²
	JKL1：$(4.5-0.2\times2)\times2\times0.5=4.1m^2$		
	JKL7：$(11.1-0.25\times2-0.4\times2)\times2\times0.7=13.72m^2$		
	JKL8(2)：$(6-0.25\times2)\times2\times0.7\times2=15.4m^2$		
	JKL9(2)：$(6-0.25\times2-0.4)\times2\times0.5\times2=10.2m^2$		
	LL1：$(2.1-0.12-0.125)\times2\times0.4=1.484m^2$		
	合计：$13.72+4.1+13.72+15.4+10.2+1.484=58.62m^2$		
A17-66 单梁模板	$(4.5-1.05+0.25-0.2)\times(0.5\times2+0.37)=4.8m^2$	4.8	m²
A17-76 过梁模板	C1(8)：$[(1.5+0.5)\times0.2\times2+(1.5+0.5)\times0.37]\times8=12.32m^2$	25.72	m²
	C2(2)：$[(1.8+0.5)\times0.2\times2+(1.8+0.5)\times0.37]\times2=3.542m^2$		
	M1：$(2.4+0.5)\times0.2\times2+(2.4+0.5)\times0.37=2.233m^2$		
	M2(4)：$[(0.9+0.5)\times0.2\times2+(0.9+0.5)\times0.24]\times4=3.584m^2$		
	M3(2)：$[(0.9+0.5)\times0.2\times2+(0.9+0.5)\times0.24]\times2=1.792m^2$		
	MC-1：$(2.4+0.5)\times0.2\times2+(2.4+0.5)\times0.37=2.233m^2$		
	合计：$12.32+3.542+2.233+3.584+1.792+2.233=25.72m^2$		
A17-91 有梁板模板	底模　　　　　　　　　　　楼梯 一层板：$11.6\times6.5+(4.5+0.125\times2)\times(1.6-0.25)-6.66+$ 　　侧模　　　　　　单梁　　　　　　阳台 $[(11.6+6.5)\times2-(4.5-1.05+0.25-0.2)+(1.6-0.25)\times2]\times0.1$ $=79.04m^2$	256.05	m²
	二层板：$11.6\times6.5+(11.6+6.5)\times2\times0.1=79.02m^2$		
	一层梁： KL2：$[11.6-0.5\times2-0.4\times2-(4.5-1.05+0.25-0.2)]\times(0.5-$ $0.1)\times2=5.04m^2$		
	KL1：$(4.5-0.2\times2)\times(0.5-0.1)\times2=3.28m^2$		
	LL2：$(11.6-0.37\times2)\times(0.45-0.1)\times2=7.6m^2$		

工程量计算表

工程名称：某办公楼　　　　　　　　　　

项目名称	工程量计算式	工程量	单位
	KL3：$(11.6-0.5\times2-0.4\times2)\times(0.5-0.1)\times2=7.84m^2$		
	LL3：$(4.5-0.125\times2)\times(0.4-0.1)\times2=2.55m^2$		
	KL5(2)：$(6-0.25\times2)\times(0.7-0.1)\times2\times2=13.2m^2$		
	KL4(2)：$(6+1.6+0.25-0.5\times2-0.4)\times(0.5-0.1)\times2\times2=10.32m^2$		
	二层梁： KL6：$(11.6-0.5\times2-0.4\times2)\times(0.7-0.1)\times2=11.76m^2$		
	KL1：$(4.5-0.2\times2)\times(0.5-0.1)\times2=3.28m^2$		
	KL7：$11.76m^2$（同 KL6）		
	KL8(2)：$(6-0.25\times2)\times(0.7-0.1)\times2\times2=13.2m^2$		
	KL9(2)：$(6-0.25\times2-0.4)\times(0.5-0.1)\times2\times2=8.16m^2$		
	合计： $79.04+79.02+5.04+3.28+7.6+7.84+2.55+13.2+10.32+11.76+3.28+11.76+13.2+8.16=256.05m^2$		
A17-108 挑檐板模板 （水平投影）	$S_{水平投影}=\left[(11.6+6.5)\times2+8\times\dfrac{0.6-0.25}{2}\right]\times(0.6-0.25)+4.56\times(1.6-0.6)=17.72m^2$	17.72	m^2
A17-115 楼梯模板	$S=6.66m^2$（引自第 4 页楼梯）	6.66	m^2
A17-118 压顶模板	$L=35.48-0.18\times8+7.09=41.13m$（引自第 4 页压顶 $L_{中心线}$）	41.13	m
A17-122 台阶模板	$S_{水平}=(2.7+1\times2+4\times0.15)\times0.3\times3=4.77m^2$	4.77	m^2
A17-123 散水模板	$S_{水平投影}=18.98m^2$（引自第 4 页散水）	18.98	m^2
	A.18　混凝土运输及泵送工程		
A18-3 混凝土泵送	$V_{泵送}=V_{定额分析量}$ $V_{独基}=17.34\times1.015=17.6m^3$	17.6	m^3
A18-3 换	换：碎石 GD40 商品普通混凝土 C25	63.06	m^3

工程量计算表

工程名称：某办公楼

项目名称	工程量计算式	工程量	单位
混凝土泵送	$V_{矩形柱}=17.23\times1.015=17.49m^3$		
	$V_{基础梁}=9.91\times1.015=10.06m^3$		
	$V_{单梁}=0.65\times1.015=0.66m^3$		
	$V_{有梁板}=30.47\times1.015=30.93m^3$		
	$V_{挑檐天沟}=2.255\times1.015=2.29m^3$		
	$V_{楼梯}=6.66\times(0.198+0.0115\times4)=1.63m^3$		
	合计：$17.49+10.06+0.66+30.93+2.29+1.63=63.06m^3$		

附录4
某办公楼招标工程量清单实例

附录4　某办公楼招标
工程量清单实例

附录5
某办公楼招标控制价实例

附录 5　某办公楼招标
控制价实例

附录6
"2013广西定额"部分定额表

附录6 "2013广西定额"
部分定额表

附录7

相关文件

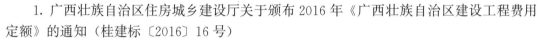

1. 广西壮族自治区住房城乡建设厅关于颁布 2016 年《广西壮族自治区建设工程费用定额》的通知（桂建标〔2016〕16 号）

附录 7-1　桂建标〔2016〕16 号文

2. 广西壮族自治区住房城乡建设厅关于建筑业实施营业税改征增值税后广西壮族自治区建设工程计价依据调整的通知（桂建标〔2016〕17 号）

附录 7-2　桂建标〔2016〕17 号文

3. 广西壮族自治区住房城乡建设厅关于调整建设工程定额人工费及有关费率的通知（桂建标〔2023〕7 号）

附录 7-3　桂建标〔2023〕7 号文

4. 广西壮族自治区住房城乡建设厅关于调整建设工程计价增值税税率的通知（桂建标〔2019〕12 号）

附录 7-4　桂建标〔2019〕12 号文

参 考 文 献

[1] 中华人民共和国住房和城乡建设部，中华人民共和国质量监督检验检疫总局. 建设工程工程量清单计价规范：GB 50500—2013 [S]. 北京：中国计划出版社，2013.

[2] 中华人民共和国住房和城乡建设部，中华人民共和国质量监督检验检疫总局. 房屋建筑与装饰工程工程量计算规范：GB 50854—2013 [S]. 北京：中国计划出版社，2013.

[3] 广西壮族自治区建设工程造价管理总站. 广西壮族自治区建设工程费用定额 [M]. 北京：中国建材工业出版社，2016.

[4] 广西壮族自治区建设工程造价管理总站. 广西壮族自治区建筑装饰装修工程消耗量定额 [M]. 北京：中国建材工业出版社，2013.

[5] 广西壮族自治区建设工程造价管理总站. 广西壮族自治区建筑装饰装修工程人工材料配合比机械台班基期价 [M]. 北京：中国建材工业出版社，2013.

[6] 赵勤贤，沈艳峰. 建筑工程计量与计价 [M]. 3 版. 北京：中国建筑工业出版社，2023.

[7] 周慧玲，谢莹春. 建筑与装饰工程工程量清单计价 [M]. 2 版. 北京：中国建筑工业出版社，2020.